Adobe After Effects CC 2017
经典教程

［美］Brie Gyncild Lisa Fridsma 著

郝记生 译

人民邮电出版社

北　京

图书在版编目（CIP）数据

Adobe After Effects CC 2017经典教程 /（美）布里·根希尔德（Brie Gyncild），（美）丽莎·弗里斯玛（Lisa Fridsma）著；郝记生 译. -- 北京：人民邮电出版社，2017.9（2020.11重印）
ISBN 978-7-115-46651-8

Ⅰ. ①A⋯ Ⅱ. ①布⋯ ②丽⋯ ③郝⋯ Ⅲ. ①图象处理软件－教材 Ⅳ. ①TP391.41

中国版本图书馆CIP数据核字(2017)第203249号

版权声明

◆ 著　　　　[美] Brie Gyncild　Lisa Fridsma
　　译　　　　郝记生
　　责任编辑　傅道坤
　　责任印制　焦志炜

◆ 人民邮电出版社出版发行　　北京市丰台区成寿寺路 11 号
　　邮编　100164　　电子邮件　315@ptpress.com.cn
　　网址　http://www.ptpress.com.cn
　　山东百润本色印刷有限公司印刷

◆ 开本：800×1000　1/16
　　印张：22.5
　　字数：526 千字　　　　　　　　　2017 年 9 月第 1 版
　　印数：44 501 – 46 500 册　　　　2020 年 11 月山东第 17 次印刷

著作权合同登记号　图字：01-2017-4528 号

定价：59.00 元

读者服务热线：(010)81055410　印装质量热线：(010)81055316
反盗版热线：(010)81055315
广告经营许可证：京东市监广登字 20170147 号

内容提要

本书由 Adobe 公司的专家编写，是 Adobe After Effects CC 软件的官方指定培训教材。

全书共分为 14 课，每一课先介绍重要的知识点，然后借助具体的示例进行讲解，步骤详细、重点明确，手把手教你如何进行实际操作。全书是一个有机的整体，它涵盖了 After Effects 的工作流程、使用特效和预设创建基本动画、创建文本动画、使用形状图层、多媒体演示动画、对图层进行动画处理、使用蒙版、使用 Puppet 工具进行变形处理、使用 Roto Brush 工具、颜色校正、使用 3D 特性、使用 3D Camera Tracker、高级编辑技术，以及渲染和输出等内容，并在适当的地方穿插介绍了 After Effects CC 版本中的最新功能。

本书语言通俗易懂，并配以大量图示，特别适合 After Effects 新手阅读；有一定使用经验的用户也可以通过本书中了解大量高级功能和 After Effects CC 的新增功能。本书也适合作为相关培训班的教材。

前　言

After Effects CC 提供了一套完整的 2D 和 3D 工具，动态影像专业人员、视频特效艺术家、网页设计人员以及电影和视频专业人员都可以用这些工具创建合成图像、动画和特效。After Effects 广泛应用于电影、视频、DVD 以及 Web 的后期数字制作之中。After Effects 可以以多种方式合成图层，应用和组合复杂的视频和音频特效，对对象和特效进行动画处理。

关于本书

本书是 Adobe 图形和出版软件系列官方培训教材的一部分，由 Adobe 产品专家指导撰写。本书中的课程设计有利于你自己掌握学习进度。如果你刚接触 After Effects，可以先了解其基本概念和需要掌握的软件功能。如果你已经是 Adobe After Effects 的老手，你将发现本书还介绍许多高级功能，包括该软件最新版本提供的技巧和技术。

虽然本书各课提供按部就班的操作指南，用于创建特定项目，但你仍可以自由地探索和体验。你可以按书中的课程顺序从头到尾阅读，也可以只阅读感兴趣或需要的课程。各课都包含一个复习小节，对该课内容进行总结。

准备

开始使用本书前，请确认系统已正确设置，并确认已安装了所需的软件和硬件。你需要具备计算机和操作系统方面的使用知识，应该知道怎样使用鼠标、标准菜单和命令，以及怎样打开、保存和关闭文件。如果你需要复习这些技术，请参见 Microsoft Windows 或 Apple Mac OS 软件的印刷或联机文档。

要完成本书学习，需要安装 Adobe After Effects CC 2017 版本和 Adobe Bridge CC。本书中的练习基于 After Effects CC 2017 版本。

安装 After Effects 和 Bridge

本书并不包含 Adobe After Effects CC 软件，你必须从 Adobe Creative Cloud 单独购买该软件。关于安装该软件的系统需求和详细指南，请参阅 www.adobe.com/support。请注意，After Effects CC 要求安装在 64 位操作系统上并支持 OpenGL 3.3。要在 Mac OS 上查看 QuickTime 影片，还必须在系统上安装 Apple QuickTime 7.6.6 或更高版本。

本书中的很多课程需要使用 Adobe Bridge。After Effects 和 Bridge 需要分别安装，必须从 Adobe Creative Cloud（adobe.com）安装这些程序到本地硬盘上，安装时请按照屏幕上的提示进行操作。

优化性能

影片文件的创建非常耗费计算机的内存。After Effects CC 2017 版需要最少 4GB 内存。After Effects 可使用的内存越大，程序的运行速度就越快。更多关于 After Effects 内存、缓存或其他配置的优化信息，请参考 After Effects Help 中的"Improve performance（性能提升）"部分。

恢复默认参数

After Effects 的参数文件控制着它的用户界面在屏幕上的显示方式。本书介绍工具、选项、窗口、面板等控件的外观时，都假定你所看到的是软件的默认界面。因此，最好先恢复其默认参数，如果你是 After Effects 新手的话更需如此。

每次退出 After Effects 时，面板的位置以及一些命令设置都被记录在参数文件中。如果要恢复原来的默认设置，启动 After Effects 时请按住 Ctrl+Alt+Shift（Windows）或 Command+Option+Shift（Mac OS）组合键即可（下次启动程序时，如果系统中不存在参数文件，After Effects 将创建一个新的参数文件）。

如果有人在你的计算机上对 After Effects 进行过自定义设置，那么恢复默认参数就显得特别有用。如果你的 After Effects 还未被使用过，那么这些参数文件则不存在，此时就不需要恢复默认参数。

 重要提示：如果想保存当前设置，则可以将参数文件重命名，而不是删除它。这样，当你要恢复先前设置时，恢复该参数文件名，并确认该文件保存在正确的参数文件夹内即可。

1. 导航到计算机上的 After Effects 参数文件夹。

   • 在 Windows 下该文件夹是：...Users\< 用户名 >\AppData\Roaming\Adobe\AfterEffects\14.0。

   • 在 Mac OS 下该文件夹是：... /Users/< 用户名 >/Library/Preferences/Adobe/After Effects/14.0。

2. 重命名所有你希望保存的参数文件，然后重启 After Effects。

 注意：在 Mac OS 10.7 以及后续版本中，默认情况下隐藏了用户库文件夹。如果需要查看，在 Finder 中，选择 Go > Go To Folder 命令。在 Go To Folder 对话框中输入～ /Library，然后单击 Go 按钮。

本书课程资源下载

请读者通过 www.epubit.com.cn/book/details/4843 或 box.ptpress.com.cn/y/46651 来下载本书的课程资源。

关于影片例子文件和项目文件

我们将在本书一些课程中创建和渲染一个或多个影片。Sample_Movies 文件夹中的文件是影片例子，查看它可以了解每课练习最终生成的结果，并可以将它和你自己创建的效果相比较。

End_Project_File 文件夹中的文件是各课完成后的项目例子。如果你想将自己创作的作品与用于生成影片例子的项目文件做比较，则可以参考这些文件。

怎样使用本书

本书各课将一步步指导你怎样创建实际项目中的一个或多个特定元素。有些以前面的课程所构建的项目为基础。所有课程在概念和技巧上都是相互关联的，所以学习本书的最佳方式是按顺序阅读各课。本书中，有些技巧和方法仅在前几次操作过程中才会详细解释和描述。

After Effects 应用程序的许多功能可以由多种操作方法实现，如菜单命令、按钮、拖曳以及键盘快捷键等，而在本书中仅介绍其中的一两种实现方法，所以，即使执行前面已经执行过的任务，也可以学到不同的操作方法。

本书在编排上是面向设计，而不是面向功能。以图层和特效为例，这意味着我们会在好几课中的实际设计项目中使用图层和特效，而不只是在一课中使用。

其他资源

本书并不能代替程序自带的帮助文档，也不是全面介绍 After Effects CC 2017 中每种功能的参考手册。本书只介绍与课程内容相关的命令和选项，有关 After Effects CC 2017 功能的详细信息，请参阅以下资源。

* **Adobe After Effects 帮助和支持**：地址为 helpx.adobe.com/after-effects.html，在这里可以搜索并浏览 Adobe.com 中的教程、帮助和支持内容。

* **After Effects 论坛**：地址为 forums.adobe.com/community/aftereffects_general_discussion，可就 After Effects 展开对等讨论以及提出和回答问题。

* **Adobe Creative 杂志**：地址为 create.adobe.com，提供了与设计有关的颇具思想性的文章，还在其中展示了一些顶级设计师的作品、教程等内容。

- **教员资源**：地址为 adobe.com/education 和 eddex.adobe.com，向讲授 Adobe 软件课程的教员提供珍贵的信息。可在这里找到各种级别的教学解决方案（包括使用整合方法介绍 Adobe 软件的免费课程），可用于备考 Adobe 认证工程师考试。

还可以查看下面这两个有用的链接。

- **Adobe 增效工具**：地址为 creative.adobe.com/addons，在这里可查找补充和扩展 Adobe 产品的工具、服务、扩展、示例代码等。

- **Adobe After Effects CC 主页**：地址为 www.adobe.com/products/aftereffects。

Adobe 授权的培训中心

Adobe 授权的培训中心（AATC）提供由教员讲授的有关 Adobe 产品的课程和培训。有关 AATC 名录，请访问 training.adobe.com/trainingpartners。

目　录

第 1 课　工作流程 ·· 0

1.1　开始 ·· 3

1.2　创建项目并导入素材 ·································· 3

1.3　创建合成图像和组织图层 ······························ 7

1.4　添加特效、修改图层属性 ····························· 10

1.5　对合成图像作动画处理 ······························· 13

1.6　预览你的作品 ····································· 21

1.7　After Effects 性能优化 ····························· 23

1.8　渲染和导出合成图像 ································· 23

1.9　自定义工作区 ····································· 23

1.10　控制用户界面的亮度 ······························· 25

1.11　寻找 After Effects 使用方面的资源 ················ 26

第 2 课　用特效和预设创建基本动画 ····················· 28

2.1　开始 ··· 30

2.2　使用 Adobe Bridge 导入素材 ······················· 30

2.3　创建新合成图像 ····································· 32

2.4　处理导入的 Illustrator 图层 ······················· 35

2.5　对图层应用特效 ····································· 37

2.6　应用动画预设 ······································· 38

2.7　预览特效 ··· 41

2.8　添加透明特效 ······································· 41

2.9　渲染合成图像 ······································· 42

第 3 课　文本动画 ·································· 46

3.1　开始 ··· 48

3.2　文本图层 ··· 50

3.3　使用 Typekit 安装字体 ····························· 50

3.4　创建并格式化点阵文本 ······························· 52

3.5	使用文本动画预设	55
3.6	通过缩放关键帧制作动画	58
3.7	应用父化关系进行动画处理	59
3.8	为导入的 Photoshop 文本制作动画	61
3.9	制作文本追踪动画	65
3.10	对文本不透明度做动画处理	67
3.11	使用文本动画组	68
3.12	对图层的位置进行动画处理	71
3.13	对图层动画进行定时	72
3.14	添加运动模糊	74

第 4 课　处理形状图层　76

4.1	开始	78
4.2	添加形状图层	80
4.3	创建自定义形状	84
4.4	复制形状	86
4.5	复制和修改合成图像	90
4.6	使用捕获来布置图层	90
4.7	在 3D 项目中添加合成图像	94
4.8	收尾工作	98

第 5 课　多媒体演示动画　102

5.1	开始	104
5.2	调整锚点	107
5.3	对图层进行父化处理	108
5.4	预合成图层	110
5.5	在运动路径中添加关键帧	112
5.6	应用特效	119
5.7	对预合成图层进行动画处理	122
5.8	对背景进行动画处理	124
5.9	添加音轨	125

第 6 课　对图层进行动画处理　130

6.1	开始	132
6.2	模拟光照变化	135
6.3	用 pick whip 复制动画	138

6.4　对场景中的移动进行动画处理 ·· 139

6.5　调整图层并创建轨道蒙版 ··· 143

6.6　对投影进行动画处理 ··· 146

6.7　添加镜头眩光特效 ·· 148

6.8　添加一个视频动画 ·· 150

6.9　渲染动画 ··· 151

6.10　对合成图像进行时间变换处理 ··· 152

第 7 课　蒙版的使用 ·· **160**

7.1　关于蒙版 ··· 162

7.2　开始 ·· 162

7.3　用 Pen（钢笔）工具创建蒙版 ··· 163

7.4　编辑蒙版 ··· 164

7.5　羽化蒙版边缘 ··· 168

7.6　替换蒙版的内容 ·· 169

7.7　添加反射效果 ··· 171

7.8　创建虚光照效果 ·· 175

7.9　调整时间 ··· 177

7.10　调整工作区 ·· 178

第 8 课　用 Puppet 工具对对象进行变形处理 ·· **180**

8.1　开始 ·· 182

8.2　关于 Puppet 工具 ··· 185

8.3　添加 Deform 手柄 ·· 185

8.4　定义重叠区 ·· 187

8.5　设置刚性区域 ··· 188

8.6　对手柄位置进行动画处理 ··· 189

8.7　录制动画 ··· 193

第 9 课　使用 Roto Brush 工具 ·· **198**

9.1　关于动态蒙版 ··· 200

9.2　开始 ·· 200

9.3　创建分割分界 ··· 201

9.4　调整 matte ·· 207

9.5　冻结 Roto Brush 工具的处理结果 ·· 209

9.6　改变背景 ··· 210

9.7	添加动画文本	212
9.8	导出项目	213

第 10 课　色彩校正 **218**

10.1	开始	220
10.2	使用色阶调整色彩平衡	223
10.3	使用 Color Finesse 3 调整色彩平衡	225
10.4	替换背景	228
10.5	使用 Auto Levels 进行色彩校正	233
10.6	对云进行运动跟踪	233
10.7	替换第二个视频剪辑中的天空	235
10.8	色彩分级	239

第 11 课　使用 3D 特性 **246**

11.1	开始	248
11.2	创建 3D 文本	249
11.3	使用 3D 视图	251
11.4	导入背景	252
11.5	添加 3D 灯光	253
11.6	添加摄像机	257
11.7	在 After Effects 中挤压文本	259
11.8	使用 Cinema 4D Lite	261
11.9	在 After Effects 中集成 C4D 图层	268
11.10	结束项目	269

第 12 课　使用 3D 摄像机跟踪 **272**

12.1	关于 3D Camera Tracker 特效	274
12.2	开始	274
12.3	素材跟踪	276
12.4	创建平面、摄像机和初始文本	278
12.5	创造真实的阴影	282
12.6	添加环境光	284
12.7	创建额外的文本元素	285
12.8	用空对象锁定图层	287
12.9	对文本做动画处理	289
12.10	调整摄像机的景深	291

| 12.11 | 渲染合成图像 | 292 |

第 13 课　高级编辑技术 294

13.1	开始	296
13.2	使用 Warp Stabilizer（变形稳定器）VFX	296
13.3	使用单点运动跟踪	301
13.4	多点跟踪	307
13.5	创建粒子仿真效果	311
13.6	使用 Timewarp 特效调整播放速度	321

第 14 课　渲染和输出 326

14.1	开始	328
14.2	创建渲染队列的模板	329
14.3	采用渲染队列导出	334
14.4	使用 Adobe 媒体编码器渲染影片	336

第1课 工作流程

课程概述

本课介绍的内容包括：

- 创建项目和导入素材；

- 创建合成图像和排列各图层；

- 在 Adobe After Effects 界面内导航；

- 使用 Project（项目）、Composition（合成图像）和 Timeline（时间轴）面板；

- 转换图层属性；

- 应用基本特效；

- 创建关键帧；

- 预览作品；

- 自定义工作区；

- 调整与用户界面相关的参数；

- 查找使用 After Effects 的其他资源。

 本课大约要用 1 小时完成。启动 After Effects 之前，请先通过前言中提到的下载地址将本书的课程资源下载到本地硬盘中，并进行解压。在学习本课时，将覆盖相应的课程文件。建议先做好原始课程文件的备份工作，以免后期用到这些原始文件时，还需重新下载。

on the move

　　无论你使用 After Effects 只是创作简单的 DVD 片头动画，还是创建复杂的特效，通常都要按照相同的基本工作流程进行操作。After Effects 界面可以使你的工作更加顺利，它适合于项目制作的各个阶段。

After Effects工作区

　　After Effects提供灵活的可自定义的工作区。程序的主窗口称为应用程序窗口，面板排列在这个窗口内，其组合称为工作区。默认的工作区包含堆叠面板以及独立的面板，如图1.1所示。

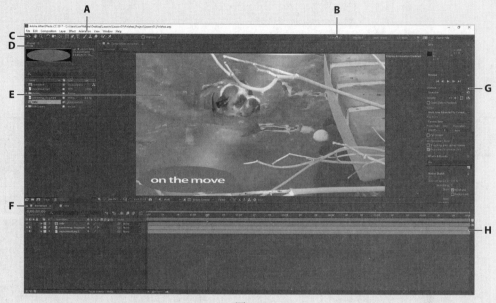

图1.1

A. 应用程序窗口　B. 工作栏　C. 工具面板　D. 项目面板　E. 合成面板
F. 时间轴面板　G. 堆叠面板　H. 时间图

　　可以通过拖放面板来自定义工作区，使其最适合你的工作风格。你可以将面板拖放到新的位置，更改堆叠面板的顺序，将面板拖进或拖离一个组，使面板排列整齐，对面板进行堆叠，还可以将面板拖出使其浮动在应用程序窗口之上的新窗口内。在重新调整面板时，其他面板将自动调整大小，以适合窗口的尺寸。

　　拖动面板选项卡重新定位它时，可以放置面板的区域——被称作放置区域——将高亮显示。放置区域决定面板在工作区中的插入位置，以及插入方式。将面板拖放到放置区域将使它停靠或分组或堆叠到该区域。

　　将面板放置在其他面板、面板组或窗口的边缘时，它将紧挨原有的组"停靠"，并重新调整所有组的尺寸，以容纳新面板。

　　如果将面板拖放到另一面板或面板组中间，或拖放到另一面板的标签区域，它将被添加到该组，并被置于该堆叠面板组的顶部。对面板进行分组不会引起其他组的尺寸变化。

还可以在浮动窗口中打开面板。要实现这一操作，请选择该面板，从面板的菜单中选择Undock Panel（脱离面板）或Undock Frame（脱离框架），或者将面板或组拖出应用程序窗口。

1.1 开始

After Effects 基本工作流程包括以下 6 个步骤：导入和组织素材、创建合成图像和组织图层、添加特效、对元素做动画处理、预览作品、渲染和输出最终合成图像以供他人观看。本课将采用上述工作流程创建一个简单的视频动画，在创建动画过程中将介绍 After Effects 的界面。

首先，预览最终影片，以查看本课将要创建的效果。

1. 确认硬盘上的 Lessons\Lesson01 文件夹中存在以下文件。

   · Assets 文件夹内：movement.mp3、swimming_dog.mp4、title_psd。

   · Sample_Movie 文件夹内：Lesson01.avi 和 Lesson01.mov。

2. 使用 Windows Media Player 打开并播放影片示例文件 Lesson01.avi，或者使用 QuickTime Player 打开并播放影片示例文件 Lesson01.mov，以查看本课将创建的效果。播放完后，关闭 Windows Media Player 或 QuickTime Player。如果硬盘空间有限，也可以将影片示例文件从硬盘中删除。

1.2 创建项目并导入素材

在本书每课开始前，最好先恢复 After Effects 的默认参数设置（参见前言中的"恢复默认参数"），这可以用键盘快捷键实现。

1. 启动 After Effects 时立即按下 Ctrl+Alt+Shift（Windows）或 Command+Option+Shift（Mac）组合键，以恢复默认参数设置。如果系统询问是否要删除你的参数文件，请单击 OK 按钮。

2. 关闭 Start（开始）窗口，如图 1.2 所示。

图1.2

After Effects 打开后显示一个空的无标题项目，如图 1.3 所示。

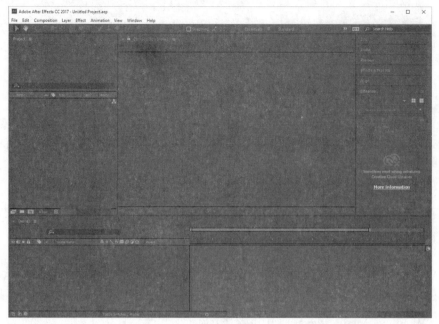

图1.3

After Effects 项目是单个文件，该文件中存储了项目中所有素材项的引用。项目同时还包含合成图像（composition），这是用来组合素材、应用特效以及最终生成输出的单个容器。

Ae **提示：**在 Windows 中恢复默认参数可能会比较棘手，尤其是如果你使用的是一个快速系统。需要在双击应用程序图标之后，在 After Effects 列出活动文件之前按下按钮。或者，也可以选择 Edit（编辑）> [你的 Creative Cloud 账户名]> Clear Settings（清除设置）命令，然后重启程序。

Ae **提示：**双击面板选项卡，将使面板迅速最大化。再次双击选项卡可使面板恢复到原来尺寸。

开始一个项目时，首先要完成的工作就是将素材导入项目。

3. 选择 File（文件）>Import（导入）>File（文件）命令。

4. 导航到 Lessons\Lesson01 文件夹中的 Assets 文件夹，按下 Shift 键同时单击选择 movement.mp3 和 swimming_dog.mp4 文件，然后单击 Import（导入）或 Open（打开）按钮，如图 1.4 所示。

素材项是 After Effects 项目的基本单位。可以导入的素材项包含多种类型，如活动图像文件、静态图像文件、静态图像序列、音频文件、Adobe Photoshop 和 Adobe Illustrator 产生的图层文件、其他 After Effects 项目，以及在 Adobe Premiere Pro 中创建的项目。你可以随时导入素材项。

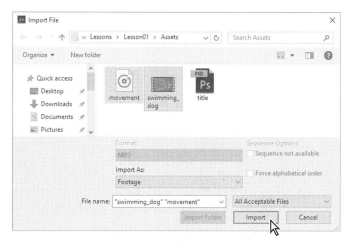

图1.4

导入素材时，After Effects 的 Info（信息）面板将显示导入进程。

因为本项目导入的素材项中有一个是多图层 Photoshop 文件，所以它将单独作为一个合成图像导入。

> **Ae** **提示**：我们还可以执行 File（文件）>Import（导入）> Multiple Files（多个文件）命令，选择位于不同文件夹中的文件，或者从资源管理器或 Finder 窗口中拖放文件。还可以用 Adobe Bridge 搜索、管理、预览和导入素材。

5. 双击 Project 面板底部，如图 1.5 所示，打开 Import File（导入文件）对话框。

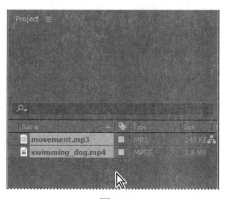

图1.5

6. 再次导航到 Lesson01/Assets 文件夹，并选择 title.psd 文件。从 Import As（导入为）菜单中选择 Composition（合成图像），然后单击 Import 或 Open 按钮，如图 1.6 所示（在 Mac OS 中，可能需要单击 Options 才能看到 Import As 菜单）。

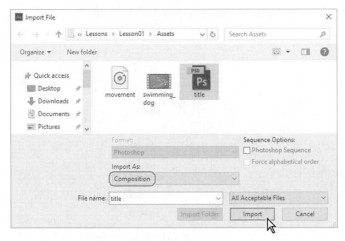

图1.6

After Effects 打开另一个对话框，显示当前所导入文件的选项。

7. 在 title.psd 对话框中，从 Import Kind（导入类型）下拉列表中选择 Composition（合成图像），将 Photoshop 图层文件导入为合成图像。在 Layer Options（图层选项）区域选择 Editable Layer Styles（可编辑图层样式），然后单击 OK 按钮，如图 1.7 所示。

Project（项目）面板中将显示出素材项。

8. 在 Project 面板中，单击选择不同的素材项，此时 Project 面板的顶部将显示出缩览图预览。Project 面板栏中还将显示各素材项的文件类型、大小及其他信息，如图 1.8 和图 1.9 所示。

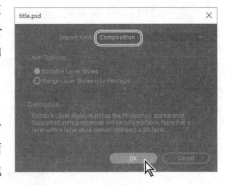

图1.7

图1.8

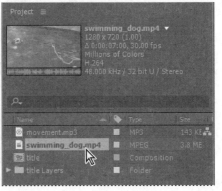

图1.9

导入文件时，After Effects 并不将视频和音频数据本身复制到项目中，只是在 Project 面板创建一个到源文件的参考链接。如果 After Effects 需要获取音视频数据，将从源文件中读取。这可以使项目文件保持小的空间，并允许用其他应用程序修改源素材，而不必修改项目。

如果文件被移动或者 After Effects 不能访问文件的位置，将会报告文件丢失。选择 File（文件）>Dependencies（依赖）>Find Missing Footage（查找丢失素材）命令，可以查找丢失的文件。也可以在项目面板中的搜索框内输入"Missing Footage"（丢失素材）查找丢失的素材。

为了节省时间，并降低项目的大小和复杂程度，即使在一个合成图像中多次使用一个素材时，也可以仅将其导入一次。但有些情况下，也许需要多次导入同一个素材项，例如当需要以两种不同的帧速率使用素材项时。

完成素材导入后，就可以保存项目了。

 提示：通过同样的方式也可以定位丢失的字体或特效。选择 File（文件）>Dependencies（依赖）命令，然后选择 Find Missing Fonts（查找丢失字体）或 Find Missing Effects（查找丢失特效）。或者在 Project 面板中的搜索框内输入"Missing Fonts"（丢失字体）或"Missing Effects"（丢失特效）。

9. 选择 File（文件）>Save（保存）命令。在 Save As（另存为）对话框中，导航到 Lessons\ Lesson01\ Finished_Project 文件夹，将项目命名为 Lesson01_Finished.aep，然后单击 Save（保存）按钮。

1.3 创建合成图像和组织图层

工作流程的下一步就是创建合成图像。可以在合成图像中创建所有动画、图层和特效。After Effects 合成图像同时具有空间维度和时间维度（时长）。

合成图像包含一个或多个图层，它们排列在 Composition（合成图像）面板和 Timeline（时间轴）面板中。添加到合成图像中的任何素材项——例如静态图像、动态图像文件、音频文件、灯光图层、摄像机图层或者甚至是其他合成图像——将成为一个新的图层。简单项目可能仅包含一个合成图像，而一个精心制作的项目则可能包含几个合成图像，用以组织大量的素材或复杂的特效序列。

创建合成图像时，将素材项拖放到 Timeline 面板，After Effects 将创建相应图层。

1. 在 Project 面板中，按住 Shift 键并单击选择 movement.mp3、swimming_dog.mp4 和 title 素材。不要选择 title 图层文件夹。

2. 将选择的素材项拖放到 Timeline 面板，系统弹出 New Composition From Selection（从所选内容新建合成图像）对话框，如图 1.10 和图 1.11 所示。

After Effects 新创建的合成图像的尺寸是由所选素材的尺寸决定的。本例中，所有素材尺寸相同，所以可以采用默认设置。

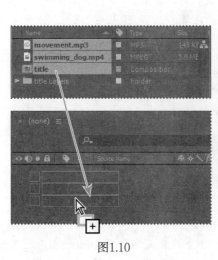
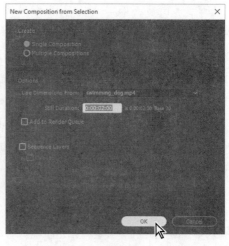

图1.10   图1.11

3. 在 Use Dimensions From 菜单中选择 swimming_dog.mp4，然后单击 OK 按钮创建新合成图像。

素材项作为图层显示在 Timeline 面板内，After Effects 在 Composition 面板内显示出名为 swimming_dog 的合成图像，如图 1.12 和图 1.13 所示。

图1.12   图1.13

向合成图像添加素材项时，这些素材成为新图层的源素材。合成图像可以包含任意多个图层，也可以将合成图像作为图层包含在另一个合成图像内，这称作嵌套。

有些素材比其他素材更长，但我们希望所有素材仅当游泳的小狗出现在屏幕上时才显示。因此可以将整个合成图像的时长调整为 7:00，使它们与小狗相匹配。

4. 选择 Composition（合成）> Composition Settings（合成设置）命令。

5. 在 Composition Settings（合成设置）对话框中，将合成图像重命名为 movement，在 Duration（时长）字段输入 7:00，然后单击 OK 按钮，如图 1.14 所示。

Timeline 面板为所有图层显示相同的时长。

这个合成图像中有 3 个素材项，所以在 Timeline 面板中有 3 个图层。你计算机中的图层堆栈可能与图 1.12 不同，这取决于导入这些素材时选择素材项的顺序。但是，添加特效和动画时需要图层以一定的顺序堆放。所以，现在我们要重新组织图层。

图1.14

关于图层

  图层是构成合成图像的组件，添加到合成图像的所有项——如静态图像、动态图像文件、音频文件、灯光图层、摄像机图层或者甚至是另一个合成图像——都将成为新图层。如果没有图层，合成图像将仅包含一个空帧。

  使用图层，在合成图像中处理某些素材项时就不会影响到其他任何其他素材。例如，可以移动、旋转一个图层或绘制图层的蒙版，而不影响该合成图像中的其他图层，还可以在多个图层中使用同一素材，每次使用的方法也不同。一般情况下，Timeline面板中图层的顺序与Composition面板内的堆栈顺序对应。

6. 单击 Timeline 面板中的空白区域，取消选择图层，如果 title 图层不在图层堆栈的最顶部，请将它拖放到最顶部，然后将 movement.mp3 图层拖放到图层堆栈的底部，如图 1.15 和图 1.16 所示。

图1.15

图1.16

Ae **注意**：选择单个图层之前，可能需要先单击 Timeline 面板中的空白区域，或按 F2 键取消选择所有图层。

7. 选择 File>Save 命令，将目前的项目保存。

1.4 添加特效、修改图层属性

现在合成图像已经准备完毕，接下来可以开始有趣的工作——应用特效、产生变换和添加动画。你可以添加任意特效的组合，修改任意图层的属性，如大小、位置和不透明度。使用特效可以修改图层的外观或声音，甚至可以从零起步创建视觉元素。最简单的方法就是应用 After Effects 提供的几百种特效中的任一特效。

 注意：这个练习展示的仅仅是 After Effects 强大功能的冰山一角。第 2 课及本书其余课程中，将介绍更多有关特效和预设动画的知识。

1.4.1 转换图层属性

当前 title 位于屏幕的中央位置，遮盖住了小狗，也容易让我们分心。下面将它移动到左下角，它仍然是可见的，但不会再产生干扰。

1. 在 Timeline 面板选择第一个图层——title，此时在 Composition 面板中 title 图层的周围出现了图层手柄，如图 1.17 和图 1.18 所示。

图1.17   图1.18

2. 单击图层编号左边的三角形，展开图层，然后展开图层的 Transform（转换）属性：Anchor Point（锚点）、Position（位置）、Scale（缩放）、Rotation（旋转）和 Opacity（不透明度）。

3. 如果没有看到这些属性，可将 Timeline 面板右侧的滚动条向下滚动。更好的做法是再次选择 title 图层名，然后按 P 键。

这个键盘快捷键值显示 Position（位置）属性，这也是你在当前练习中需要修改的唯一一个属性。接下来将 title 图层移动到左下角。

4. 将位置属性的坐标修改为 265,635。或者使用 Selection（选取）工具将 title 图层拖放到屏幕左下角，如图 1.19 和图 1.20 所示。

图1.19   图1.20

5. 再次按 P 键隐藏位置属性，保持 Timeline 面板的简洁。

1.4.2　添加特效来校正颜色

After Effects 中包含多个特效可以用来校正或修改项目中的颜色。你将使用 Auto Contrast（自动对比度）特效来调整视频剪辑中的整体对比度，然后增强水的颜色。

1. 在 Timeline 面板中选择 swimming_dog 图层。

 注意：如果在 Timeline 面板中双击一个图层，After Effects 将在 Layer 面板打开该图层。要回到 Composition 面板，请单击 Composition 选项卡。

2. 单击 Effects & Presets（特效和预设）面板将其打开（该面板位于应用程序窗口右侧的面板堆栈中），然后在搜索框中输入 contrast，如图 1.21 和图 1.22 所示。

图1.21   图1.22

After Effects 将搜索包含输入字符的特效和预设，并以交互方式显示出结果。在输入完成之前，Auto Contrast（自动对比度）特效（位于 Color Correction［颜色校正］类中）就在该面板中显示出来。

3. 将 Auto Contrast 特效拖放到 Timeline 面板中的 swimming_dog 图层上，如图 1.23 所示。

After Effects 将应用该特效，并自动在工作区的左上方打开 Effect Controls（特效控制）面板，如图 1.24 和图 1.25 所示。

自动对比度特效对颜色进行了增强，但是高于我们的预期。现在，我们将自定义设置，以降低对比度。

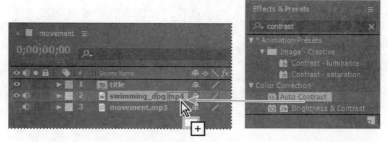

图1.23

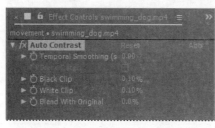

图1.24

图1.25

4. 在 Effect Controls（特效控制）面板中，单击 Blend With Original（和原图像混合）后面的数字，输入 20%，然后按 Enter 或 Return 键接受该值。

1.4.3　添加文体特效

After Effects 还包含很多文体特效。接下来在视频剪辑中添加一束光，以添加文体特效。你将通过改变该特效的设置，从而修改光束的角度和强度。

1. 单击 Effect & Presets 面板中的 x 按钮清除搜索框，然后用下述任一种方法找到 CC Light Sweep 特效。

  • 在搜索框中输入 CC Light，如图 1.26 所示。

  • 单击 Generate（生成）旁的三角形，按字母顺序展开分类列表，如图 1.27 所示。

图1.26

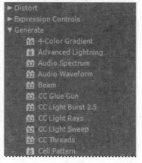

图1.27

2. 将 Generate（生成）分类中的 CC Light Sweetp 特效拖放到 Timeline 面板中的 swimming_dog 图层名上。After Effects 将在 Auto Contrast（自动对比度）特效下的 Effects Controls（特效控制）面板中增加 CC Light Sweep 设置。

3. 在 Effect Controls（特效控制）面板中，单击 Auto Contrast 特效旁的三角形，折叠这些设置，这样可以更方便地查看 CC Light Sweep 设置，如图 1.28 和图 1.29 所示。

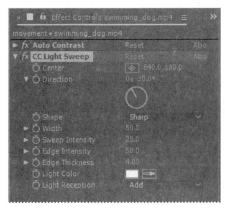

图1.28　　　　　　　　　　　　　　图1.29

首先，你要修改光束的角度。

4. 在 Direction 中输入 37°。

5. 在 Shape 菜单中选择 Smooth，将光束变宽变柔和。

6. 在 Width 中输入 68，稍微增加光束的宽度。

7. 将 Sweep Intensity 的值修改为 20，让光束更加美妙一些，如图 1.30 和图 1.31 所示。

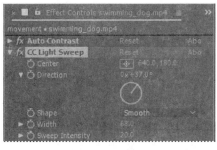

图1.30　　　　　　　　　　　　　　图1.31

8. 选择 File > Save 保存目前为止的作品。

1.5　对合成图像作动画处理

目前为止，你已经着手一个项目，创建了合成图像，导入了素材，并且应用了一些特效。一切显得很好。如果再来点动画会怎么样？到目前为止，你仅应用了静态特效。

在 After Effects 中，可以使用传统的关键帧、表达式或者关键帧助手来让图层的多个属性随时间的变化而改变。通过本课你将体验多种这类方法。在本练习中，你将应用一个动画预设，将字幕引入到屏幕上，而且还让字幕的颜色随着时间而发生变化。

1.5.1　准备文字合成图像

在这个练习中，你将处理一个单独的合成图像——从 Photoshop 图层文件导入的合成图像。

1. 选择 Project（项目）选项卡，显示出 Project 面板，然后双击 title 合成图像，使它作为一个合成图像在自己的 Timeline 面板中打开。

> **Ae** | **注意：**如果 Project 选项卡不可见，可选择 Window > Project 命令打开 Project 面板。

该合成图像是导入的 Photoshop 图层文件，它包含的两个图层——Title Here 和 Ellipse 1——显示在 Timeline 面板中。Title Here 图层包含在 Photoshop 中创建的占位符文本，如图 1.32 和图 1.33 所示。

图1.32

图1.33

Composition 面板的顶部是 Composition Navigator（合成图像导航条），它显示出主合成图像（movement）与当前合成图像（title）之间的关系，当前合成图像嵌套在主合成图像中，如图 1.34 所示。

图1.34

你可以把多个合成图像相互嵌套在一起。Composition Navigator 显示整个合成图像路径。合成图像名之间的箭头指示信息流动的方向。

在替换文本前，要先使图层的状态变为可编辑。

2. 在 Timeline 面板中选择 Title Here（图层 1），然后选择 Layer（图层）>Convert to Editable Text（转换为可编辑文本）命令，如图 1.35 和图 1.36 所示。

图1.35   图1.36

Ae | 注意：如果程序警告无法找到相应字体或图层依赖，请单击OK按钮。

Timeline 面板中该图层名旁将显示一个 T 图标，这表明它现在是一个可编辑的文本层。同时在 Composition 面板中该图层也被选中，允许对其进行编辑。

Composition 面板的顶部、底部和两边都有一些蓝色线条，这些线条是用来标识字幕安全区和动作安全区的。电视机显示时将放大视频图像，允许视频图像的部分外部边缘被屏幕边缘切割掉，这就是所谓的溢出扫描。不同电视机的溢出扫描的数值是不同的，所以必须保证视频中的重要部分，如动作或字幕，保留在安全区内。要使文本处于里面的蓝线内，以确保其位于字幕安全区内，同时还要使重要的场景内容位于外面的蓝线内，以确保其位于动作安全区内。

关于Tools（工具）面板

一旦创建合成图像，After Effects应用程序窗口左上角Tools面板中的工具将处于可用状态。After Effects包含的工具用于修改合成图像中的元素。如果你使用过Adobe的其他产品，例如Photoshop，你应该熟悉其中的一些工具，如Selection（选择）工具和Hand（抓手）工具；而另一些工具则是新的，如图1.37所示。

图1.37

A. 选择工具   B. 抓手工具   C. 缩放工具   D. 旋转工具   E. 摄像机工具   F. 轴点工具

G. 蒙版和形状工具   H. 钢笔工具   I. 文字工具   J. 画笔工具   K. 仿制图章工具

L. 橡皮擦   M. Roto画刷和优化边缘工具   N. 木偶（Puppet）工具

当将鼠标指针悬停到工具面板中的任何一个工具上时，将出现一个工具提示，用来指示该工具是什么以及相应的键盘快捷键。按钮右下角的小三角形表示在该工具后面还隐藏了一个或多个额外的工具。单击并按住按钮将显示隐藏的工具，然后就可以选择想要使用的工具了。

1.5.2 编辑文本

先使用真实的文本来替换占位符文本，然后进行格式化处理，以具备更好的显示效果。

1. 在 Tools 面板中选择 Horizontal Type（横排文字）工具（T），在 Composition 面板中的占位符文本上拖动，将其选中，然后输入 on the move，如图 1.38 所示。

图1.38

2. 再次选择文本，然后在 Character（字符）面板（该面板位于屏幕右侧）中将文本大小修改为 100px，将字间距修改为 −50，如图 1.39 和图 1.40 所示。

图1.39　　　　　　　图1.40

 注意： After Effects 提供了强大的字符和段落格式控件，但是默认设置——在你输入时无论出现什么字体——对本项目来说就已足够了。第 3 课将详细讲解字体。

1.5.3 用动画预设对文本进行动画处理

现在我们已经对文本进行了格式化处理，接下来可以为其应用动画特效了。你将使用 Fade Up Words 预设，这样单词将随着时间依次出现。

1. 再次选择 Timeline 面板中的 Title Here 图层，执行以下操作之一，以确保当前处在动画的第一帧，如图 1.41 所示。

 • 将当前时间指示器沿着时间标尺向左侧拖动，直到 0:00 位置。

 • 按键盘上的 Home 键。

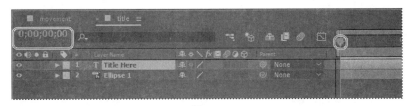

图1.41

2. 选择 Effects & Presets 选项卡，显示该面板，然后在搜索框中输入 fade up words。

3. 在 Animate In 分类中选择 Fade Up Words 特效，并将其拖放到 Composition 面板中 on the move 文字上面，如图 1.42 所示。

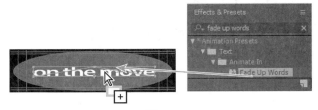

图1.42

After Effects 添加该特效。因为这是一个简单的特效，因此在 Effect Controls 面板中没有任何设置。

4. 将当前时间指示器从 0:00 位置拖动到 1:00 位置，手动预览特效。单词逐个淡入，直到 1:00 时所有单词都出现在屏幕上，如图 1.43 所示。

  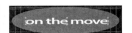

图1.43

时间码和持续时间

与时间相关的重要概念就是持续时间，或称时长。项目中任何素材项、图层和合成图像都有其持续时间，这反映在Composition、Layer和Timeline面板内时间标尺上显示的开始和结束时间上。

在After Effects中查看和指定时间的方式取决于采用的时间显示方式，即度量单位，也就是描述时间的单位。After Effects默认的时间显示方式是SMPTE（Society of Motion Picture and Television Engineers，电影电视工程师协会）时间码：时、分、秒和帧。请注意，在After Effects界面中显示的时间数字之间用分号分隔，表示drop-frame（丢帧）时间码（用于实时帧速率调整），而本书的时间显示是以冒号分隔的，表示non-drop-frame（非丢帧）时间码。

如要了解何时以及怎样将时间码显示改成其他时间显示系统，如以帧、英尺或胶片帧为计时单位等，请参见After Effects Help。

关于Timeline面板

可以使用Timeline面板动态改变图层的属性并设置层的In（入）、Out（出）点（In和Out点是合成图像中一个图层的开始点和结束点）。Timeline面板的许多控件是按功能分栏组织的。默认情况下，Timeline面板包含的一些栏和控件如图1.44所示。

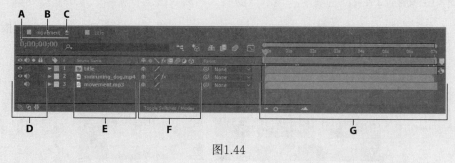

图1.44

A. 当前时间　B. 合成图像名　C. Timeline面板菜单　D. 音/视频开关栏
E. 源文件名/图层名栏　F. 图层开关　G. 时间曲线/曲线编辑区域

理解时间曲线

Timeline面板中的时间曲线图部分（右边）包含一个时间标尺，用来指示合成图像中图层的具体时间和时长条，如图1.45所示。

图1.45

A. 时间导航条开始和结束标记　B. 工作区开始和结束标记　C. 时间缩放滑块
D. 时间标尺　E. 合成图像标记　F. 合成图像按钮

在深入介绍动画前，理解一些控件是有帮助的。时间曲线上直观地显示出合成图像、图层或素材项的时长，时间标尺上的当前时间指示器指示当前所查看或编辑的帧，同时在Composition面板上显示当前帧。

工作区开始和结束标记指出将为预览或最终输出而渲染的部分合成图像。处理合成图像时，我们可能只想渲染其中的一部分，这可以通过将一段合成图像的时间标尺指定为工作区来实现。

Timeline面板的左上角显示合成图像的当前时间。如果需要移动到不同时间点，请拖动时间标尺上的当前时间指示器，或者单击Timeline面板或Composition面板上的当前时间字段，输入一个新时间，然后单击OK按钮。

关于Timeline面板的更多信息，请查看After Effects Help。

1.5.4 使用关键帧对特效进行动画处理

你将对文字图层添加一个特效，但是这一次将使用关键帧来动态修改其设置。

1. 执行以下任一种操作，移动到时间标尺的开始位置。

   - 将当前时间指示器拖动到时间标尺的左侧，直到位于 0:00 时为止。

   - 在 Timeline 面板或 Composition 面板的 Current Time 字段上单击，然后输入 00。如果你单击的是 Composition 面板中的 Current Time 字段，单击 OK，关闭 Go To Time 对话框。

2. 在 Effects & Presets 面板中的搜索框中输入 channel blur。

3. 将 Channel Blur（通道模糊）特效拖动到 Timeline 面板中 Title Here 图层的上面。

After Effects 将会在该图层上添加通道模糊特效，并在 Effects Controls 面板中显示其设置。通道模糊特效分别对图层中的红色、绿色、蓝色和 alpha 通道进行模糊处理。它将为字幕创建一种有趣的外观。

4. 在 Effects Controls 面板中，将 Red Blurriness（红色通道模糊度）、Green Blurriness（绿色通道模糊度）、Blue Blurriness（蓝色通道模糊度）和 Alpha Blurriness（Alpha 通道模糊度）的值设置为 50。

5. 在每个被更改过的设置旁有一个秒表图标，分别单击它们，创建初始关键帧。在文本首次出现时将被模糊处理。

关键帧用来创建和控制动画、特效、音频属性和其他很多随时间改变的属性。关键帧标记一个时间点，我们在该点指定一个数值，如空间位置、不透明度或音量等。关键帧之间的值用插值法计算。用关键帧创建随时间变化的动画时，必须至少使用两个关键帧：一个作为动画开始时的状态，另一个作为动画结束状态。

6. 从 Blur Dimensions 菜单中选择 Vertical，如图 1.46 所示

7. 定位到时间轴的 1:00 位置，如图 1.47 所示。

8. 根据图 1.48 修改各值，修改后的结果如图 1.49 所示。

   - Red Blurriness：0。

   - Green Blurriness：0。

- Blue Blurriness：0。

- Alpha Blurriness：0。

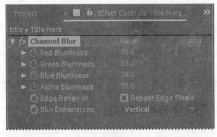

图1.46

图1.47

图1.48

图1.49

9. 将当前时间指示器从 0:00 移动到 1:00，手动预览特效，结果如图 1.50 所示。

图1.50

1.5.5 修改背景的不透明度

字幕看起来不错，但是椭圆形太亮了。你将修改椭圆形的不透明度，以便视频中的水面能够透过椭圆形显示出来。

1. 在 Timeline 面板中，选择 Ellipse 1 图层，如图 1.51 所示。

2. 按下 T 键，显示图层的 Opacity（不透明度）属性。

3. 将不透明度的值修改为 20%，结果如图 1.52 所示。

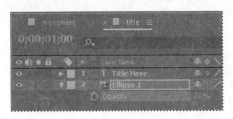

图1.51

图1.52

提示：要想记住 Opacity（不透明度）属性的键盘快捷键 T，可以将它看作是 transparency（透明度）的首字母。

提示：要想查看字母是如何透过水面显示出来的，可以单击 Timeline 面板中的 movement 选项卡。

1.6 预览你的作品

也许你急切地想看看作品的效果。你可以使用 Preview（预览）面板预览你的合成图像，该面板位于默认工作区应用程序窗口右侧的堆叠面板中。要预览你的作品，单击预览面板中的 Play/Stop 按钮，或者按下键盘上的空格键。

1. 在字幕 Timeline 面板中，隐藏所有图层的属性，然后取消选中所有图层。

2. 确保选中了想要预览的图层的 Video（视频）开关（ ）——在这里，想要预览的图层是 Title Here 和 Ellipse 1 图层。

3. 按下 Home 键，移动到时间标尺的起始位置。

4. 执行下面任何一种操作：

   • 单击预览面板中的 Play/Stop 按钮（ ），如图 1.53 所示；

   • 按下键盘上的空格键。

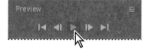

图1.53

5. 要停止预览，可以执行下面的任一种操作：

   • 单击预览面板中的 Play/Stop 按钮（ ）；

   • 按下键盘上的空格键。

最终结果如图 1.54 所示。

图1.54

提示：要确保工作区的开始和结束标记包含了要预览的所有帧。

你已经预览了一个简单的动画，而且这个动画很有可能是实时播放的。

在按下空格键或者单击 Play/Stop 按钮时，After Effects 会缓存合成图像，然后分配足够的内存，并按照系统允许的速率播放预览（带有音频），系统允许的速率最大值为合成图像的帧速率。播放的帧的数量取决于 After Effects 可以使用的内存数量。通常情况下，只有在 After Effects 已经缓存了所有帧之后，才会实时播放预览。

在播放预览时，其播放时间或者是你指定为工作区的时间跨度，或者是从时间标尺的开始位置播放。在 Layer（图层）和 Footage（素材）面板中，预览只播放未修剪的素材。在进行预览之前，要检查一下哪些帧被指定为工作区。

现在，你将预览整个合成图像——带有图形效果的文本动画。

6. 在 Timeline 面板中单击 movement 选项卡，将它放到前面。

7. 确保合成图像中除了音频图层之外的所有图层都打开了 Video（视频）开关（），然后按 F2 键取消选中所有图层，如图 1.55 所示。

8. 将当前时间指示器拖放到时间标尺的开始位置，或者直接按下 Home 键，结果如图 1.56所示。

图1.55　　　　　　　　　　　图1.56

9. 要开始预览，可以单击预览面板中的 Play/Stop 按钮，或者按下键盘上的空格键。最终结果如图 1.57 所示。

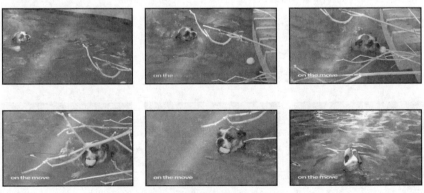

图1.57

一个绿色的进度条指示哪些帧被缓存到内存中，如图 1.58 所示。当工作区中的所有帧都被缓存之后，预览将实时播放。在所有的帧被缓存之前，预览在播放时，速率可能会慢一些，而且音频可能会迟缓一些。

如果你想要进行更为详细和精确的预览，则需要更多的内存。通过修改合成图像的分辨率、放大倍数和预览质量，你可以控制显示的细节量。通过关闭某些图层的视频开关，也可以限制预览图层的数量；通过调整合成图像的工作区，也可以限制预览的帧数量。

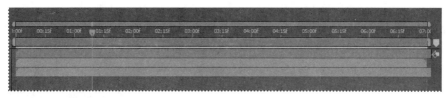

图1.58

10. 按下空格键停止预览。

11. 选择 File > Save 保存你的项目。

1.7　After Effects 性能优化

After Effects 及计算机的配置决定了 After Effects 渲染项目的速度。复杂的合成图像需要大量内存来渲染，而渲染的影片则需要大量的硬盘空间来存储。在 After Effects Help 中搜索 "Improve Performance"（提高性能），可以找到用来配置系统、After Effects 首选项以及项目的技巧，以获得更好的性能。

1.8　渲染和导出合成图像

完成你的杰作后（现在就是这样），可以以你选择的质量设置进行渲染和导出，以指定的文件格式生成电影文件。在后续的课程中会介绍更多导出合成图像方面的知识，尤其是第 14 课。

1.9　自定义工作区

在本项目中，也许你已改变了某些面板的尺寸或位置，或者打开了其他面板。当工作区被修改时，After Effects 将保存这些修改。这样，当下次再打开该项目时，将使用最近版本的工作区。但是，任何时候你都可以选择 Window > Workspace > Reset "Standard" 命令恢复系统原始的工作区。当然，你也可以选择随时恢复最初的工作区，方法是选择 Window > Workspace > Reset "Essentials"。

此外，如果你觉得基本（Essentials）工作区中不包含经常使用的面板，或者想针对不同类型的项目调整面板尺寸或对面板进行分组，则可以根据需求自定义工作区，这样可以节省时间。你可以保存任何工作区配置，也可以使用 After Effects 自带的预设工作区。这些预定义的工作区适合不同类型的工作流程，如制作动画或应用特效。

1.9.1　使用预定义的工作区

我们先花一些时间体验一下 After Effects 中的预定义工作区。

1. 如果你已关闭了 Lesson01_Finished.aep 项目，请打开它（或任何其他项目），以便体验一下工作区。

2. 在靠近 Tools 面板的工作栏中单击 Animation。单击双箭头（ >> ），查看没有固定在工作栏中的工作区，如图 1.59 所示。

图1.59

After Effects 将在应用程序窗口右侧打开以下面板：Info（信息）、Preview（预览）、Effects & Presets（特效和预设）、Motion Sketch、Wiggler、Smoother 和 Audio（音频）。

你也可以使用 Workspace（工作区）菜单更改工作区。

3. 选择 Window > Workspace > Motion Tracking。

这将打开不同的面板。在你需要重点关注合成图像中的跟踪对象时，可以使用 Info（信息）、Preview（预览）和 Tracker 面板的工具和控件达到目的。

1.9.2 保存自定义工作区

你可以在任何时候将任一工作区保存成自定义工作区。一旦保存后，新的被编辑过的工作区将出现在 Window > Workspace 子菜单以及应用程序窗口顶部的 Workspace 菜单中。如果一个使用自定义工作区的项目在另一个系统中打开，After Effects 将寻找一个名字与其匹配的工作区。如果 After Effects 找到了匹配的工作区（并且显示器配置也相同），则使用该工作区；如果未找到（或者显示器配置不符），则用当前本地工作区打开该项目。

1. 从面板菜单中选择 Close Panel 关闭该面板，如图 1.60 所示。

2. 选择 Window > Effects & Presets，打开另外一个面板。

Effects & Presets 面板将添加到面板堆栈中。

3. 选择 Window > Workspace > Save As New Workspace 命令。输入工作区的名字，单击 OK 按钮保存；如果不打算保存，则可以单击 Cancel 按钮。

4. 从 Workspace 菜单中选择 Essentials（基本）。

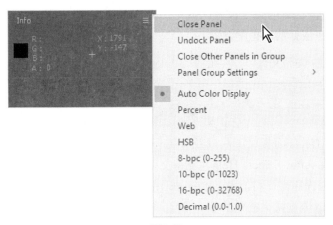

图1.60

1.10 控制用户界面的亮度

你可以将 After Effects 的用户界面调亮或调暗，改变亮度首选项将影响面板、窗口和对话框的显示。

1. 选择 Edit（编辑）> Preferences（首选项）> Appearance（外观）（Windows）命令或 After Effects > Preferences > Appearance（Mac OS）命令。

2. 向左或向右拖动 Brightness（亮度）滑块，观察屏幕的变化，如图 1.61 所示。

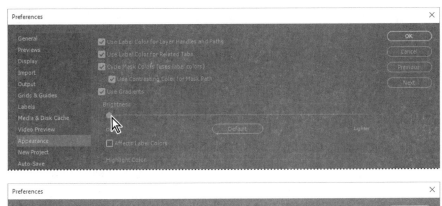

图1.61

3. 单击 OK 按钮保存新的亮度设置，或单击 Cancel 按钮保持原来的首选项不变，还可以单击 Default 按钮恢复默认亮度设置。

4. 不做任何修改，关闭文件。

1.11 寻找 After Effects 使用方面的资源

关于使用 After Effects 面板、工具以及应用程序其他功能方面完整的、最新的信息，请访问 Adobe 网站。如果要在 After Effects Help、支持文档，以及与 After Effects 用户相关的其他网站中查找信息，只需在应用程序窗口右上方的 Search Help 框中输入搜索关键词。还可以将搜索范围缩小到仅显示 Adobe Help 或支持文档中的相关信息。

在你打开 After Effects 应用程序时出现的 Start（开始）窗口提供了访问视频教程和其他信息的方法，可以帮助你高效使用 After Effects。

如果需要其他资源，例如提示与技巧，以及最新的产品信息，请访问 After Effects Help And Support 页面，其地址为 helpx.adobe.com/after-effects.html。

恭喜你已经学完了第 1 课。现在你已经熟悉了 After Effects 工作区，接下来可以进入第 2 课，学习如何使用特效、预设动画来创建合成图像，并让它动起来。你也可以学习本书的其他课程。

复习题

1. After Effects 的工作流程包含哪些基本步骤？

2. 什么是合成图像？

3. 如何查找丢失素材？

4. 如何在 After Effects 中预览你的作品？

5. 怎样自定义 After Effects 工作区？

复习题答案

1. 大多数 After Effects 工作流程包括以下步骤：导入和组织素材、创建合成图像和组织图层、添加特效、对元素做动画处理、预览作品、渲染和输出最终合成图像。

2. 合成图像是用来创建所有动画、图层和特效的地方。After Effects 合成图像同时具有空间维度和时间维度。合成图像包含一个或多个图层——视频、音频、静态图像，它们排列在 Composition 面板和 Timeline 面板中。简单的项目可能仅包含一个合成图像，而一个精心制作的项目则可能包含多个合成图像，用以组织大量的素材或复杂的特效序列。

3. 可以通过选择 File > Dependencies > Find Missing Footage 命令，或者在 Project 面板中的搜索字段内输入 Missing Footage，定位丢失素材。

4. 在 After Effects 中，你可以通过移动当前时间指示器来手动预览作品，也可以按下空格键或者预览面板中的 Play/Stop 按钮，从当前时间指示器的位置开始预览，直到合成图像的终点。After Effects 会分配足够的内存，并按照系统允许的速率播放预览（带有音频），系统允许的速率最大值为合成图像的帧速率。

5. 可以通过拖放面板来自定义工作区，使其最适合你的工作风格。你可以将面板拖放到新的位置，将面板拖进或拖离一个组，使面板排列整齐，对面板进行堆叠，还可以将面板拖出使其浮动在应用程序窗口之上。当重新调整面板时，其他面板将自动调整大小，以适合应用程序窗口。选择 Window > Workspace > Save As New Workspace 命令可以保存自定义的工作区。

第2课 用特效和预设创建基本动画

课程概述

本课介绍的内容包括：

- 使用 Adobe Bridge 预览和导入素材项；

- 处理导入的 Adobe Illustrator 文件图层；

- 应用投影和浮雕特效；

- 应用文字动画预设；

- 调整文字动画预设的时间范围；

- 预合成层；

- 应用溶解变换特效；

- 调整图层的透明度；

- 渲染用于播出的动画。

 本课大约要用 1 小时时间完成。启动 After Effects 之前，请先通过前言中提到的下载地址将本书的课程资源下载到本地硬盘中，并进行解压。在学习本课时，将覆盖相应的课程文件。建议先做好原始课程文件的备份工作，以免后期用到这些原始文件时，还需重新下载。

　　After Effects 的各种特效和动画预设令人兴奋，使用它们可以快速、简便地创建绚丽的动画效果。

2.1　开始

在本课中，你将进一步熟悉 Adobe After Effects 项目的工作流程。你将为虚构的 Destinations 有线网上的 "Travel Europe" 旅游节目创建一个简单的节目标志图形，并对旅游节目标志进行动画处理，以便在播放其他电视节目时，该标志淡出为一个水印，显示在屏幕的右下角，然后，导出这个标志用于播出。

首先来看最终的项目文件，以了解将要执行的操作。

1. 确认硬盘上的 Lessons\Lesson02 文件夹中存在以下文件。

   - Assets 文件夹：destinations_logo.ai、ParisRiver.jpg。

   - Sample_Movies 文件夹：Lesson02.avi、Lesson02.mov。

2. 使用 Windows Media Player 打开并播放影片示例文件 Lesson02.avi，或者使用 QuickTime Player 打开并播放影片示例文件 Lesson02.mov，以查看本课将创建的效果。播放完后，关闭 Windows Media Player 或 QuickTime Player。如果硬盘空间有限，也可以将影片示例文件从硬盘中删除。

开始本课之前，请恢复 After Effects 应用程序的默认设置。详情请参见前言中的 "恢复默认参数"。

3. 启动 After Effects 时请立即按住 Ctrl + Alt + Shift（Windows）或 Command + Option + Shift（Mac OS）组合键，准备恢复默认的参数设置。系统询问是否删除参数文件时，单击 OK 按钮。

4. 在 Start（开始）窗口中，单击 New Project（新建项目）。

After Effects 打开后显示一个空白的无标题项目。

5. 选择 File > Save As > Save As 命令。

6. 在 Save As（另存为）对话框中，导航到 Lessons\Lesson02\Finished_Project 文件夹。

7. 将该项目命名为 Lesson02_Finished.aep，然后单击 Save 按钮。

2.2　使用 Adobe Bridge 导入素材

在第 1 课中，我们使用了 File > Import > File 命令导入素材，此外，你也可以使用 Adobe Bridge 导入素材。Adobe Bridge 是一种灵活强大的工具，可以用来组织、浏览和定位用于打印、网页、电视、DVD、电影及移动设备的媒体文件。Adobe Bridge 可以很容易地访问 Adobe 文件（如 PSD 和 PDF 文件）与非 Adobe 应用程序文件。你可以根据需要将媒体文件拖放到版面、项目和合成图像内；可以预览媒体文件，甚至还可以向媒体文件添加元数据（文件信息），使文件更易于寻找。

Adobe Bridge 并不随 After Effects CC 一起自动安装，所以需要单独安装。如果没有安装

Bridge，在你选择 File > Browse In Bridge 时，系统将提示你进行安装。

本练习将使用 Adobe Bridge 导入静态图像，把它作为合成图像的背景。

1. 选择 File > Browse In Bridge 命令。如果提示信息显示"启用 Adobe Bridge 的扩展"，请单击 Yes 按钮。

Adobe Bridge 打开后，会显示出一系列面板、菜单和按钮。

 提示：你可以单独使用 Adobe Bridge 来管理文件。要直接打开 Adobe Bridge，请从开始菜单选择 Adobe Bridge 命令（Windows）或双击 Applications/Adobe Bridge 文件夹内的 Adobe Bridge 图标（Mac OS）。

2. 单击 Adobe Bridge 左上角的 Folders（文件夹）选项卡。

3. 在 Folders 面板中，导航到 Lessons\Lesson02\Assets 文件夹。单击箭头可以打开嵌套的文件夹，也可以双击 Content（内容）面板内的文件夹缩览图，如图 2.1 所示。

图2.1

 注意：当前使用的是 Essentials（基本）工作区，这是 Bridge 的默认工作区。

Content 面板以交互式方式进行更新。例如，当选择 Folders 面板中的 Assets 文件夹时，Content 面板将显示该文件夹内容的缩览图预览。Adobe Bridge 可显示多种图像文件的预览，如 PSD、TIFF 和 JPEG 格式文件，还有 Illustrator 矢量文件、多页 Adobe PDF 文件、QuickTime 电影文件等。

4. 拖动 Adobe Bridge 窗口底部的缩览图滑块可以放大缩览图预览，如图 2.2 所示。

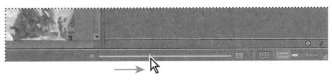

图2.2

5. 选中 Content 面板中的 ParisRiver.jpg 文件，请注意该文件将同时显示在 Preview 面板内。该文件的相关信息，包括创建日期、位深度以及文件大小，将显示在 Metadata 面板内，如图 2.3 所示。

图2.3

6. 双击 Content 面板中 ParisRiver.jpg 文件的缩览图，将该文件放置于 After Effects 项目中。也可以将缩览图拖放到 After Effects 的 Project 面板，如图 2.4 所示。

7. 如果当前没在 After Effects 中，请返回到 After Effects。

本课后面的内容不再需要 Adobe Bridge，因此如果愿意，你可以将其关闭。

图2.4

2.3 创建新合成图像

按照第 1 课中学习的 After Effects 工作流程，创建旅游节目标志的下一步工作是创建新的合成图像。第 1 课中我们讲解了如何基于 Project 面板中选择的素材项创建合成图像。你也可以先创建空的合成图像，之后再向它添加素材项。

1. 采用下述任一操作创建新的合成图像。

   - 单击 Project 面板底部的 Create A New Composition（创建新合成图像）按钮（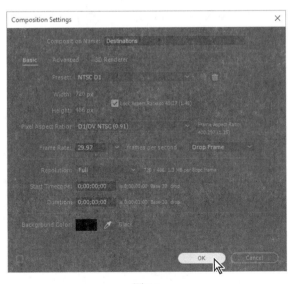）。

   - 选择 Composition > New Composition 命令。

   - 按 Ctrl + N（Windows）或 Command + N（Mac OS）组合键。

2. 在 Composition Settings（合成设置）对话框中完成以下操作，如图 2.5 所示。

   - 将合成图像命名为 Destinations。

   - 从 Preset（预设）下拉列表中选择 NTSC D1。NTSC D1 是美国及其他一些国家采用的标清电视分辨率。该预设自动将合成图像的宽度、高度、像素长宽比和帧速率设成 NTSC 标准。

   - 在 Duration（持续）字段内输入 300，即指定片长为 3 秒。

   - 单击 OK 按钮。

After Effects 在 Composition 面板和 Timeline 面板中将会显示一个名为 Destinations 的空合成图像。现在，我们添加背景。

3. 将 ParisRiver.jpg 素材项从 Project 面板拖放到 Timeline 面板，将其添加到 Destinations 合成图像中，如图 2.6 所示。

图2.5

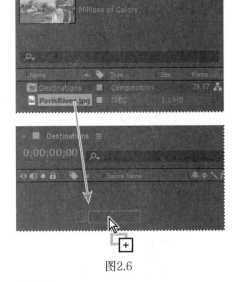

图2.6

4. 在选中 Timeline 面板中的 ParisRiver 图层之后，再选择 Layer > Transform > Fit To Comp 命

令，把背景图像缩放到与合成图像相同的尺寸，如图 2.7 和图 2.8 所示。

图2.7   图2.8

> **Ae** | **提示**：将一个图层的大小缩放到与合成图像尺寸相同的键盘快捷键是 Ctrl + Alt + F（Windows）或 Command + Option + F（Mac OS）组合键。

导入前景元素

背景制作完成了。我们将要使用的前景对象是在 Illustrator 中创建的带图层的矢量图形。

1. 选择 File > Import > File 命令。

2. 在 Import File 对话框中，选择 Lessons/Lesson02/Assets 文件夹中的 destinations_logo.ai 文件（如果文件扩展名被隐藏了，则该文件将显示为 destinations_logo）。

3. 从 Import As 菜单中选择 Composition（在 Mac OS 中，可能需要单击 Options 来显示 Import As 菜单），然后单击 Import 或 Open 按钮，如图 2.9 所示。

这个 Illustrator 文件就被添加到 Project 面板，成为名为 destinations_logo 的合成图像，这时也出现了一个名为 destinations_logo Layers 的文件夹，该文件夹下包含 Illustrator 文件 3 个单独的图层。如果你愿意，可以单击三角形展开该文件夹，查看其内容，如图 2.10 所示。

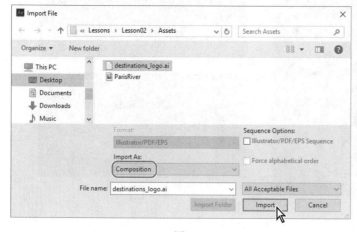

图2.9   图2.10

4. 将 destinations_logo 合成图像文件从 Project 面板拖放到 Timeline 面板内的 ParisRiver 图层上方，如图 2.11 所示。

现在，在 Composition 面板和 Timeline 面板中应该同时可以看到背景图和台标图像了，如图 2.12 所示。

图2.11

图2.12

2.4 处理导入的 Illustrator 图层

destinations_logo 图形是用 Illustrator 创建的，我们将要在 After Effects 中添加文字并对它做动画处理。为了独立于背景素材处理 Illustrator 文件的图层，需要在 destinations_logo 合成图像自己的 Timeline 面板和 Composition 面板中打开它。

1. 双击 Project 面板中的 destinations_logo 合成图像，这样就在它自己的 Timeline 面板和 Composition 面板中打开该合成图像，如图 2.13 和图 2.14 所示。

图2.13

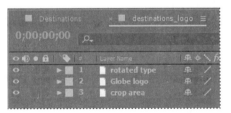

图2.14

2. 在 Tools 面板中选择 Horizontal Type 工具（T），如图 2.15 所示。然后在 Composition 面板中单击。

图2.15

3. 输入大写的 TRAVEL EUROPE，然后选择刚才输入的所有文字，如图 2.16 所示。

图2.16

4. 在 Character 面板中，选择一种无衬线字体，如 Myriad Pro，并将字体大小改变为 24 像素。单击 Character 面板中的吸管工具，然后单击标志上旋转的 DESTINATIONS 文字，以选取绿色，如图 2.17 和图 2.18 所示。After Effects 会将该颜色应用到你输入的文字上。Character 面板中的其他所有选项保留默认值不变。

图2.17　　　　　　　　　　　图2.18

第 3 课将介绍更多关于文字处理方面的内容。

 注意：如果 Character 面板未打开，请选择 Window > Character 命令。你可能需要扩展面板宽度，才能看到吸管工具。

5. 选择 Selection（选取）工具（▶），然后在 Composition 面板中拖放文字，使其位置如图 2.19 所示的那样。请注意，当切换到选取工具时，Timeline 面板中通用的图层名 Text1 将改名为 TRAVEL EUROPE，即你刚输入的文字。结果如图 2.20 所示。

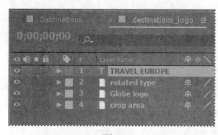

图2.19　　　　　　　　　　　图2.20

 提示：选择 View > Show Grid（显示网格）命令可显示出非打印网格，这将有助于定位对象。再次选择 View > Show Grid 命令可隐藏网格。

2.5 对图层应用特效

现在回到主合成图像 Destinations，向 destinations_logo 图层应用特效，该特效将对嵌套在 destinations_logo 合成图像内的所有图层都起作用。

1. 单击 Timeline 面板中的 Destinations 选项卡，选择 destinations_logo 图层，如图 2.21 所示。

接下来创建的特效将仅应用于节目标志元素，而不应用于河流的背景图像，如图 2.22 所示。

图2.21   图2.22

2. 选择 Effect > Perspective > Drop Shadow 命令。

Composition 面板中 destinations_logo 图层的嵌套层——标志图形、旋转文字以及 Travel Europe 这个词——后面将出现柔边阴影。应用特效时，Effects Controls（特效控制）面板显示在 Project 面板之上，我们可以用该面板自定义特效。

应用及控制特效

任何时候都可以添加或删除特效。对图层应用特效后，为了突出合成图像的其他方面，我们可以暂时关闭图层中的一个或所有特效。被关闭的特效不会显示在 Composition 面板中，并且预览或渲染该图层时通常不包含这些特效。

默认情况下，如果对图层应用特效，该特效在图层存在期间都有效。当然，你可以使特效在指定的时间开始和停止，也可以使特效随时间的变化增强或减弱。第 5 课和第 6 课将更详细地介绍使用关键帧或表达式创建动画。

就像处理其他图层一样，我们可以对调整层应用特效并编辑。但对调整层应用特效时，该特效将应用到 Timeline 面板中该调整层以下的所有图层。

特效也可以作为动画预设被存储、浏览和应用。

3. 在 Effect Controls 面板中，将阴影的 Distance（距离）减小到 3，Softness（柔和度）增大到 4，如图 2.23 所示。可以单击字段直接输入数值，也可以通过拖动蓝色数值改变设置。结果如图 2.24 所示。

现在阴影效果看起来还不错，但如果再添加浮雕效果，节目标志将更突出。你可以使用 Effect 菜单或 Effects & Presets 面板查找并应用特效。

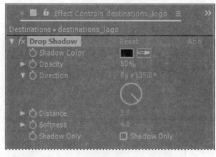

图2.23 图2.24

4. 单击 Effects & Presets 选项卡，将该面板调到前方。然后单击 Stylize（风格化）旁的三角形展开分类。

5. 选择 Timeline 面板中的 destinations_logo 图层，将 Color Emboss（彩色浮雕）特效拖放到 Composition 面板中，如图 2.25 所示。

Color Emboss 特效可以锐化图层中对象的边缘，而不抑制原来的颜色。Effect Controls 面板将 Color Emboss 特效及其设置显示在 Drop Shadow 特效的下方。

图2.25

6. 选择 File > Save 命令保存项目。

2.6　应用动画预设

我们已经定位好标志，并且对其应用了一些特效，现在该添加一些动画了。第 3 课将介绍添加文字动画的几种方法，现在将用简单的动画预设使 TRAVEL EUROPE 文字淡入到台标旁。我们需要对 destinations_logo 合成图像进行处理，以便仅对 TRAVEL EUROPE 文字图层应用动画。

1. 单击 Timeline 面板中的 destinations_logo 选项卡，并选择 TRAVEL EUROPE 图层，如

图 2.26 和图 2.27 所示。

图2.26   图2.27

2. 将当前时间指示器移动到 1:10，我们希望文字从这时开始淡入。

3. 在 Effects & Presets 面板中，选择 Animation Presets > Text > Blurs（模糊）命令。

4. 将 Bullet Train（子弹头列车）动画预设拖放到 Timeline 面板的 TRAVEL EUROPE 图层上或 Composition 面板中的 TRAVEL EUROPE 文字上，如图 2.28 所示。此时文字将从 Composition 面板中消失，但不用担心，你现在看到的是动画的第 1 帧，它正好是空画面。

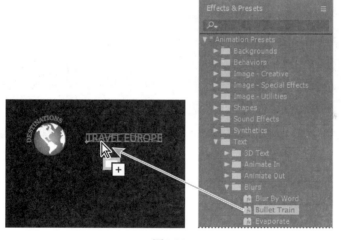

图2.28

5. 单击 Timeline 面板中的空白区域，取消选中 TRAVEL EUROPE 图层，然后将当前时间指示器拖放到 2:00，手动预览文字动画。可以看到文字一个字母接一个字母地飞入，直到 2:00 时 TRAVEL EUROPE 才全部显示在屏幕上，如图 2.29 ～图 2.31 所示。

图2.29   图2.30   图2.31

为新动画预合成图层

旅游节目标志看起来还不错，你可能已经迫不及待地想预览全部动画了。但是，在此之前，我们将向文字 TRAVEL EUROPE 之外的其他所有标志元素添加溶解特效。为此，需要预合成 destinations_logo 合成图像的其他 3 个图层：rotated type、Globe logo 以及 crop area。

预合成是一种把多个图层嵌套在一个合成图像中的方法。预合成将把多个图层移动到新的合成图像内，新合成图像将取代被选中的图层。当你想改变图层组件的渲染顺序时，预合成是一种快速的方法，它可以在现有层次中创建出中间嵌套层次。

1. 按住 Shift 键的同时单击 destinations_logo Timeline 面板中 rotated type、Globe logo 和 crop area 这 3 个图层，选中它们。

2. 选择 Layer > Pre-compose（预合成）命令。

3. 在 Pre-compose 对话框中，将新合成图像命名为 Dissolve_logo。确保 Move All Attributes Into The New Composition（将所有属性移动到新合成图像中）选项为选中状态，然后单击 OK 按钮，如图 2.32 和图 2.33 所示。

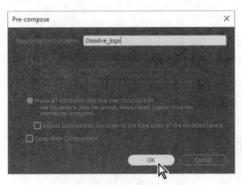

图2.32   图2.33

现在，destinations_logo Timeline 面板中的这 3 个图层被单个图层所取代：Dissolve_logo，这个预合成的新图层包含了第 1 步中选择的 3 个图层，你可以对该图层应用溶解特效，这不会影响 TRAVEL EUROPE 文字图层及其 Bullet Train 动画。

4. 确认 Timeline 面板中的 Dissolve_logo 图层已被选中，按 Home 键或将当前时间指示器拖放到 0:00 位置。

5. 在 Effects & Presets 面板中选择 Animation Presets > Transition-Dissolves 命令，然后将 Dissolve-Vapor（蒸发）动画预设拖放到 Timeline 面板中的 Dissolve_logo 图层上，或拖放到 Composition 面板上。

Ae | 提示：在 Effects & Presets 面板中的搜索框内输入 vap，可以快速定位到 Dissolve-Vapor（蒸发 - 溶解）预设。

Dissolve-Vapor 动画预设包括 3 个组件：主溶解、方框模糊和纯色模糊，所有这些组件都显示在 Effect Controls 面板内。默认设置完全满足该项目的需要，如图 2.34 所示。

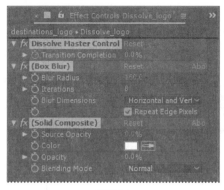

图2.34

6. 选择 File > Save 命令保存目前的工作。

2.7　预览特效

现在该预览所有特效组合后的效果了。

1. 单击 Timeline 面板中的 Destinations 选项卡，切换到主合成图像。按 Home 键或将当前时间指示器拖放到时间标尺的开始点。

2. 确认 Destinations Timeline 面板中两个图层的 Video（视频）开关（ ）均被选中。

3. 单击 Preview 面板中的 Play（播放）按钮（ ）或按空格键查看预览，再次按空格键可以停止播放。效果如图 2.35 ～图 2.37 所示。

图2.35　　　　　　　　　　图2.36　　　　　　　　　　图2.37

2.8　添加透明特效

许多电视台会在节目画面的角落显示半透明台标，以强调品牌。我们将通过降低台标的不透明度来达到这种效果。

1. 确认当前还处在 Destinations Timeline 面板内，并将时间定位于 2:24。

2. 选择 destinations_logo 图层，按 T 键显示其 Opacity（不透明度）属性。默认情况下，Opacity

为 100%（完全不透明）。按下秒表图标（），在该点设置 Opacity 关键帧，如图 2.38 和图 2.39 所示。

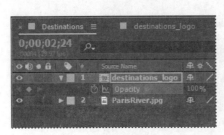 

图2.38　　　　　　　　　　　　　　　　　图2.39

3. 按 End 键或将当前时间指示器移动到时间标尺的结束点（2:29），将不透明度设为 40%，After Effects 将在该点添加关键帧，如图 2.40 和图 2.41 所示。

目前的效果是台标显示在屏幕上，TRAVEL EUROPE 文字飞入，其不透明度逐渐减退到 40%。

图2.40　　　　　　　　　　　　　　　　　图2.41

4. 请单击 Preview 面板中的 Play 按钮（▶），或者按下空格键，或者按下数字键盘中的 0 键，预览合成图像。预览完成时按空格键则停止播放。

5. 选择 File > Save 命令保存项目。

2.9　渲染合成图像

现在，你创建的旅游节目标志已经可以输出了。创建输出文件时，合成图像的所有图层，以及每个图层的蒙版、特效和属性都被逐帧渲染到一个或多个输出文件，或者渲染为一系列连续的文件（当需要渲染为图像序列时）。

将最终合成图像制成电影文件可能需要几分钟或几小时，这取决于合成图像的画面尺寸、质量、复杂度以及压缩方式。将合成图像置于 Render Queue（渲染队列）后即成为渲染项，它将按照赋给它的设置进行渲染。

After Effects 提供多种用于渲染输出的文件格式和压缩类型，采用何种格式取决于将来播放最终输出文件的媒介，或者说取决于你的硬件需要，如视频编辑系统。

注意：第14课将介绍更多关于输出格式和渲染方面的内容。

渲染并导出合成图像，使其可用于电视播出。

 注意：要以最终交付的格式进行输出，可以使用Adobe Media Encoder，它在安装After Effects时就已经安装了。在第14课将介绍更多关于Adobe Media Encoder的内容。

1. 要将合成图像添加到Render Queue（渲染队列），可采用下述任一方法。

   * 选中Project面板中的Destinations合成图像，然后选择Composition > Add to Render Queue（添加到渲染队列）命令。系统会自动打开Render Queue面板。

   * 选择Window > Render Queue命令，打开Render Queue面板，然后将Destinations合成图像从Project面板拖放到Render Queue面板上。

2. 双击Render Queue选项卡，让面板最大化，使该面板充满应用程序窗口，如图2.42所示。

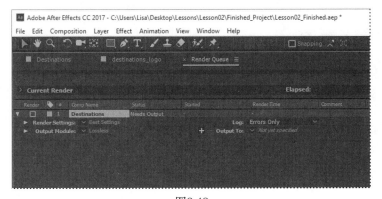

图2.42

 提示：让面板最大化的键盘快捷键是重音标记字符（`），该字符与波浪字符（～）共用同一按键。

3. 单击Render Settings（渲染设置）旁的三角形展开相应选项。默认情况下，After Effects采用Best Quality（最佳质量）和Full Resolution（完全分辨率）渲染合成图像。默认设置完全满足本项目的需要。

4. 单击Output Module（输出模块）选项旁的三角形展开相应选项。默认情况下，After Effects使用无损压缩方法将渲染的合成图像编码为影片文件，这能够满足本项目的要求。但你需要指定将文件存放到哪里。

5. 单击Output To（输出到）下拉列表旁的蓝色文字Not yet specified（尚未指定），如图2.43所示。

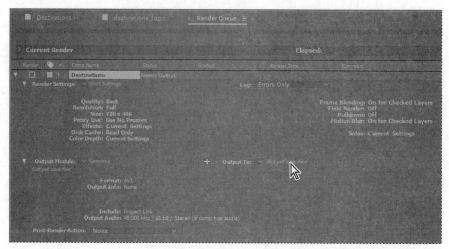

图2.43

6. 在弹出的 Output Movie To 对话框中，采用默认影片名（Destinations），选择 Lessons\Lesson02\Finished_Project 文件夹作为文件存储路径，然后单击 Save 按钮。

7. 现在回到 Render Queue 面板，单击 Render 按钮，如图 2.44 所示。

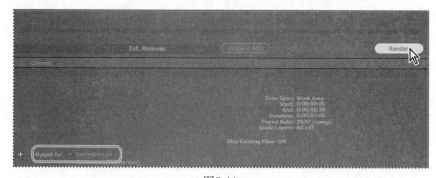

图2.44

文件编码期间，After Effects 会在 Render Queue 面板中显示一个进度条。当 Render Queue 中所有项目渲染并编码完成后，After Effects 将发出提示音。

8. 影片渲染完成后，双击 Render Queue 选项卡，恢复你的工作区。

9. 如果要观看最终的影片，双击 Lessons/Lesson02/Finished_Project 文件夹中的 Destinations.avi 或 Destinations.mov 文件，影片将在 Windows Media Player 或 QuickTime 中打开并播放。

10. 保存并关闭项目文件，然后退出 After Effects。

恭喜！你已成功创建了一个适合播出的旅游节目的标志。

复习题

1. 怎样用 Adobe Bridge 预览和导入文件?

2. 什么是预合成?

3. 怎样自定义特效?

4. 怎样修改合成图像中图层的透明度?

复习题答案

1. 选择 File > Browse In Bridge 命令,从 After Effects 切换到 Adobe Bridge。如果没有安装 Bridge,系统将提示你下载并安装。在 Adobe Bridge 中可以搜索和预览图像素材。当找到你想在 After Effect 项目中使用的素材后,双击它或将其拖放到 Project 面板。

2. 预合成是一种把多个图层嵌套在一个合成图像中的方法。预合成将把多个图层移动到新的合成图像内,新合成图像将取代被选中的图层。当你想改变图层组件的渲染顺序时,预合成是一种快速的方法,它可以在现有层次中创建出中间嵌套层次。

3. 对合成图像中的图层应用特效后,可以在 Effect Controls 面板中自定义其属性。应用特效时将自动打开 Effect Controls 面板。你也可以随时选择具有特效的图层,再选择 Window > Effect Controls 命令打开该面板。

4. 为了修改图层的透明度,可以减小其不透明度。在 Timeline 面板中选中图层,按 T 键显示其 Opacity 属性,然后输入一个小于 100% 的数值。

第**3**课 文本动画

课程概述

本课介绍的内容包括：

- 创建文本图层，并对文本进行动画处理；

- 使用 Character（字符）和 Paragraph（段落）面板格式化文本；

- 应用和自定义文本动画预设；

- 在 Adobe Bridge 中预览动画预设；

- 使用 Adobe Typekit 安装字体；

- 使用关键帧创建文本动画；

- 应用父化关系对图层进行动画处理；

- 编辑导入的 Adobe Photoshop 文本并制作动画；

- 用文本动画组对图层中选中的文本做动画处理；

- 使用一个文本动画组对图层中选中的字符做动画处理。

 本课大约要用 2 小时时间完成。启动 After Effects 之前，请先通过前言中提到的下载地址将本书的课程资源下载到本地硬盘中，并进行解压。在学习本课时，将覆盖相应的课程文件。建议先做好原始课程文件的备份工作，以免后期用到这些原始文件时，还需重新下载。

当你的观众在阅读文本时，文本不能总是静止不动。本课中，你将了解 After Effects 中几种文本动画的制作方法，包括专门适用于文本图层的快速方法。

3.1 开始

Adobe After Effects 提供了多种文本动画处理方法，可以通过以下方法对文本图层应用动画：在 Timeline 面板中手动创建关键帧；使用动画预设；使用表达式。甚至可以对文本图层中的单个字符或词应用动画。本课将为动画纪录片"*Road Trip*"设计开场演职人员名单字幕，这里将使用几种不同的动画技术，其中包括一些文本所特有的动画方法。你还将使用 Adobe Typekit 安装在项目中使用的字体。

与其他项目一样，你将先预览要创建的影片，然后打开 After Effects。

1. 确认硬盘上的 Lessons\Lesson03 文件夹中存在以下文件。

   - Assets 文件夹：background_movie.mov、car.ai、compass.swf、credits.psd。
   - Sample_Movie 文件夹：Lesson03.mov、Lesson03.avi。

2. 使用 Windows Media Player 打开并播放影片示例文件 Lesson03.avi，或者使用 QuickTime Player 打开并播放影片示例文件 Lesson03.mov，以查看本课将创建的效果。播放完后，关闭 Windows Media Player 或 QuickTime Player。如果硬盘空间有限，也可以将影片示例文件从硬盘中删除。

开始本课之前，请恢复 After Effects 应用程序的默认设置。详情请参见前言中的"恢复默认参数"。

3. 启动 After Effects 时请立即按住 Ctrl + Alt + Shift（Windows）或 Command + Option + Shift（Mac OS）组合键，准备恢复默认的参数设置。系统询问是否删除参数文件时，单击 OK 按钮。

4. 关闭 Start（开始）窗口。

After Effects 打开后显示一个空白的无标题项目。

5. 选择 File > Save As > Save As 命令，导航到 Lessons\Lesson03\Finished_Project 文件夹。

6. 将该项目命名为 Lesson03_Finished.aep，然后单击 Save 按钮。

3.1.1 导入素材

开始本课前需要导入两个素材项。

1. 双击 Project 面板中的空白区域，打开 Import File 对话框。

2. 导航到硬盘上的 Lessons\Lesson03\Assets 文件夹，按住 Ctrl 键（Windows）或按住 Command 键（Mac OS），单击选择 background_movie.mov 和 compass.swf 文件，再单击 Import 或 Open 按钮。

After Effects 可以导入包含 Adobe Photoshop、Adobe Illustrator 以及 QuickTime 和 AVI 文件在

内的多种文件格式。这使得 After Effects 成为一种功能强大的合成与运动图形处理工具。

3.1.2 创建合成图像

现在我们将创建合成图像。

1. 按 Ctrl + N（Windows）或 Command + N（Mac OS）组合键创建一个新合成图像。

2. 在 Composition Settings（合成设置）对话框中，将合成图像命名为 Title_Sequence，从 Preset（预设）菜单中选择 NTSC DV，并将 Duration（时长）设为 10:00，这是背景影片的时间长度。然后单击 OK 按钮，如图 3.1 所示。

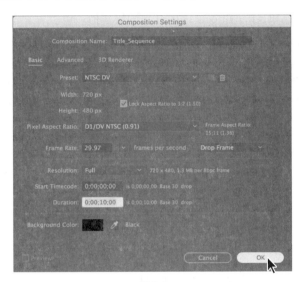

图3.1

3. 将 Project 面板中的 background_movie.mov 和 compass.swf 素材项拖放到 Timeline 面板。调整图层，使 compass.swf 在图层堆栈中位于 background_movie.mov 图层的上方，如图 3.2 和图 3.3 所示。

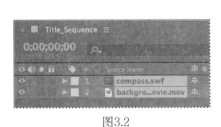

图3.2

图3.3

4. 选择 File > Save 命令。

接下来准备向合成图像添加字幕文本。

3.2 文本图层

在 After Effects 中,可以灵活、精确地添加文本。Tools（工具）、Character（字符）以及 Paragraph（段落）面板包含大量的文本控件。在 Composition 面板中，可以直接在屏幕上创建和编辑横排或竖排文本，快速改变文本的字体、风格、大小和颜色。你可以修改单个字符，也可以设置整个段落的格式选项，包括文本对齐方式、边距和自动换行。除了所有这些风格特性外，After Effects 还提供了可以方便地对指定字符和属性（如文字的不透明度和色相）进行动画处理的工具。

After Effects 使用两种类型的文本：点阵文本和段落文本。点阵文本适用于输入单个单词或一行字符，段落文本适用于输入和格式化一段或多段文本。

在很多方面，文本图层和 After Effects 内的其他图层类似。可以对文本图层应用特效和表达式，可以对其进行动画处理，将其指定为 3D 图层，并且可以在编辑 3D 文本时以多种角度查看它。与从 Illustrator 导入的图层一样，文本图层也被栅格化，所以在缩放图层或调整文本大小时，它保持与分辨率无关的清晰边缘。文本图层和其他图层的主要区别是，无法在文本图层自己的 Layer 面板中打开它，你可以在文本图层中用特殊的文本动画属性和选择器对文本进行动画处理。

3.3 使用 Typekit 安装字体

Adobe Typekit 提供了数百种字体，Adobe Typekit 包含在一个 Adobe Creative Cloud 成员中。可以使用 Typekit 来安装适用于字幕文本的字体。在系统上安装了 Typekit 字体后，你就可以在任何应用程序中使用它们了。

1. 选择 File > Add Fonts From Typekit（从 Typekit 添加字体）。

Adobe 将使用你的默认浏览器打开 Adobe Typekit 页面。

2. 确保你已经登录到 Creative Cloud 中。如果没有，单击屏幕顶部的 Sign In，然后输入你的 Adobe ID。

你可以在 Adobe Typekit 网站上浏览字体，但是鉴于字体太多，通常更高效的做法是对字体进行过滤或搜索特定的字体。你可以过滤字体，以查看满足你需求的那些。

3. 确保选中了 My Library 选项卡，以便能看到所有字体，如图 3.4 所示。

 注意：如果你没有登录到 Creative Cloud 中，则将看到 Full Library 和 Limited Library 选项卡。

4. 从右上角的弹出菜单中选择 Sort By Name（按名字排序），然后取消选中 Include Web Only Families。然后在页面的右侧，在 Classification 区域中单击 Sans Serif 按钮。在 Properties 区域中，选用那些中等字重、中等宽度、低对比度和标准大写的按钮。

Typekit 会显示满足你特定需求的几种字体。你可以预览这些字体，以发现看起来最好的那些。

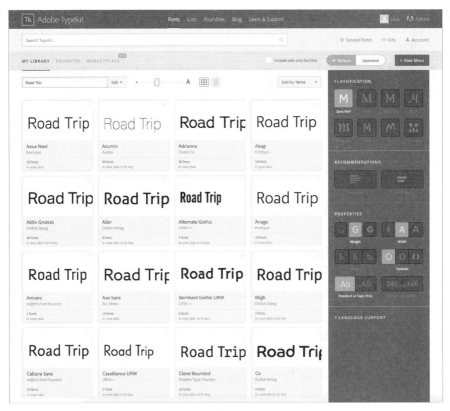

图3.4

5. 在示例文本字段中输入 Road Trip，然后拖动滑块减小示例文本的大小，以便能看到完整的文本。

将你自己的文本作为示例文本，可以让你获悉这种字体是否适用于你的项目。Calluna Sans 看起来不错。

6. 将鼠标悬停到 Calluna Sans 上，直到出现一个绿色的覆盖层。然后单击它（如果看不到 Calluna Sans，单击 Next Page，直到看到为止；或者选择一种不同的字体家族），如图 3.5 所示。

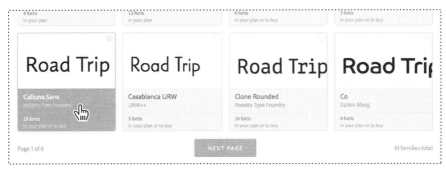

图3.5

Typekit 会显示已选中的字体家族中的所有字体的示例文本，以及有关该字体的附加信息。

7. 单击 Regular 版本和 Bold 版本字体旁边的 Sync，如图 3.6 所示。

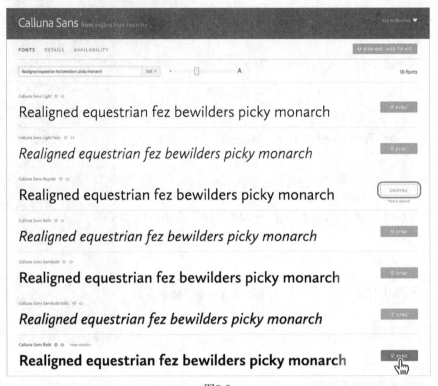

图3.6

 注意：Typekit 可能需要花费几分钟的时间来同步字体，具体时间将取决于你的系统和你的网络连接。

选中的字体将自动添加到你的系统中，然后你就可以在任何应用程序（包括 After Effects）中使用它了。在同步字体之后，可以将 Typekit 和浏览器关闭。

3.4　创建并格式化点阵文本

输入点阵文本时，文本的每一行都是独立的——编辑文本时，行的长度会增加或减少，但不会换到下一行。你输入的文本显示在新的文本图层中。I 型光标中间的短线标注文本的基线位置。

1. 在 Tools（工具）面板中选择 Horizontal Type（横排文本）工具（T）。

2. 在 Composition 面板内任一位置单击，然后输入 Road Trip，再按数字键盘上的 Enter 键退出文本编辑模式，然后选中 Composition 面板中的文本图层。还可以选中图层名以退出文本编辑模式。

注意：如果按普通键盘而不是数字键盘上的 Enter 键或 Return 键，将开始一个新段落。

3.4.1 使用 Character 面板

Character（字符）面板提供了格式化字符的选项。如果文本是高亮显示的，则你在 Character 面板中所做的更改仅影响高亮显示的文本。如果不存在高亮显示的文本，则你在 Character 面板中所做的更改将影响被选中的文本图层以及该文本图层选中的 Source Text（源文本）关键帧（如果存在的话）。如果不存在高亮显示的文本，同时也没有任何文本图层被选中，则你在 Character 面板中所做的更改将成为下次文本输入的默认设置。

 提示：要单独打开 Character 和 Paragraph 面板，可以选择 Window > Character 或 Window > Paragraph 命令。如果要同时打开这两个面板，请选择 Horizontal Type 工具，再单击 Tools 面板中的 Toggle The Character And Paragraph Panels（切换字符和段落面板）按钮。

1. 选择 Window > Workspace>Text 命令，显示处理文本时所需的面板。

2. 选择 Timeline 面板中的 Road Trip 文本图层。

3. 在 Character 面板中，从 Font Family 下拉列表中选择 Calluna Sans 字体。

4. 从 Font Style 下拉列表选择 Bold。

5. 将 Font Size（字体大小）设为 90 像素。

6. 其他选项保留默认设置，如图 3.7 和图 3.8 所示。

图3.7 图3.8

 提示：要快速地选择字体，首先在 Font Family 框内输入字体名称。Font Family 下拉列表将跳到系统中与所输入的字符匹配的第一种字体。如果已选择了文本图层，新选择的字体将被应用到 Composition 面板中的文字。

3.4.2 使用 Paragraph 面板

你可以使用 Paragraph（段落）面板设置应用到整个段落的选项，如对齐方式、缩进和行距。对于点阵文本，每一行都是一个单独的段落。可以使用 Paragraph 面板设置单个段落、多个段落或文本图层中所有段落的格式化选项。对于这个合成图像的字幕文本，只需在 Paragraph 面板中调整一项参数即可。

1. 在 Paragraph 面板中单击 Center Text（文本居中）按钮，这将使横排文本置于该文本图层的中央，而不是合成图像的中央，如图 3.9 和图 3.10 所示。

图3.9　　　　　　　　　　　图3.10

2. 其他选项保留默认设置。

> **Ae** 注意：你开始输入的位置可能会导致你的屏幕看起来与示意图不相同。

3.4.3 定位文本

要准确定位图层，如你现在正在操作的文本图层，则可以在 Composition 面板中显示标尺、参考线和网格，而最终渲染生成的影片内将不包含这些可视化的参考工具。

1. 确保 Timeline 面板中的 Road Trip 文本图层被选中。

2. 选择 Layer > Transform > Fit To Comp Width（适合于合成图像宽度）命令，将该图层缩放到适合于合成图像的宽度。

现在，可以用网格定位文本图层了。

3. 选择 View > Show Grid（显示网格）命令，再选择 View > Snap to Grid（对齐网格）命令。

4. 使用 Selection（选取）工具（▶），在 Composition 面板中向上拖动文本直到字符基线位于合成图像正中的水平网格线上为止。开始拖动时按住 Shift 键能限制移动方向，这有助于定位文本，如图 3.11 和图 3.12 所示。

5. 定位好文本图层后，选择 View > Hide Grid（隐藏网格）命令，隐藏网格。

本项目不打算用于电视节目播出，所以允许在动画开始时字幕文本超出合成图像的字幕安全区和动作安全区。

图3.11　　　　　　　　　　图3.12

6. 从应用程序窗口顶部的 Workspace 菜单栏中单击 Essentials（基本），回到 Essentials 工作区（如果 Essentials 没有出现在 Workspace 菜单栏中，请单击双箭头将其显示出来）。

7. 选择 File > Save 命令，保存项目。

3.5　使用文本动画预设

现在准备对字幕应用动画。最简单的方式就是使用 After Effects 自带的多种动画预设之一。应用动画预设后，你可以自定义和保存它，以便在其他项目中再次使用。

1. 按 Home 键或移动到 0:00，确保当前时间指示器处于时间标尺的开始位置。

After Effects 从当前时间点开始应用动画预设。

2. 选择 Road Trip 文本图层。

3.5.1　浏览动画预设

在第 2 课中我们已经使用 Effects & Presets 面板应用过动画预设。但是，如果你无法确定想用哪种动画预设该怎么办？为了帮助你在项目中选择正确的动画预设，你可以在 Adobe Bridge 中进行预览。

 注意: 如果没有安装 Bridge，在选择 Browse In Bridge 时，系统会提示你进行安装。更多信息，请查看前言中的相应内容。

1. 选择 Animation > Browse Presets（浏览预设）命令，Adobe Bridge 将打开并显示 After Effects Presets 文件夹中的内容。

2. 在 Content 面板中双击 Text 文件夹，再双击 Blurs 文件夹。

3. 单击选择第一个预设 Blur By Word。Adobe Bridge 将在 Preview 面板中播放该动画示例。

4. 选择其他几个预设，并在 Preview 面板中查看它们。

5. 预览 Evaporate（蒸发）预设，再双击其缩览图，如图 3.13 所示。也可以右键单击（Windows）或按住 Control 键单击（Mac OS）缩览图，然后选择 Place In After Effects CC 2017（置于 After Effects CC 2017）。

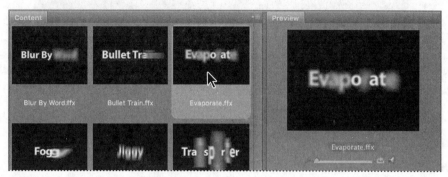

图3.13

AfterEffects 会把该预设应用到选中的图层，即 Road Trip 图层。这时合成图像中看不出有什么变化。这是因为当前处于 0:00，即动画的第一帧，字母还没有表现出蒸发效果。

3.5.2　预览指定范围内的帧

现在预览动画。虽然该合成图像长达10秒，但你只需预览具有文本动画特效的前几秒就可以了。

1. 在 Timeline 面板中，将当前时间指示器拖放到 3:00，然后按 N 键设置工作区的结束点，如图 3.14 所示。

图3.14

2. 按下键盘上的空格键，预览动画，如图 3.15 ～图 3.17 所示。

文本好像蒸发到背景中，效果看起来很不错，但我们想让文本淡入并保留在屏幕上，而不是从屏幕上消失。这时就需要自定义该预设，以满足我们的需要。

  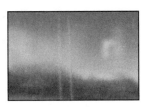

图3.15   图3.16   图3.17

3. 按空格键停止预览，再按 Home 键将当前时间指示器移动回 0:00。

3.5.3 自定义动画预设

对图层应用动画预设后，在 Timeline 面板中将显示出其所有的属性和关键帧。我们将使用这些属性自定义预设。

1. 在 Timeline 面板中选择 Road Trip 文本图层，并按 U 键。

U 键，有时被称为 *Überkey*，它是显示图层所有动画属性的快捷键。

> **Ae**   **提示**：*如果按两次 U 键（UU），After Effects 将显示该图层所有更改过的属性，而不只是显示动画属性。再次按 U 键将隐藏所有图层属性。*

2. 单击 Offset（偏移）属性名，以选中它的两个关键帧，如图 3.18 所示。

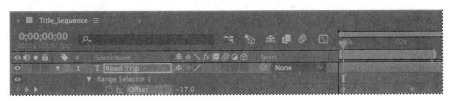

图3.18

Offset 属性指定了选区开始和结束点的偏移量。

3. 选择 Animation > Keyframe Assistant（关键帧助手）>Time-Reverse Keyframes（反转关键帧）命令。

该命令用于对调这两个 Offset 关键帧的顺序，使得合成图像开始时隐藏文本，然后再将文本淡入到屏幕上。

4. 将当前时间指示器从 0:00 拖放到 3:00，以便手动预览编辑过的动画，如图 3.19 ～图 3.21 所示。

 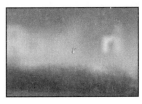 

图3.19   图3.20   图3.21

现在文本不是从合成图像中消失，而是淡入到合成图像中。

5. 按 U 键隐藏图层属性。

6. 按 End 键将当前时间指示器移动到时间标尺的结束点，然后按 N 键设置工作区的结束点。

7. 选择 File > Save 命令保存项目。

3.6 通过缩放关键帧制作动画

我们在本课早些时候应用 Fit To Comp Width 命令时，文本图层被放大到接近 200%。现在将对该图层的缩放比例设置动画特效，使文本逐渐缩小到其原来的尺寸。

1. 在 Timeline 面板中，将当前时间指示器移动到 3:00。

2. 选择 Road Trip 文本图层，并按 S 键显示其 Scale 属性，如图 3.22 所示。

3. 单击秒表图标（ ），在当前时间（3:00）处添加 Scale 关键帧，如图 3.23 所示。

图3.22

图3.23

4. 将当前时间指示器移动到 5:00。

5. 将该图层的 Scale 值减小到 100.0,100.0%，如图 3.24 所示。After Effects 将会在当前时间点添加一个新的 Scale 关键帧，如图 3.25 所示。

图3.24

图3.25

3.6.1 预览缩放动画

现在，预览一下修改完的效果。

1. 将当前时间指示器移动到 5:10 处，并按 N 键设置工作区结束点，使缩放动画在 5:10 之前不久结束。

2. 按空格键从 0:00 处预览该动画，至 5:10 结束。可以看到影片的字幕先是淡入，然后缩小到较小的尺寸，如图 3.26 ~ 图 3.28 所示。

          图3.26   图3.27   图3.28

3. 查看完动画后，请按空格键停止播放。

3.6.2 添加缓入缓出特效

上述缩放动画的开始和结束显得很生硬，而实际中是不会出现这种突然停止的现象的。相反，对象应该是逐渐地淡入到起始点，再逐渐地淡出到结束点。

1. 右键单击（Windows）或按住 Control 键单击（Mac OS）3:00 处的 Scale 关键帧，再选择 Keyframe Assistant（关键帧助手）> Easy Ease Out（缓出）命令。这个关键帧将变为指向左边的图标。

2. 右键单击（Windows）或按住 Control 键单击（Mac OS）5:00 处的 Scale 关键帧，再选择 Keyframe Assistant（关键帧助手）>Easy Ease In（缓入）命令。这个关键帧将变为指向右边的图标，如图 3.29 所示。

图3.29

3. 预览一下效果。预览完成后请按空格键停止播放。

4. 选择 File > Save 命令保存项目。

3.7 应用父化关系进行动画处理

接下来要模拟摄像机变焦离开合成图像的效果。刚才应用的文本缩放动画完成了任务的一半，但还需要对指南针缩放设置动画。我们可以对 compass 图层进行手动动画处理，但更简单的方法是应用 After Effects 中的父化关系。

1. 按 Home 键或拖动当前时间指示器到时间标尺的开始点。

2. 在 Timeline 面板内，单击 compass 图层的 Parent（父图层）下拉列表，并选择 1.Road Trip。

这将 Road Trip 文本图层设置为 compass 图层的父图层，反过来讲，compass 图层成为其子图层。

作为子图层，compass 图层继承了其父图层（Road Trip）的 Scale 关键帧，这不仅可以对指南针进行快速动画处理，而且还确保了 compass 图层与文本图层的缩放速率和缩放比例相同。

3. 在 Timeline 面板中，将 compass 图层移动到 Road Trip 文本图层的上方，如图 3.30 所示。

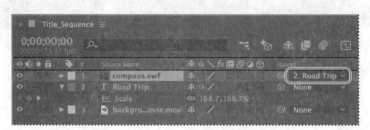

图3.30

> **Ae** | **注意**：移动 compass 图层时，其父图层变为 2.Road Trip。因为这时 Road Trip 成
> 为第二个图层。

4. 将当前时间指示器移动到 9:29，以便在 Composition 面板中可以清楚地看到指南针。

5. 在 Composition 面板中，拖动指南针使其锚点位于单词 Trip 中字母 i 的上方。也可以在 Composition 面板中选择指南针，然后按 P 键显示其 Position 属性，然后输入（124，−62），如图 3.31 和图 3.32 所示。

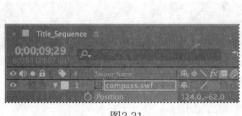

图3.31   图3.32

6. 将当前时间指示器从 3:00 移动到 5:00，手动预览缩放效果。可以看到文本和指南针的尺寸同时缩小，看起来像是摄像机被拉离场景，如图 3.33 ~ 图 3.35 所示。

图3.33   图3.34   图3.35

7. 按 Home 键返回 0:00 处，再将工作区的结束标志拖动到时间标尺的结束点。

8. 选择 Timeline 面板中的 Road Trip 图层，按 S 键隐藏其 Scale 属性。如果输入了指南针的 Position 值，则请选择 compass 图层，按 P 键隐藏其 Position 属性。然后选择 File > Save 命令。

父图层和子图层

父化关系将对一个图层所做的变换指派给另一图层，这个图层被称为子图层。在图层间建立父化关系后，对父图层所作的修改将带动子图层相应属性值（除不透明度外）的同步改变。例如，如果父图层从起始位置向右移动5个像素，那么子图层也将从起始位置向右移动5个像素。一个图层只能有一个父图层，但一个图层可以是同一合成图像中任意多个2D或3D图层的父图层。父化图层适用于创建复杂动画，如木偶的提线运动，或描述太阳系中行星的运动轨道等。

关于父图层和子图层的更多介绍，请参阅After Effects Help。

3.8 为导入的 Photoshop 文本制作动画

如果所有文本都只包含两个短词，如 Road Trip，那么事情就简单了。但现实生活中可能经常不得不和更长的文本打交道，手动输入这些文字可能很乏味。幸运的是，After Effects 允许从 Photoshop 或 Illustrator 导入文本。在 After Effects 中可以保留这些文本图层，对它们进行编辑，并制作动画。

3.8.1 导入文本

这个合成图像剩余的一些文本位于 Photoshop 图层文件中，现在导入该文件。

1. 单击 Project 选项卡，将其放到前面显示，然后双击 Project 面板内的空白区域，打开 Import File（导入文件）对话框。

2. 选择 Lessons\Lesson03\Assets 文件夹内的 credits.psd 文件。从 Import As 下拉列表内选择 Composition-Retain Layer Sizes（合成图像 - 保留图层尺寸），然后单击 Import 或 Open 按钮。注意，在 Mac OS 中，可能需要单击 Options 才能看到 Import As 下拉列表。

3. 在 credits.psd 对话框中，选择 Editable Layer Styles（可编辑图层样式），并单击 OK 按钮，如图 3.36 所示。

After Effects 可以导入 Photoshop 图层样式，并保留导入图层的外观。被导入的文件作为合成图像添加到 Project 面板，其图层被添加到一个单独的文件夹内。

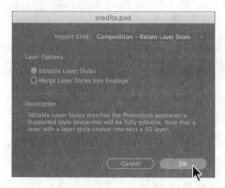

图3.36

4. 将 credits 合成图像从 Project 面板拖放到 Timeline 面板，将它置于图层椎栈的顶部，如图 3.37 和图 3.38 所示

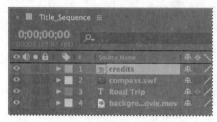

图3.37

图3.38

因为 credits.psd 文件在作为合成图像导入时，其所有图层信息都被完整地保留了下来，所以我们可以在它自己的 Timeline 面板中操作它，独立地对其图层进行编辑和动画处理。

3.8.2　编辑导入的文本

导入的文本当前还无法在 After Effects 中进行编辑，需要改变其属性，才能控制文本并进行动画处理。如果你目光锐利，就能注意到导入的文本中还有些输入错误，所以首先要改正这些错误。

1. 双击 Project 面板中的 credits 合成图像，在其自己的 Timeline 面板中打开它，如图 3.39 和图 3.40 所示。

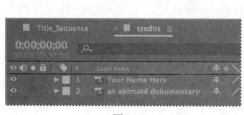

图3.39

图3.40

2. 按住 Shift 键单击选择 credits Timeline 面板中的两个图层，然后选择 Layer > Convert To Editable Text（转换为可编辑文本）命令，如图 3.41 和图 3.42 所示。如果 After Effects 提示不存在相应字体，请单击 OK 按钮。

图3.41　　　　　　　　　　　　　　　图3.42

现在，文本图层进入编辑状态，可以对输入错误进行更正了。

3. 取消选中这两个图层。然后双击 Timeline 面板中的第 2 个图层，选择文本并自动切换到 Horizontal Type 工具（T）。

4. 在 animatd 单词中的 t 和 d 之间输入 e。然后将 dokumentary 单词中的 k 改为 c，如图 3.43 和图 3.44 所示。

图3.43　　　　　　　　　　　　　　　图3.44

> **Ae**　**注意**：在纠正图层中的拼写错误时，Timeline 面板中的图层名并未变化。这是因为原有图层名是在 Photoshop 中创建的。如果要更改图层名，请在 Timeline 面板中选择该图层，按 Enter 键或 Return 键，输入新的图层名，再次按 Enter 键或 Return 键。

5. 切换到 Selection 工具（▶），退出文字编辑模式。

6. 按住 Shift 键，单击选择 Timeline 面板中的这两个图层。

7. 如果 Character 面板未打开，请选择 Window > Character，打开 Character 面板。

8. 选择与 Road Trip 文本相同的字体：Calluna Sans，其余设置保留不变，如图 3.45 和图 3.46 所示。

9. 单击 Timeline 面板中的空白区域，取消选中这两个图层，然后重新选择第 2 个图层。

10. 在 Character 面板中，单击 Fill Color（填充色）框。然后在 Text Color（文本颜色）对话框

中，选择一种绿色，这里我们采用的绿色的 RGB 值为 R=66，G=82，B=42，如图 3.47 和图 3.48 所示。

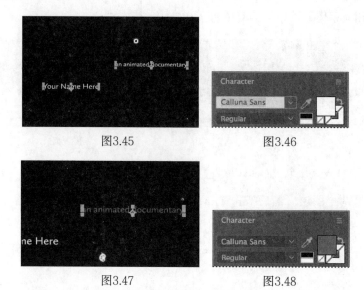

图3.45　　　　　　　　　　图3.46

图3.47　　　　　　　　　　图3.48

3.8.3　为副标题制作动画

我们希望屏幕上的副标题"*an animated documentary*"能在影片标题下面自左而右淡入显示。最简单的方法就是应用另一个文本动画预设。

1. 移动到时间轴的 5:00 处，该点是标题和指南针已经缩放到它们最终尺寸的时间点。

2. 选择 Timeline 面板中的副标题图层（第 2 个图层）。

3. 按 Ctrl + Alt + Shift + O（Windows）或 Command + Option + Shift + O（Mac OS）组合键切换到 Adobe Bridge。

4. 导航到 Presets/Text/Animate In 文件夹。

5. 选择 Fade Up Characters（字符渐强）动画预设，并在 Preview 面板内观看。文本逐渐显示出来，效果不错。

6. 双击 Fade Up Characters 预设，将它应用到 After Effects 中的副标题图层。

> **Ae** │ **注意**：在某些安装好的 Bridge 中，可能无法通过 Bridge 来应用特效。在这种情况下，双击 Effects & Presets 面板中的预设，可以直接应用。

7. 选中 Timeline 面板内的副标题图层，按两次 U 键查看被动画预设修改的属性。在 Range Selector 1 Start 中可以看到两个关键帧：一个位于 5:00，另一个位于 7:00，如图 3.49 所示。

图3.49

这个合成图像还需要制作多个动画，所以需要将此特效提早 1 秒结束。

8. 移动到 6:00，然后将第 2 个 Range Selector 1 Start 关键帧拖放到 6:00，如图 3.50 所示。

图3.50

9. 将当前时间指示器在时间标尺的 5:00 和 6:00 之间拖动，以便查看文本淡入效果。

10. 完成上述操作后，选择副标题图层，按 U 键隐藏修改过的属性。然后选择 File > Save 命令保存。

3.9 制作文本追踪动画

接下来要在合成图像中对导演名字的显示做动画处理，这次将使用文本动画追踪预设。使用动画追踪，可以使单词在屏幕上向外扩展，就好像它们是从中央点显示到屏幕上一样。

3.9.1 自定义占位符文本

现在，导演名字只是用图层中的占位文本——Your Name Here 代替。在应用动画前，要把它改为你自己的名字。

1. 切换到 Timeline 面板中的 credits 时间轴，然后选择 Your Name Here 图层。

> **Ae** | **注意**：编辑该图层中的文本时，当前时间指示器的位置并不重要。当前，文本始终显示在合成图像中。一旦应用动画后它将发生改变。

2. 选择 Horizontal Type 工具（**T**），然后将 Composition 面板中 Your Name Here 替换为你自己的名字。在示例中，我们使用的英文名包含名字、中间名和姓氏，这样的长字符串适合应用文本动画。完成上述操作后单击图层名。图层名没有发生变化，因为它是在 Photoshop 中命名的。

3.9.2　应用追踪预设

现在对导演的名字应用追踪预设，使 *an animated documentary* 文本完全显示到合成图像上后不久，屏幕上开始显示导演的名字。

1. 移动到 7:10。

2. 选择 Timeline 面板中的 Your Name Here 图层。

3. 在 Effects & Presets 面板的搜索框中输入 Increase Tracking，找到该预设后双击它，将它应用到 Your Name Here 图层。

4. 将当前时间指示器在时间标尺的 7:10 和 9:10 之间拖动，手动预览追踪动画，如图 3.51 ～ 图 3.53 所示。

图3.51　　　　　　　图3.52　　　　　　　图3.53

3.9.3　自定义追踪动画预设

现在的效果是文本扩展开，但我们希望的动画效果是，开始时字符互相紧靠在一起，然后扩展到便于阅读的合理距离，而且我们还希望加快动画的速度。下面将调整 Tracking Amount（追踪量）以达到这两个目的。

1. 在 Timeline 面板中选择 Your Name Here 图层，按两次 U 键以显示修改过的属性。

2. 移动到 7:10。

3. 在 Animator 1 下，将 Tracking Amount 修改为 −5，这样字母就挤压到一起了，如图 3.54 和图 3.55 所示。

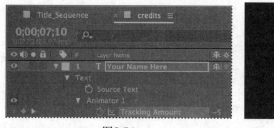

图3.54　　　　　　　　　　　图3.55

4. 单击 Tracking Amount 属性的 Go To Next Keyframe（移动到下一关键帧）箭头（▶），然后将其数值更改为 0，如图 3.56 和图 3.57 所示。

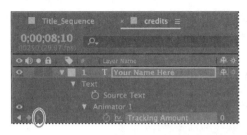 

图3.56　　　　　　　　　　　　　　图3.57

5. 将当前时间指示器在时间标尺的 7:10 和 8:10 之间拖动，可以看到文本显示在屏幕上时字母扩展开来，然后动画在最后一个关键帧处停止。

3.10　对文本不透明度做动画处理

接下来，我们来对导演的名字增加进一步的动画特效，使其在字母展开时淡入到屏幕上。要实现该动画，需要对图层的 Opacity（不透明度）属性进行动画处理。

1. 选择 credits 时间轴上的 Your Name Here 图层。

2. 按 T 键，只显示该图层的 Opacity 属性。

3. 移动到 7:10，将 Opacity 值设为 0%。然后单击秒表图标（⏱），设置一个 Opacity 关键帧。

4. 移动到 7:20，将 Opacity 值设为 100%。After Effects 添加另一个关键帧。

现在，导演的名字在屏幕上展开时应该具有淡入效果。

5. 将当前时间指示器在时间标尺的 7:10 和 8:10 之间拖动，可以看到导演的名字淡入并展开在屏幕上，如图 3.58 ～图 3.60 所示。

图3.58　　　　　　　　　图3.59　　　　　　　　　图3.60

6. 右键单击（Windows）或按住 Control 键单击（Mac OS）Opacity 结束关键帧，再选择 Keyframe Assistant > Easy Ease In 命令。

7. 选择 File > Save 命令。

3.11 使用文本动画组

文本动画组可以对图层中一段文本内的单个字符分别进行动画处理。你将使用文本动画组仅对名字的中间名的字符进行动画处理，而不影响该图层内其他名字部分的追踪和不透明度动画。

1. 在 Timeline 面板中移动到 8:10。

2. 隐藏 Your Name Here 图层的 Opacity 属性。然后展开该图层，查看其 Text 属性组名称。

3. 展开 Text 属性名旁边的 Animate 下拉列表，选择 Skew（斜切）命令，如图 3.61 所示。

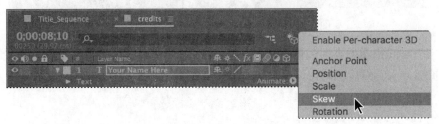

图3.61

该图层的 Text 属性中会出现一个名为 Animator 2 的属性组。

4. 选择 Animator 2，按 Enter 键或 Return 键，将其更名为 Skew Animator。然后再次按下 Enter 键或 Return 键接受新名字，如图 3.62 所示。

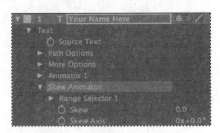

图3.62

现在我们准备定义斜切的字符范围。

5. 展开 Skew Animator 的 Range Selector 1（范围选择器 1）属性。

每个动画组都包含一个默认的范围选择器。范围选择器将动画处理限制在文本图层内特定的几个字母上。你可以向动画组增加额外的范围选择器,也可以对同一范围选择器应用多个动画属性。

6. 一边查看 Composition 面板，一边调高 Skew Animator 的 Range Selector 1 Start 的值（向右拖动），直到左边的选择器指示器（▮）刚好位于中间名的第一个字母（本例中，指的是 *Bender* 中的 *B*）前为止，如图 3.63 所示。

7. 减小 Skew Animator 的 Range Selector 1 End 的值（向左拖动），直到它在 Composition 面板中的指示器（▮）刚好位于中间名的最后一个字母（本例中，指的是 *Bender* 中的 *r*）后为止，如图 3.64 所示。

图3.63 图3.64

现在，用 Skew Animator 任何属性制作的动画特效都将只影响你选中的中间名。

文本动画组

文本动画组包括一个或多个选择器以及一个或多个动画属性。选择器的功能与蒙版相似——它指出动画属性影响文本图层的哪些字符或哪一部分。使用选择器可以定义一定比例的文本、文本的特定字符或一定范围的文本。

组合使用动画属性和选择器可以创建原本需要多个关键帧才能实现的复杂文本动画。大多数文本动画仅要求对选择器的值（而不是属性值）做动画处理。因此，即使是复杂的动画，文本动画也只需使用少量的关键帧。

关于文本动画组更多的内容，请参阅After Effects Help。

斜切一定范围的文本

现在，通过设置 Skew 关键帧使中间名摇摆晃动。

1. 左右拖动 Skew Animator 的 Skew 值，请注意只有中间名在摇摆，而该行文本中名字的其他部分保持不动。

2. 将 Skew Animator 的 Skew 值设为 0。

3. 移动到 8:05，单击 Skew 的秒表图标（⏱），向该属性添加一个关键帧，如图 3.65 和图 3.66 所示。

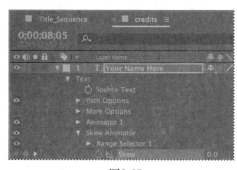

图3.65 图3.66

4. 移动到 8:08，将 Skew 值设为 50。After Effects 将添加一个关键帧，如图 3.67 和图 3.68 所示。

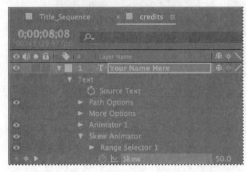 

图3.67　　　　　　　　　　　　　　　　图3.68

5. 移动到 8:15，将 Skew 值改为 −50。After Effects 会添加另一个关键帧，如图 3.69 和图 3.70 所示。

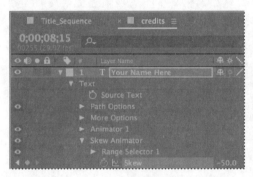 

图3.69　　　　　　　　　　　　　　　　图3.70

6. 移动到 8:20 处，将 Skew 值改为 0，设置最后一个关键帧，如图 3.71 和图 3.72 所示。

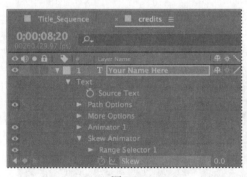 

图3.71　　　　　　　　　　　　　　　　图3.72

7. 单击 Skew 属性名，选择所有 Skew 关键帧，然后选择 Animation > Keyframe Assistant > Easy Ease 命令，对所有关键帧添加 Easy Ease 特效。

提示：要从文本图层中快速地删除所有文本动画，可以在 Timeline 面板中选择该层，之后再选择 Animation > Remove All Text Animators（移去所有文本动画）命令。如果只想删除某个动画，则在 Timeline 面板中选择该动画名，再按 Delete 键。

8. 拖动当前时间指示器在时间标尺的 7:10 和 8:20 之间移动，查看导演的名字在屏幕上怎样淡入、扩展，以及中间名怎样摆动，而名字其他部分不受影响。

9. 隐藏 Timeline 面板中 Your Name Here 图层的属性。

10. 选择 Title_Sequence 选项卡，打开其时间轴。

11. 按 Home 键，或者将当前时间指示器移动到 0:00，然后预览整个合成图像。

12. 按空格键停止播放，然后选择 File > Save 命令保存工作。

3.12 对图层的位置进行动画处理

你的观众已经对你使用的几个文本动画预设赞叹不已。接下来添加一个更简单的特效。你将对文本图层的 Transform 属性进行动画处理，如同你对其他任何图层进行动画处理一样。

当前，你的名字出现在屏幕上，但是却没有上下文。接下来将添加单词 directed by，然后对其进行动画处理，当你的名字出现在屏幕上时，它们将显示在你名字的上面。

1. 在 Title_Sequence Timeline 面板中，移动到项目的结束点，也就是 9:29 处。

此时，其他所有的文本都已经出现在屏幕上，所以你可以精确地放置 directed by 的位置。

2. 选择 Horizontal Type 工具。

3. 确保没有选中任何图层，然后单击 Composition 面板。确保你单击的位置没有覆盖一个现有的文本图层。

提示：要确保没有选中任何图层，可以单击 Timeline 面板中的空白区域，或者按 F2 键，或者选择 Edit > Deselect All。

4. 输入 directed by。

5. 选择 directed by 图层，然后在 Character 面板中，从 Font Family 菜单中选择 Minion Pro。

6. 从 Font Style 中选择 Regular，将 Font Size 设置为 20 像素。

7. 在 Character 面板中，单击 Fill Color 框，如图 3.73 所示。然后在 Text Color 对话框中选择白色，然后单击 OK 按钮。其他选项保持默认设置。

8. 选择 Selection 工具，然后拖动 directed by 图层，使文本位于你名字的正上方，如图 3.74 所示。

图3.73　　　　　　　　　　　　　　图3.74

9. 按 P 键显示图层的 Position 属性，单击秒表图标为图层创建一个初始关键帧。

10. 移动到 7:00 位置，此时 documentary 刚显示完毕，而你的名字还没有开始显示，如图 3.75 和图 3.76 所示。

图3.75　　　　　　　　　　　　　　图3.76

11. 将 directed by 图层拖离 Composition 窗口的左边缘，在拖动时按住 Shift 键，创建一条直线路径。

12. 预览动画，然后隐藏 Position 属性。

这个动画很简单，但是效果很好。文本从左侧进入，然后在你名字的正上方停下来。要让文本在进入时更有趣一些，你可以添加一个汽车图形，这样效果看起来就像是这个汽车将文本拖动到屏幕上。

3.13　对图层动画进行定时

接下来你将对这个简单的汽车图形进行动画处理，使得文本看起来像是跟在汽车后面显示在屏幕上。文本应该跟随着汽车出来，最后停留在你名字的上方，与此同时，汽车继续驶出屏幕。为了让文本和汽车保持同步，需要对定时进行一些调整。

首先，导入汽车图形，将其添加到合成图像中。

1. 双击 Project 面板的空白区域，打开 Import File 对话框。

2. 在 Lessons\Lesson03\Assets 文件夹中选择 car.ai 文件，然后从 Import As 菜单中选择 Composition – Retain Layer Sizes，然后单击 Import 或 Open 按钮。

3. 将汽车合成图像从 Project 面板拖放到 Title_Sequence Timeline 面板中图层堆栈的顶部。

4. 移动到 6:25 位置，该位置正好是 directed by 文本开始移动的时间点，如图 3.77 所示。

5. 选择 car 图层，按 P 键显示 Position 属性。

6. 将汽车拖离 Composition 窗口的左侧，以便覆盖 directed by 文本。

7. 单击图层 Position 属性的秒表图标，创建一个初始关键帧。

8. 移动到 9:29 位置，这是合成图像结束的时间点，如图 3.78 所示。

图3.77

图3.78

9. 将汽车拖离 Composition 窗口的右侧，应该在屏幕上看不到汽车。在拖动时按住 Shift 键可以创建一条直线路径。

10. 手动预览 6:25 ～ 9:29 的动画。

文本尾随着汽车出现，但是汽车的速度太快，因此很难明显地看出是它拖着文本出现的。你将调整汽车的定时时间，降低汽车的速度，直到文本就位为止。

11. 移动到 8:29 位置。

12. 直接将汽车移动到文本的右侧。

13. 再次预览动画。

这次汽车的定时时间好多了，但是汽车在开始位置覆盖住了文本，需要再一次进行调整，如图 3.79 所示。

图3.79

14. 移动到 7:19 位置。

15. 将汽车向前拉，使其刚好位于文字前面。

16. 再次预览动画。

现在能够清楚地看到汽车拉着文字出来，并且在合成图像结束播放之前，汽车加速驶离屏幕。如果想要更为精确地控制动画，可以添加更多的关键帧。

17. 隐藏所有图层的属性，然后选择 File > Save，保存你的作品。

3.14 添加运动模糊

运动模糊是指当物体运动时产生的模糊效果。我们将应用运动模糊特效，使合成图像看起来更精美，移动显得更自然。

1. 在 Timeline 面板中，单击 background_movie 和 credits 图层之外所有图层的 Motion Blur（运动模糊）开关（⊙）。

现在，对 credits 合成图像中的图层应用运动模糊。

2. 切换到 credits Timeline 面板，并启用其两个图层的运动模糊。

3. 切换回 Title_Sequence Timeline 面板，并选取 credits 图层的 Motion Blur 开关。然后单击 Timeline 面板顶部的 Enable Motion Blur（启用运动模糊）按钮（⊙）。这样，在 Composition 面板中就能看到运动模糊。

4. 预览整个完成后的动画。

5. 选择 File > Save 命令保存项目。

恭喜，你已经完成了复杂文本动画的制作。如果想把合成图像导出为影片文件，请参考第 14 课。

复习题

1. 在 After Effects 中，文本图层和其他类型的图层有什么相似和不同之处？

2. 怎样预览一个文本动画预设？

3. 怎样把对一个图层所做的变换指派给另一个图层？

4. 什么是文本动画组？

复习题答案

1. After Effects 的文本图层和任何其他图层在许多方面都是相同的。可以对文本图层应用特效和表达式，对其进行动画处理，将其设为 3D 图层，还可以在以多种视图方式查看 3D 文字时编辑它。但是，与形状图层相似，这两种图层都无法在自己的 Layer 面板中打开，因为它们都是包含矢量图形的综合图层。可以用特殊的文本动画属性和选择器对文本图层中的文本进行动画处理。

2. 可以在 Adobe Bridge 中选择 Animation > Browse Presets（浏览预设）命令预览文本动画预设。Adobe Bridge 打开并显示 After Effects Presets 文件夹中的内容。导航到包含各种文本动画预设（如 Blurs 或 Paths）的文件夹，然后在 Preview 面板中观看动画预设示例。

3. 在 After Effects 中可以使用父化关系将对一个图层所做的变换指派给另一个图层（除了不透明变换之外）。当一个图层成为另一个图层的父图层时，另一个图层被称作子图层。在图层间建立父化关系后，对父图层所作的修改将带动子图层相应属性值（除不透明度外）的同步改变。

4. 使用文本动画组能对文本图层内单个字符的属性进行动画处理。文本动画组包含一个或多个选择器。选择器的功能与蒙版类似：它指出动画属性影响文本图层的哪些字符或哪一部分。使用选择器可以定义一定比例的文本、文本的特定字符或一定范围的文本。

第4课 处理形状图层

课程概述

本课介绍的内容包括：

- 创建自定义形状；

- 自定义形状的填充和描边；

- 使用路径操作变换形状；

- 形状的动画处理；

- 形状的重复；

- 图层对齐；

- 使用表达式结合音频以时间方式设置动画属性。

本课大约要用 1 小时时间完成。启动 After Effects 之前，请先通过前言中提到的下载地址将本书的课程资源下载到本地硬盘中，并进行解压。在学习本课时，将覆盖相应的课程文件。建议先做好原始课程文件的备份工作，以免后期用到这些原始文件时，还需重新下载。

　　使用形状图层功能可以方便地创建富有表现力的背景或是增强效果。我们可以对形状进行动画处理，应用动画预设，添加中转（Repeater），以增强它们的影响。

4.1 开始

使用任意绘图工具绘制形状时，都将自动创建形状图层。我们可以对单个形状或其整个图层进行自定义或变换，以得到有趣的结果。本课将用形状图层在社区的街道和行车道上进行动态、有创意的设计。

首先预览最终影片并设置项目。

1. 确认硬盘上的 Lessons\Lesson04 文件夹中存在以下文件。

   • Assets 文件夹内：Beat.aif、drop.aep、Melody.aif、tracking.aep 和 Tracking.mp4。

   • Sample_Movie 文件夹内：Lesson04.avi 和 Lesson04.mov。

2. 使用 Windows Media Player 打开并播放影片示例文件 Lesson04.avi，或者使用 QuickTime Player 打开并播放影片示例文件 Lesson04.mov，以查看本课将创建的效果。播放完后，关闭 Windows Media Player 或 QuickTime Player。如果硬盘空间有限，也可以将影片示例文件从硬盘中删除。

开始本课之前，请恢复 After Effects 应用程序的默认设置。详情请参见前言中的"恢复默认参数"。

3. 启动 After Effects 时请立即按住 Ctrl + Alt + Shift（Windows）或 Command + Option + Shift（Mac OS）组合键，准备恢复默认的参数设置。系统询问是否删除参数文件时，单击 OK 按钮。

4. 关闭 Start（开始）窗口。

After Effects 打开后显示一个空白的无标题项目。

5. 选择 File > Save As > Save As 命令，导航到 Lessons\Lesson04\Finished_Project 文件夹。

6. 将该项目命名为 Lesson04_Finished.aep，然后单击 Save 按钮。

创建合成图像

接下来将导入所需的文件，并创建合成图像。你将导入两个素材项和两个项目文件。

1. 双击 Project 面板中的空白区域，打开 Import File 对话框。

2. 导航到硬盘上的 Lessons\Lesson04\Assets 文件夹，按住 Ctrl 键单击（Windows）或 Command 键单击（Mac OS）选中 Beat.aif、Medoly.aif 文件，然后再单击 Import 或 Open 按钮。

3. 选择 File > New > New Folder 命令，在 Project 面板中创建一个新文件夹。

4. 将文件夹命名为 Audio，再按 Enter 键或 Return 键接受输入的名字，然后将导入的两个音频文件拖放到 Audio 文件夹中。打开文件夹就可以看到其中的内容。

5. 双击 Project 面板的空白区域，再次打开 Import File 对话框。

6. 导航到 Lessons\Lesson04\Assets 文件夹。按住 Ctrl 键单击（Windows）或 Command 键单击（Mac OS）选中 drop.aep 和 tracking.aep 项目文件，如图 4.1 所示，然后单击 Import 或 Open 按钮。你随后需要的视频文件和其他文件将导入到项目中。

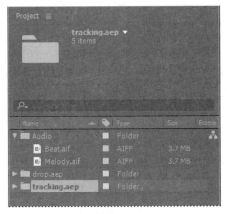

图4.1

接下来准备创建合成图像。

7. 按下 Ctrl + N（Windows）或 Command + N（Mac OS），创建一个新合成图像。

8. 在 Composition Settings 对话框中，将合成图像命名为 Spiral，选择 HDTV 1080 24 预设，并将 Duration（时长）设置为 10:00，然后单击 OK 按钮，如图 4.2 所示。

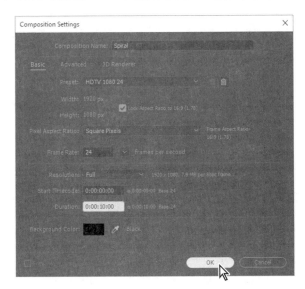

图4.2

After Effects 将在 Timeline 和 Composition 面板中打开新的合成图像。

4.2 添加形状图层

After Effects 包含 5 种形状工具：矩形（Rectangle）、Rounded Rectangle（圆角矩形）、椭圆（Ellipse）、多边形（Polygon）和星形（Star）。如果直接在 Composition 面板中绘制形状，After Effects 将会在合成图像中添加一个新的形状图层。你可以对形状应用描边和填充设置，修改形状的路径，以及应用动画预设等。形状的属性都显示在 Timeline 面板中，你可以对每一个设置进行动画处理。

同一种绘图工具可以用来创建形状，也可以创建蒙版。蒙版应用到图层，以隐藏或显示图层的特定区域或者作为进入特效中的输入（input into effect），而形状则拥有它们自己的图层。选择绘图工具时，可以指定是绘制形状还是蒙版。

4.2.1 绘制形状

我们先绘制矩形，它将包含填充和描边。

1. 选择 Rectangle（矩形）工具，如图 4.3 所示。

图4.3

2. 从 Composition 面板底部的 Magnification Ratio（放大率）下拉列表中选择 Fit，这样可以看到整个合成图像。

3. 单击 Info（信息）面板的标题栏，将其打开。使用 Info（信息）面板中的值将鼠标定位到大约 950,540 的位置，该位置靠近 Composition 面板的中心位置（你可能需要隐藏 Info 面板，才能看到 X 和 Y 坐标），如图 4.4 和图 4.5 所示。

 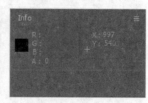

图4.4   图4.5

4. 向右下方拖动鼠标，创建一个矩形。然后再次查看 Info 面板，底部的值（B）应该大约为 40 像素，而右侧的值（R）应该大约为 400 像素。该矩形会出现在 Composition 面板中，同时，After Effects 会向 Timeline 面板中添加一个名为 Shape Layer 1 的新形状图层。

5. 选择 Shape Layer 1 图层名字，按下 Enter 或 Return 键，将图层名修改为 Spiral，然后按下 Enter 或 Return 键，接受这一修改。如图 4.6 和图 4.7 所示。

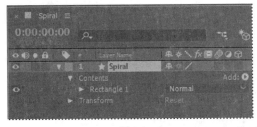

图4.6   图4.7

4.2.2　应用填充和描边

在 Tools 面板中更改形状的 Fill 设置，可以改变形状的颜色。单击单词 *Fill*，打开 Fill Options（填充选项）对话框，从中可以选择填充类型、混合模式以及不透明度。单击 Fill Color（填充颜色）框，如果填充的是纯色，将打开 Adobe Color Picker（Adobe 拾色器）窗口；如果填充的是渐变色，则将打开 Gradient Editor（渐变编辑器）窗口。

与之相似，在 Tools 面板中更改形状的 Stroke 设置，可以改变形状的描边颜色和宽度。单击单词 *Stroke*，打开 Stroke Option（描边选项）对话框；单击 Stroke Color（描边颜色）框选择一种颜色。

1. 确保在 Timeline 面板中选择了 Rectangle 1。

2. 单击 Fill Color 框（靠近 *Fill*）打开 Shape Fill Color（形状填充颜色）对话框，如图 4.8 所示。

3. 将颜色修改为浅蓝色（采用 R=0，G=170，B=255），然后单击 OK，结果如图 4.9 所示。

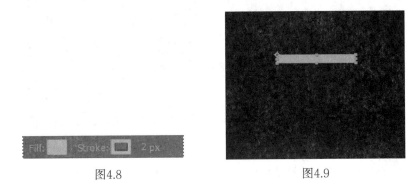

图4.8   图4.9

4. 单击 Tools 面板中的 Stroke Color 框（见图 4.8），将描边色修改为同样的浅蓝色，然后单击 OK。

5. 选择 File > Save 保存你的工作。

4.2.3　扭曲形状

矩形还不错，但是并不令人振奋。在 After Effects 中，你可以轻松地将一个基本的形状修改为更为复杂和有趣的形状。接下来，我们使用 Twist（扭曲）路径操作将矩形转换为螺旋形。

在使用 Twist 路径操作时，要记住它在路径中心的旋转力度要大于路径边缘的旋转力度。正值表示顺指针旋转；负值表示逆时针旋转。

1. 在 Timeline 面板中，打开 Spiral 图层中靠近 Contents 的 Add 弹出菜单，从中选择 Twist，如图 4.10 所示。

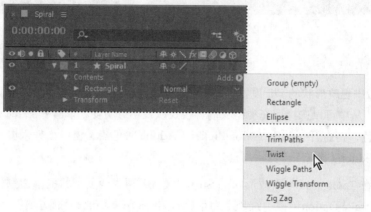

图4.10

2. 展开 Twist 1。

3. 将 Angle（角度）修改为 220，如图 4.11 所示。其产生的结果如图 4.12 所示。

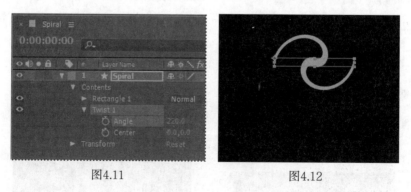

图4.11　　　　　　　　　　　图4.12

矩形将剧烈变化。接下来，修改扭曲的中心位置，创建更大的螺旋形。

4. 在 Timeline 面板中，将 Center 的 x 轴的值修改为 −220，如图 4.13 所示。其产生的结果如图 4.14 所示。

螺旋形略显单薄。修改描边的宽度，让它丰满一些。

图4.13

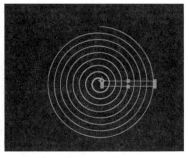

图4.14

> **注意**：如果你的螺旋形的中心与图中所示的不一样，你绘制的矩形可能有点偏大或偏小。你可以删除原有的矩形，重新绘制一个，或者是调整 Center 的 x 轴的值。

5. 在 Timeline 面板中选择 Spiral 图层，然后将 Tools 面板中的 Stroke Width（描边宽度）值修改为 20px，如图 4.15 所示。

螺旋形的中心有一个圆帽，如图 4.16 所示，但是末尾是方形的。接下来修改末尾，使其匹配。

图4.15

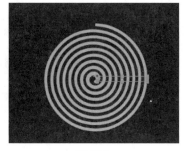

图4.16

6. 展开 Stroke 1 查看其属性。

7. 从 Line Join（线段连接）菜单中选择 Round Join（圆角连接），如图 4.17 所示。

螺旋形看起来相当不错。现在你需要将其放在中心位置，使它在旋转时看起来很自然，然后你需要对它的旋转进行设置并添加运动模糊。

8. 按 A 键显示图层的 Anchor Point（锚点）属性，然后调整 x 轴和 y 轴的值，直到锚点位于螺旋形黑色中心位置，而且正好位于末尾圆帽的上方（具体的 x 和 y 轴的值取决于你创建的初始形状）。结果如图 4.18 和图 4.19 所示。

图4.17

图4.18　　　　　　　　　　　图4.19

9. 确保当前时间指示器位于时间轴的开始位置。然后按 R 键显示图层的 Rotation（旋转）属性。单击秒表图标（🕐）创建一个初始关键帧。

10. 按 End 键或将当前时间指示器移动到时间轴的末尾。将 Rotation（旋转）的值修改为 1x+0.0°。设置完之后，这个螺旋形将以 10 秒一次的周期进行旋转。

11. 单击图层的 Motion Blue（运动模糊）开关，然后单击 Timeline 面板顶部的 Enable Motion Blur（启用运动模糊）按钮（🔘），如图 4.20 所示。

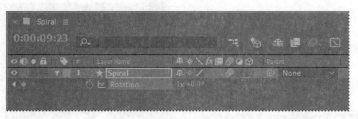

图4.20

12. 按下空格键预览你的动画，然后再按下空格键停止预览。选择 File > Save 保存你的工作。

4.3　创建自定义形状

你可以使用 5 种形状工具来创建多种形状。然而，在使用形状图层时，真正令人兴奋的是你可以绘制任何形状，然后以各种各样的方式来操纵它们。

4.3.1　使用 Pen（钢笔）工具绘制图形

接下来，我们使用 Pen（钢笔）工具来绘制一个类似于闪电的形状，为了在最终的项目中能够将其放置在更为合适的位置，我们为该形状创建一个单独的合成图像。

1. 按下 Ctrl + N（Windows）或 Command + N（Mac OS）创建一个新合成图像。

2. 在 Composition Settings 对话框中，将合成图像命名为 Bolt，选择 HDTV 1080 24 预设，将

时长设置为 10:00，然后单击 OK 按钮。

3. 在 Tools 面板中选择 Pen 工具（✐），如图 4.21 所示。

图4.21

4. 在 Composition 面板中，绘制一个类似于闪电的形状，如图 4.22 所示。当创建该形状的第一个顶点时，After Effects 会自动在 Timeline 面板中添加一个形状图层，如图 4.23 所示。

图4.22   图4.23

5. 选择 Shape Layer1，按 Enter 或 Return 键，将图层名修改为 Bolt，然后再按 Enter 或 Return 键接受新的名字。

> Ae **提示**：你的闪电形状没有必要与示例图中的完全一样，你可以将这里的闪电当作参考。在形状的底部单击创建一个初始顶点，然后通过单击的方式创建每一个顶点。如果你还不熟悉 Pen 工具，那么在你绘制时，填充色来回跳动的情况可能会使你分心，你只要在单击每一个顶点并完成绘制前都不要去理会就好了。

6. 在选中 Bolt 图层的情况下，单击 Tools 面板中的 Fill Color（填充颜色）框，然后选择一种黄颜色（使用 R=255，G=237，B=0），然后单击 Tools 面板中的 Stroke Color（描边颜色）框，然后选择黑色（使用 R=0，G=0，B=0）。

7. 将 Stroke Width（描边宽度）修改为 10 像素，如图 4.24 所示，结果如图 4.25 所示。

图4.24

图4.25

4.3.2　创建能自己运动的形状

使用 Wiggle Paths（扭动路径）功能可以将一个平滑的形状转换为一系列凹凸的锯齿状形状。接下来我们就使用它让闪电看起来更震撼。因为这是一个自动动画，所以你只需要修改整个形状的少量属性，就可以让它自行运动。

1. 展开 Timeline 面板中的 Bolt 图层，从 Add 下拉列表中选择 Wiggle Paths。

2. 展开 Wiggle Paths 1，然后将 Size（尺寸）修改为 15，将 Detail（细节）修改为 30。

3. 将 Wiggles/Second（每秒扭动频率）修改为 24，加速运动。

4. 单击图层的 Motion Blur（运动模糊）开关，然后单击 Timeline 面板顶部的 Enable Motion Blur（启用运动模糊）按钮，最后隐藏图层属性，如图 4.26 所示。结果如图 4.27 所示。

图4.26　　　　　　　　图4.27

5. 沿着时间标尺移动当前时间指示器，查看形状的运动。

4.4　复制形状

尽管可以多次绘制一个形状，但是自动复制形状会更为容易。Repeater（中转）路径操作可以让你将一个形状复制多次，然后修改其属性实现不同的结果。

你将使用 Repeater（中转）路径操作来复制在 Adobe Illustrator 中创建的一个形状，然后将它贴到 Drop.aep 项目文件中一个形状图层的 Path（路径）属性中。

1. 在 Project 面板中，展开 drop.aep 文件夹，然后双击 Drop 合成图像将其打开。

Drop 合成图像将在 Timeline 面板和 Composition 面板中打开。

> **Ae**　**注意**：如果没有看到完整的形状，请在 Composition 窗口的 Magnification Ratio 菜单中选择 Fit。

2. 展开 Drop 图层以及 Content 文件夹（如果 Drop 图层的属性不可见的话），然后选择 Shape 1，从 Add 下拉列表中选择 Repeater（中转），如图 4.28 所示，其结果如图 4.29 所示。

图4.28　　　　　　　　　图4.29

之所以选择 Shape 1，是因为我们要将 Repeater 添加到单个形状中，而不是整个图层。

3. 展开 Repeater 1。

4. 将 Copies 的数量修改为 4，如图 4.30 所示，结果如图 4.31 所示。

图4.30　　　　　　　　　图4.31

Repeater 创建了同一个形状的 3 个副本（总计是 4 个形状），你将旋转这些形状，然后通过重新定位它们来创建一个风车。

5. 展开 Transform: Repeater 1。

6. 将 Rotation（旋转）修改为 90°，如图 4.32 所示，结果如图 4.33 所示。

图4.32　　　　　　　　　图4.33

因为你是将旋转应用到 Repeater 而不是形状上，所以每一个水滴（drop）会围绕着图层的锚点旋转不同的角度。当修改 Repeater 的 Transform（转换）属性时，其修改值将乘以创建的副本数。在这种情况下，第一个形状保留初始值 0，第二个形状旋转 90°，第三个形状旋转 180°，第四个形状旋转 270°。相同的概念可以应用到每一个 Transform 属性中。

> 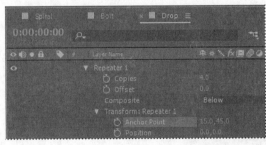 **注意**：在 Timeline 面板中，有多个 Transform（转换）属性应用到不同的路径操作中。要确保你只为有真正需求的对象或图层选择了合适的 Transform（转换）属性。在这里，真正需要 Transform 属性的只有 Repeater。

7. 在 Transform: Repeater 1 属性中，将 Position（位置）修改为 0,0。

4 个形状会发生重叠，因为锚点位于每一个形状的中心。

8. 将 Anchor Point（锚点）修改为 15,45，如图 4.34 所示，结果如图 4.35 所示。

图4.34　　　　　　　　图4.35

4 个形状排列为风车的形状。现在准备让风车旋转起来。

9. 确保当前时间指示器位于时间标尺的开始位置。然后展开 Transform: Shape 1 分类，单击 Rotation 值旁边的秒表图标，创建一个初始关键帧。

10. 按 End 键或将当前时间指示器移动到时间标尺的末尾，然后将 Rotation 值修改为 2x+0.0°，如图 4.36 所示。

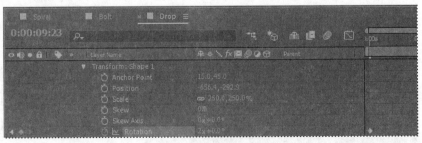

图4.36

11. 沿着时间标尺拖动当前时间指示器，查看风车的旋转效果，如图 4.37 所示。

你已经使用了 Repeater 路径操作复制了一个单独的形状。接下来你将使用它来复制图层的所有内容，将一个风车变成 8 个。

图4.37

12. 在 Timeline 面板中，隐藏 Shape 1 下的所有属性，然后选择 Drop 图层，从 Add 下拉列表中选择 Repeater。

13. 展开新的 Repeater 1 分类，将 Copies 的数量修改为 4。

因为你将 Repeater 应用到了整个图层上，因此将复制整个风车。

14. 展开 Transform: Repeater 1 分类，将 Position 的值修改为 450,0，如图 4.38 所示，结果如图 4.39 所示。

 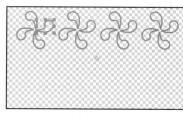

图4.38 图4.39

现在，在 Composition 窗口的顶部有 4 个风车。

15. 选择 Drop 图层，然后再次从 Add 下拉列表中选择 Repeater，创建 Repeater 2 分类。

16. 展开 Repeater 2 分类，将 Copies 的数量修改为 2。然后展开 Transform: Repeater 2 分类，将 Position 的值修改为 0,575，如图 4.40 所示，结果如图 4.41 所示。

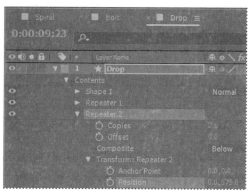 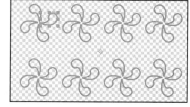

图4.40 图4.41

通过将另外一个 Repeater 应用到整个图层上，我们复制了一整行的风车。

17. 隐藏图层的所有属性。

18. 单击图层的 Motion Blue（运动模糊）开关，然后单击 Timeline 面板顶部的 Enable Motion Blue（启用运动模糊）按钮（　）。

19. 按下空格键来预览 8 个风车的旋转，它们旋转的步调一致；再次按下空格键停止预览。然后选择 File > Save 保存你的工作。

4.5　复制和修改合成图像

你将复制一个 Drop 合成图像，并在合成图像的副本中使用不同的填充和描边选项。

1. 在 Project 面板中，选择 Drop 合成图像，然后选择 Edit > Duplicate（复制）来创建一个合成图像的副本。

2. 双击 Project 面板中的 Drop 2 合成图像，将其打开。在 Timeline 面板中展开 Drop 图层，然后再展开 Contents 分类。

3. 选择 Shape 1，然后从 Add 下拉列表中选择 Fill（填充）。

4. 展开 Fill 1，单击 Color 框，然后任意选择填充色。

5. 展开 Stroke 1，单击 Color 框，然后任意选择描边色。

6. 沿着时间标尺移动当前时间指示器，预览旋转的风车。

7. 隐藏图层的所有属性。

8. 选择 File > Save 保存你的工作。

4.6　使用捕获来布置图层

你已经使用多种方式创建和操纵过形状。现在你需要创建一个棋盘图案。使用 After Effects 中的捕获功能可以容易地布置图层。

4.6.1　新建合成图像

该棋盘背景包含多个图层，所以需要为其新建一个合成图像。

1. 按下 Ctrl + N（Windows）或者 Command + N（Mac OS）组合键，创建新的合成图像。

2. 在 Composition Setting 对话框中，将该合成图像命名为 Checkerboard，在 Preset 菜单中选择 HDTV 1080 24，并将时长设置为 10:00。然后单击 OK 按钮。

After Effects 会在 Timeline 和 Composition 面板中打开新的 Checkerboard 合成图像。现在开始

为其添加两个纯色图层作为棋盘背景。

3. 选择 Layter > New > Solid 命令，创建一个纯色图层。

4. 在 Solid Setting 对话框中进行如下设置，然后单击 OK 按钮，如图 4.42 所示。

    * 将图层命名为 Dark Red。

    * Width（宽度）和 Height（高度）都设置为 100 像素。

    * 从 Pixel Aspect Ratio（像素高宽比）菜单中选择 Square Pixels（正方形像素）。

    * 选择一种暗红色（使用 R=145，G=0，B=0）。

图4.42

5. 在 Timeline 面板中选择 Dark Red 图层后，按下 R 键显示该图层的 Rotation（旋转）属性。然后将 Rotation 设置为 45°，如图 4.43 所示。

图4.43

6. 选择 Selection（选取）工具（▶），然后在 Composition 面板中，向上拖放该图层，直到只有菱形的下半部分出现在合成图像中，如图 4.44 和图 4.45 所示。

7. 按下 Ctrl + Y（Windows）或 Command + Y（Mac OS）组合键创建另外一个纯色图层。

8. 在 Solid Settings 话框中，将图层命名为 Light Red，将颜色改为淡红色（使用 R=180，G=75，B=75），然后单击 OK 按钮。

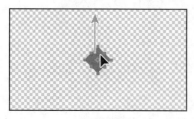

图4.44　　　　　　　　　　　　　　图4.45

因为该新纯色图层的默认宽度和高度与之前使用的设置保持一致，所以 Light Red 图层与 Dark Red 图层有相同的菱形图案。

9. 在 Timeline 面板中选择 Light Red 图层后，按下 R 键显示 Rotation（旋转）属性。将 Rotation 改为 45°，如图 4.46 所示，其结果如图 4.47 所示。

图4.46　　　　　　　　　　　　　　图4.47

4.6.2　捕获图层到指定位置

虽然创建了两个图层，但是在合成图像中它们之间没有任何关系。可以使用 After Effects 中的 Snapping（捕获）选项快速对齐图层。当启用 Snapping 选项后，距离单击位置最近的图层特征将成为捕获特征。当拖放图层靠近其他图层时，其他图层的特征将被高亮显示，通知用户释放鼠标时，捕获功能将捕获该特征。

 注意：你可以将两个形状图层捕获到一起，但是不能捕获一个图层内的两个形状。而且，要捕获的图层必须处于可见状态，2D 图层可以捕获 2D 图层，3D 图层可以捕获 3D 图层。

1. 在 Tool 面板的可选项区域中选择 Snapping（如果还没有选择的话），如图 4.48 所示。

图4.48

2. 使用 Selection（选取）工具，在 Composition 面板中选择 Light Red 图层。

当在 Composition 面板中选择图层时，After Effects 将显示图层的手柄和锚点。可以使用其中任何一点作为图层的捕获特征。

3. 单击 Light Red 图层左侧的角控点附近，将其拖放到 Dark Red 图层右下角附近，直到双方对接在一起。注意不要拖放中心，否则会改变图层的大小，结果如图 4.49 所示。

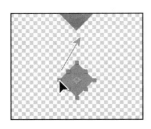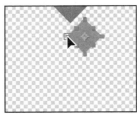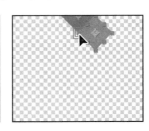

图4.49

在拖放图层时，在你选择的左角控点周围出现会一个框，表示这是一个捕获特征。

4. 在 Timeline 面板中选中这两个图层，然后按下 R 键，隐藏这两个图层的 Rotation 属性。

5. 在两个图层依然被选中的情况下，选择 Edit > Duplicate 命令进行复制。

6. 在 Composition 面板中，向左下方向拖动这两个新图层，然后再向右下方拖动，使新的 Dark Red 图层对接原来的 Light Red 图层，如图 4.50 和图 4.51 所示。记住，捕获特征是由开始拖放时第一次的单击位置决定的。

图4.50　　　　　　　　　　　　图4.51

7. 重复第 5 步和第 6 步，直到有一系列菱形填充了屏幕。

8. 选择 Edit > Select All 命令，在 Timeline 面板中选择图层。

9. 按下 Ctrl + D（Windows）或 Command + D（Mac OS）组合键复制图层，然后在 Composition 面板中向左移动到准确的位置。

10. 重复第 9 步，直到 Composition 面板填被充满，如图 4.52 所示。如果有需要，可以左右拖放复制图层。记住，在每次拖放时，单击一个附近的捕获特征。

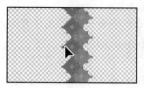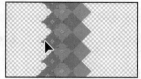

图4.52

 提示： 如果需要快速地生成一个棋盘，可以使用 CheckerBoard 特效。更多信息请参考 After Effects Help。

11. 选择 File > Save 保存你的工作。

4.7　在 3D 项目中添加合成图像

你已经创建了几个合成图像，而且在摄像机穿越场景运动时，这几个合成图像都原地不动。你将使用 3D Camera Tracker（摄像机追踪）特效来集成合成图像，你可以使用该特效将 3D 图层添加到一个视频剪辑中，该剪辑与原始的剪辑具有相同的运动和视角变化。

你将在第 12 课更为广泛地使用 3D Camera Tracker（摄像机追踪）特效。对于本项目来说，我们已经设置好了特效，你所要做的就是定位图层并将图层作为一个空对象（null object）的子图层，以便将图层附加到 3D 场景中。空对象是一个不可见的图层，它具有可见图层的所有属性，因此可以作为合成图像中任何图层的父图层。在本例中，空对象将追踪摄像机的运动。

1. 在 Project 面板中展开 tracking.aep 文件夹，双击 Tracking 合成图像将其打开，如图 4.53 所示。从 Composition 面板底部的 Magnification Ratios 菜单中选择 Fit，以便看到整个合成图像。

图4.53

Tracking 合成图像包含背景视频，你将在上面放置你所创建的形状。

2. 选择 Timeline 面板中的 Spiral 合成图像，然后选择 Spiral 图层的 3D 开关（ ），如图 4.54 所示，其结果如图 4.55 所示。

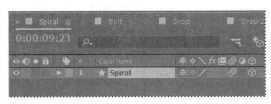
图4.54

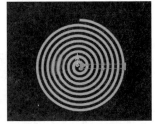
图4.55

3. 再次选择 Timeline 面板中的 Tracking 合成图像，然后将 Spiral 合成图像从 Project 面板拖放到 Timeline 面板，并将它放在图层堆栈的顶部。

4. 选择 Spiral 图层的 3D 开关，然后选择该层的 Collapse Transformations（折叠变换）开关（☀）。

Collapse Transformations（折叠变换）开关确保嵌套合成图像中的变换不是扁平的；相反，在渲染项目时，在对包含的合成图像执行变换的同时，也会执行嵌套合成图像中的变换。

5. 在 Timeline 面板中，单击 Spiral 图层的 Parent 下拉列表，然后选择 2. Track Null 1。这一操作将 Track Null 1 图层设置为 Spiral 图层的父图层，而 Spiral 图层为相应的子图层，如图 4.56 所示。

图4.56

6. 选中 Spiral 图层，然后按 P 键显示其 Position 属性，将其值修改为 0,0,0。这一操作将螺旋形移动到与空对象相同的位置。

7. 将当前时间指示器移动到 5:00，以便在图像中看到 Spiral 图层的位置。然后按 Shift + R 显示其 Rotation 属性，将 Orientation 值修改为 0,0,0。

螺旋形的位置已经基本正确了。但是你想要更为完美地将它放置到死胡同里。于是我们再来调整它的位置。

8. 将图层的 Position 值修改为 −35,−225,0，如图 4.57 所示，其结果如图 4.58 所示。

9. 按空格键预览螺旋形在死胡同里的旋转，再按空格键停止预览。隐藏 Spiral 图层的属性，保持 Timeline 面板的整洁。

你已经放置了第一个合成图像。你将重复该过程来放置其他合成图像。

10. 将 Bolt 合成图像从 Project 面板拖动到 Timeline 面板的顶部，然后选择 Bolt 图层的 3D 开关。

11. 从 Bolt 图层的 Parent 下拉列表中选择 3. Track Null 1。然后按 P 键，再按 Shift + R 组合键

和 Shift + S 组合键来显示图层的 Position、Rotation 和 Scale 属性。

图4.57　　　　　　　　　　　图4.58

在按键盘快捷键的时候按住 Shift 键，可以同时查看多个图层属性。

12. 将 Positon 的值修改为 −650，−1200，0；将 Orientation 的值修改为 0，0，345；将 Scale 的值修改为 85%；选择 Bolt 图层的 Motion Blur（运动模糊）开关，然后隐藏图层的属性，如图 4.59 所示，其结果如图 4.60 所示。

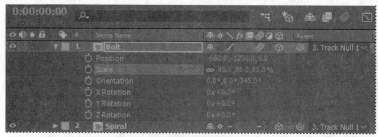

图4.59　　　　　　　　　　　图4.60

接下来，你将使用相同的步骤集成 Drop 合成图像。

 注意：你可能需要调整 Position、Orientation 和 Scale 的值，这取决于你是如何绘制闪电的。

13. 移动到 2:00，以便可以看到将要放置该合成图像的车道。将 Drop 合成图像从 Project 面板中拖动到 Timeline 面板堆栈的顶部，然后选择图层的 3D 开关。

14. 从 Drop 图层的 Parent 下拉菜单中选择 4. Track Null 1。按下 P 键、Shift + R 组合键、Shift + S 组合键，分别显示 Position、Rotation 和 Scale 属性。

15. 将 Position 的值修改为 730,2275,0；将 Orientation 的值修改为 5,8,2；将 Scale 的值修改为 45%。然后选择图层的 Motion Blue（运动模糊）开关，并隐藏图层的属性，如图 4.61 所示，其结果如图 4.62 所示。

接下来你需要将 Drops2 合成图像放置到左下车道，当摄像机开始拍摄时，该合成图像是可见的。

16. 移动到时间标尺的开始位置。将 Drop2 合成图像从 Project 面板中拖动到 Timeline 面板堆栈的顶部，然后选择图层的 3D 开关。从 Parent 下拉菜单中选择 5. Track Null 1。

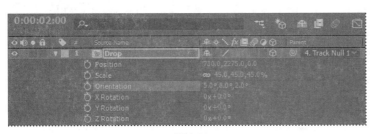
图4.61

图4.62

17. 按下 P 键、Shift + R 组合键、Shift + S 组合键，将 Position 的值修改为 −1025,3575,0；将 Orientation 的值修改为 0,352,0；将 Scale 的值修改为 35%。然后选择图层的 Motion Blue（运动模糊）开关，隐藏图层的属性，如图 4.63 所示，其结果如图 4.64 所示。

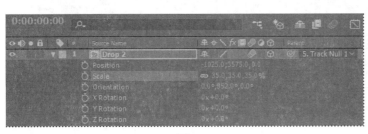
图4.63

图4.64

最后，你将集成 Checkerboard 合成图像。你需要调整其尺寸，使其与车道相匹配。

18. 移动到时间标尺的 4:00 位置。将 Checkerboard 合成图像从 Project 面板中拖动到 Timeline 面板堆栈的顶部，然后选择图层的 3D 开关。从 Parent 下拉菜单中选择 6. Track Null 1。

19. 按下 P 键、Shift + R 组合键、Shift + S 组合键，将 Position 的值修改为 −922,814,10，将 Orientation 的值修改为 1,355,2。然后单击 Scale 属性的链接图标，取消链接的值，然后将这些值修改为 42%，35%，42%。选择图层的 Motion Blue（运动模糊）开关，然后隐藏图层的属性，如图 4.65 所示，其结果如图 4.66 所示。

图4.65

图4.66

4.8 收尾工作

图层与底层的视频现在已经看上去不错了，不过如果你修改混合模式，它们还能融合得更好。你还可以为它添加音频文件。

1. 单击 Timeline 面板底部的 Toggle Switches/Mode（切换开关 / 模式）按钮。

2. 为所有的图层从 Mode（模式）下拉列表中选择 Multiply，但是 Checkerboard 图层例外；为 Checkerboard 图层选择 Overlay（你不用修改 Spiral 图层的模式，因为已经选择了 Collapse Transformations[折叠变换]），如图 4.67 所示。

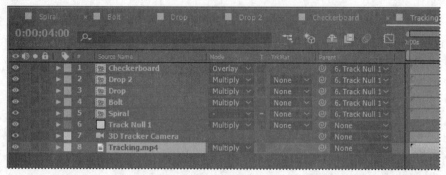

图4.67

3. 将 Melody.aif 视频剪辑从 Project 面板中拖动到 Timeline 面板图层堆栈的底部。

4. 按下空格键预览你的作品，如图 4.68 所示。预览结束之后，将其保存。

图4.68

> **Ae** **注意：**在预览时，音频文件在首次播放时可能不是实时的。在缓存了所有的帧之后，再播放音频文件时就会顺畅很多。

对图层做动画处理，以匹配音频

在当前的影片中，螺旋形状在缓慢地转圈。如果对螺旋形状的大小做动画处理，使之与音乐的节拍相匹配，那么影片将更引人入胜。你可以缩放螺旋形状，使得它与音频文件的振幅相呼应。首先，你需要根据音频信息创建关键帧。

1. 在 Timeline 面板中选择 Spiral 合成图像。将 Beat.aif 文件从 Project 面板拖动到 Timeline 面板，然后将它放到 Spiral 图层的下方。

2. 右键单击或按住 Control 键单击 Beat.aif 图层，然后选择 Keyframe Assistant（关键帧助手）> Convert Audio To Keyframes（转换音频为关键帧）。

After Effects添加了 Audio Amplitude（音频振幅）图层。新图层将是一个空的对象图层，也就是说，它没有大小和形状，并且不会出现在最终的渲染中。通过空对象可以对图层进行父化处理或者应用特效。

3. 选择 Audio Amplitude 图层，然后按 E 键显示图层的特效属性。

该图层可以运用3类特效属性：Left Channel（左通道）、Right Channel（右通道）、Both Channel（双通道）。在本课中，你将使用Both Channel分类。

4. 展开 Both Channel 分类。

当将音频转换为关键帧时，After Effects创建了关键帧，这些关键帧指定了在图层的每个帧中音频文件的振幅。你需要将螺旋形状的变化与这些值进行同步处理。

5. 选择 Spiral 图层，按 S 键显示图层的 Scale 属性。

6. 按住 Alt 键单击（Windows）或按住 Option 键单击（Mac OS）Scale 秒表，添加一个表达式。在图层的时间标尺上将出现单词 transform.scale。

7. 选中时间标尺上的 transform.scale 表达式，单击 Expression: Scale 行中的 pick whip 图标（🌀），将它拖动到 Audio Amplitude 图层的 Slider 属性名上。

在释放鼠标后，pick whip进行快照，在形状图层时间标尺中，表达式现在变为 temp = thisComp.layer（"Audio Amplitude"）.effect（"Both Channels"）（"Slider"）；[temp, temp, temp]（你需要单击表达式才能看到其完整的形式），这意味着形状图层的Scale值会取决于Audio Amplitude图层的Slider值。

 注意：在第6课中你将学习更多有关表达式的内容。

---

8. 选择 Edit > Deselect All 命令取消选中图层。然后，在时间标尺中移动当前时间指示器，可以看到螺旋形状随着音频的振幅而发生变化。

螺旋形状虽然发生了变化，但有时也会消失不见。你需要修改表达式，使得螺旋形状保持可见。

9. 在时间标尺中，单击表达式使其成为活动的。在第一行的末尾单击一个插入点，位于右括号和分号中间。输入 +90，然后单击 Timeline 面板的空白区域，接受这一改变。

10. 预览合成图像，可以看到螺旋形状随着音频文件的节拍而产生变化。

11. 返回 Timeline 面板中的 Tacking 合成图像，然后按下空格键，可以看到当摄像机在场景中移动时，螺旋形状也发生变化。保存你的工作。

复习题

1. 什么是形状图层,怎样创建形状图层?

2. 怎样快速创建形状图层的多个副本?

3. 怎样将一个图层捕获到另一个图层?

4. Twist(扭曲)路径操作的功能是什么?

复习题答案

1. 形状图层是一个包含矢量图形(称为形状)的图层。要创建形状图层,可以使用任何一种绘图工具或 Pen(钢笔)工具直接在 Composition 面板中绘制形状。

2. 要快速、多次复制形状,可对该形状图层应用 Repeater 操作。Repeater 路径操作将创建图层中所有路径、描边以及填充的副本。

3. 在 Composition 面板中,要将一个图层捕获到另一个图层,需要在 Tools 面板中选择 Snapping 选项。如果你想使用某个手柄或者锚点作为捕获特征,可以在靠近手柄或锚点的位置单击,然后拖动图层到你想要进行对齐的锚点。松开鼠标后,After Effects 将会高亮显示将要对齐的点。注意不能捕获形状图层。

4. Twist 路径操作会使路径发生旋转,并且路径中心的旋转力度要大于路径边缘的旋转力度。输入一个正值表示顺指针旋转;输入一个负值表示逆时针旋转。

第5课 多媒体演示动画

课程概述

本课介绍的内容包括：

- 创建多图层复杂动画；

- 调整图层的持续时间；

- 使用 Position、Scale 和 Rotation 关键帧进行动画处理；

- 使用父化关系同步图层的动画；

- 使用贝塞尔曲线对运动路径进行平滑处理；

- 对预合成图层进行动画处理；

- 对纯色图层应用特效；

- 让音频淡出。

 本课大约要用 1 小时时间完成。启动 After Effects 之前，请先通过前言中提到的下载地址将本书的课程资源下载到本地硬盘中，并进行解压。在学习本课时，将覆盖相应的课程文件。建议先做好原始课程文件的备份工作，以免后期用到这些原始文件时，还需重新下载。

　　Adobe After Effects 项目通常需要使用各种导入的素材，将它们组合成合成图像，用 Timeline 面板对它们进行编辑和动画处理。本课将创建一个多媒体展示，使你更熟悉动画基础。

5.1 开始

在本项目中，你将对一个漂浮在空中的热气球进行动画处理。在刚开始时，一切都很平静，直到一阵风吹来，气球的彩色画布被吹跑，盖住了云层。

1. 确认硬盘上的 Lessons\Lesson05 文件夹中存在以下文件。

   • Assets 文件夹：Balloon.ai、Fire.mov、Sky.ai 和 Soundtrack.wav。

   • Sample_Movie 文件夹：Lesson05.mov 和 Lesson05.avi。

2. 使用 Windows Media Player 打开并播放影片示例文件 Lesson05.avi，或者使用 QuickTime Player 打开并播放影片示例文件 Lesson05.mov，以查看本课将创建的效果。播放完后，关闭 Windows Media Player 或 QuickTime Player。如果硬盘空间有限，也可以将影片示例文件从硬盘中删除。

开始本课之前，请恢复 After Effects 应用程序的默认设置。详情请参见前言中的"恢复默认参数"。

3. 启动 After Effects 时请立即按住 Ctrl + Alt + Shift（Windows）或 Command + Option + Shift（Mac OS）组合键，准备恢复默认的参数设置。系统询问是否删除参数文件时，单击 OK 按钮。

4. 关闭 Start（开始）窗口。

5. 选择 File > Save As > Save As 命令。

6. 在 Save As 对话框中，导航到 Lessons\Lesson05\Finished_Project 文件夹。将该项目命名为 Lesson05_Finished.aep，然后单击 Save 按钮。

5.1.1 导入素材

接下来，你将导入本项目需要的素材，其中包括 balloon.ai 合成图像。

1. 双击 Project 面板的空白区域，打开 Import File 对话框。

2. 导航到 Lessons\Lesson05\Assets 文件夹，选择 Sky.ai 文件。

3. 从 Import As 菜单中选择 Footage，然后单击 Import 或 Open 按钮。

4. 在 Sky.ai 对话框中，确保选中了 Merged Layers，然后单击 OK 按钮，如图 5.1 所示。

5. 双击 Project 面板的空白区域，导航到 Lessons\Lesson05\Assets 文件夹，选择 Balloon.ai 文件。

6. 从 Import As 菜单中选择 Composition – Retain Layer Sizes，然后单击 Import 或 Open 按钮。

7. 按下 Ctrl + I（Windows）或 Command + I（Mac OS），再次打开 Import File 对话框。

8. 导航到 Lessons\Lesson05\Assets 文件夹，然后选择 Fire.mov 文件，如图 5.2 所示。

图5.1

图5.2

9. 确保在 Import As 菜单中选中 Footage，然后单击 Import 或 Open 按钮。

在After Effects中使用Creative Cloud Libraries（创意云库）

通过Creative Clouds Libraries（创意云库），你可以轻松访问在After Effects与其他Adobe应用中创建的图像、视频、颜色，以及其他素材。你还可以使用Adobe Capture CC和其他移动应用创建的Looks、形状和其他素材。

在Libraries面板中，甚至可以使用Adobe Stock图像和视频（见图5.3）：在面板内搜索和浏览素材，下载带有水印的版本，以查看是否与你的项目匹配，然后对你想要保留的版本进行授权——这一切都不需要离开After Effects。

你将使用同一个搜索栏来搜索Adobe Stock，这使得你可以很容易地在创意云库中查找特定的项目。

有关使用创意云库的更多方法，请查询After Effects Help。

图5.3

5.1.2 创建合成图像

接下来将创建合成图像并添加天空。

1. 选择 Composition > New Composition。

2. 在 Composition Setting 对话框中，执行如下操作，如图 5.4 所示。

   • 将合成图像命名为 Balloon Scene。

   • 从 Preset 下拉菜单中选择 HDTV 1082 25。

- 确保在 Pixel Aspect Ratio 下拉菜单中选择的是 Square Pixels。

- 设置 Width 为 1920 px。

- 设置 Resolution 为 Quarter。

- 设置 Duration 为 20 秒。

- 单击 OK 按钮。

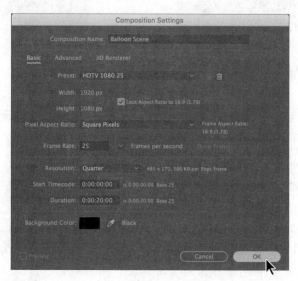

图5.4

 注意：如果修改了 Pixel Aspect Ratio 或者 Width 设置，Composition Setting 面板中的 Preset 下拉菜单的名字可能会变成 Custom。

3. 将 Sky.ai 素材从 Project 面板拖放到 Timeline 面板中。

气球将会从 Sky.ai 图像中飘过。图像的最右边包含在场景结束时出现的被画布覆盖的云。被画布覆盖的云在影片前期的播放中应该是不可见的。

4. 在 Composition 窗口中，拖动 Sky 图层，使其左下角与合成图像的左下角相持平，结果如图 5.5 所示。

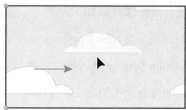

图5.5

5.2 调整锚点

锚点就是执行变换（比如缩放或选装）的点。默认情况下，一个图层的锚点在图层的中心位置。

下面我们来更改画面中人物的胳膊和脑袋的锚点，这样在他拽着绳子点火以及上下打量时，我们能够更好地控制他的运动。

1. 双击 Project 面板中的 Balloon 合成图像，将其在 Composition 面板和 Timeline 面板中打开，如图 5.6 和图 5.7 所示。

图5.6　　　　　　　　　　图5.7

Balloon 合成图像包含画布颜色图层、气球自身图层、人物的眼睛、脑袋、前臂和上臂的图层。

2. 在 Composition 面板底部的 Magnification Ratio 弹出菜单中选择 50%，以便更为清晰地看到气球的细节，如图 5.8 所示。

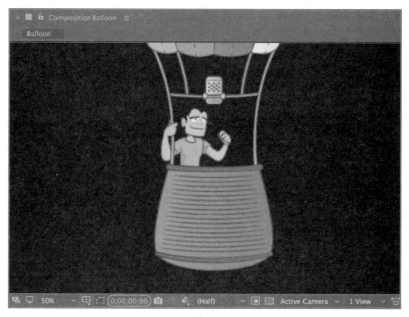

图5.8

3. 在 Tools（工具）面板中选择 Hand（抓手）工具（），然后移动人物，使其位于 Composition 面板的中央位置。

4. 在 Tools 面板中选择 Selection（选取）工具（▶）。

5. 在 Timeline 面板中选择 Upper arm 图层。

6. 在 Tools 面板中选择 Pan Behind 工具（⚙），也可以按下 Y 键激活该工具。

借助 Pan Behind 工具，你可以在不移动 Composition 窗口中整个图层的情况下，移动锚点。

7. 将锚点移动到人物的肩膀位置，如图 5.9 所示。

8. 在 Timeline 面板中选择 Forearm 图层，然后将它的锚点移动到肘部位置，如图 5.10 所示。

9. 在 Timeline 面板中选择 Head 图层，然后将它的锚点移动到人物的颈部位置，如图 5.11 所示。

图5.9   图5.10   图5.11

10. 在 Tools 面板中选择 Selection 工具。

11. 选择 File > Save 保存你的工作。

5.3　对图层进行父化处理

这个合成图像包含了几个需要一起移动的图层。例如，在气球升起时，人物的胳膊和脑袋也应该随着一起移动。在前面几课中，我们已经讲过，父化关系可以将父图层的变更与子图层中的相应变更进行同步处理。接下来，你将在这个合成图像的几个图层中建立父化关系，同时也将添加火焰视频。

1. 取消选中 Timeline 面板中的所有图层，在选择 Head 和 Upper arm 图层时，按住 Ctrl 键（Windows）或 Command 键（Mac OS）。

2. 在上述两个被选中图层的任何一个中，在 Prarent 栏中的弹出菜单中选择 7. Balloon。

这将 Head 和 Upper arm 图层创建为 Ballon 图层的子图层。在 Balloon 图层移动时，另外这两个图层也一起运动。

人物的眼睛不但需要与气球一起运动，还需要与脑袋一起运动，因此需要创建接下来的父化关系。

3. 在 Eyes 图层的 Parent 栏中，从弹出菜单中选择 6. Head。

人物的前臂也应该与上臂一起运动。

4. 在 Forearm 图层的 Parent 栏中，从弹出菜单中选择 9. Upper arm，如图 5.12 所示。

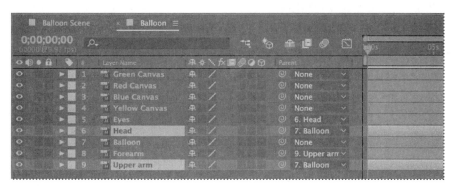

图5.12

现在需要确保火焰视频与气球一起运动。

5. 将 Fire.mov 文件从 Project 面板拖放到 Timeline 面板，直接将其放到画布（canvas）图层的下方，这样火焰在出现时，将出现在气球的内部，而非外部（Fire 图层应该位于 Yellow Canvas 图层和 Eyes 图层之间）。

火焰视频位于合成图像的中央位置，接下来需要略微缩小一些，以便能看到它。

6. 从 Magnification Ratio 弹出菜单中选择 25%，以便看到选定视频的轮廓。

7. 在 Composition 窗口中，将火焰视频拖放到燃烧器的上方。要想看到燃烧的火焰，以便能够准确地放置其位置，可以将当前时间指示器在时间标尺的第一秒位置上拖动。

8. 当对 Fire 图层的位置满意后，从 Fire 图层 Parent 栏的弹出菜单中选择 8. Balloon，如图 5.13 和图 5.14 所示。

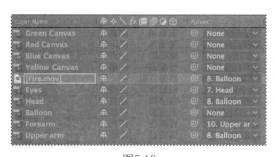

图5.13

图5.14

9. 选择 File > Save 保存当前为止的工作。

5.4 预合成图层

有时可以很容易地处理合成对象中的一组图层。预合成图层将一组图层移动到一个新的合成图像中，并嵌套在原始图层内部。接下来，你将预合成画布图层，以便在对画布图层进行离开气球的动画处理时，能够单独处理画布图层。

1. 在 Balloon Timeline 面板中，按住 Shift 键单击 Green Canvas 和 Yellow Canvas 图层，选中所有的 4 个画布图层，如图 5.15 所示。

2. 选择 Layer > Pre-compose（预合成）。

3. 在 Pre-compose 对话框中，将合成图像命名为 Canvas，选中 Move all attributes into the new composition，然后单击 OK 按钮，如图 5.16 所示。

你在 Timeline 面板中选择的 4 个图层将被一个单独的 Canvas 合成图像图层代替，如图 5.17 所示。

图5.15

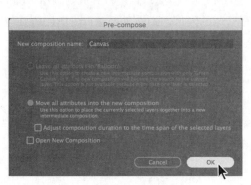

图5.16

图5.17

4. 双击 Timeline 面板中的 Canvas 图层，准备进行编辑。

5. 选择 Composition > Composition Settings（合成图像设置）。

6. 在 Composition Settings 对话框中，取消选中 Lock Aspect Ratio，将 Width 值修改为 5000 px，然后单击 OK 按钮，如图 5.18 所示。

7. 在 Timeline 面板中按住 Shift 键选择所有 4 个图层，然后将它们拖放到 Composition 面板的最左侧，如图 5.19 和图 5.20 所示。你可能需要修改放大率（magnification）。

增大合成图像的宽度，然后将画布移动到最左侧，这样在你过会儿对画布图层进行动画处理时，就有足够的空间了。

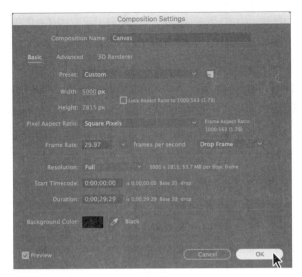

图5.18

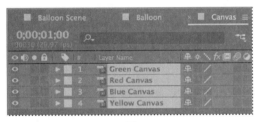

图5.19

图5.20

8. 切换到 Balloon Timeline 面板。

你已经将画布移动到 Canvas 合成图像的最左侧，并露出了 Balloon 合成图像中的气球。在动画刚开始时，画布应该是盖住气球的。你将调整 Canvas 图层的位置。

9. 在 Composition 面板的 Magnification Ratio 弹出菜单中选择 Fit，以便能看到完整的气球。

10. 在 Timeline 面板中选择 Canvas 图层，然后拖动 Canvas 图层，使其盖住 Composition 面板中裸露的气球，如图 5.21 所示。

图5.21

11. 在 Canvas 图层的 Parent 栏，从弹出菜单中选择 5.Balloon，这样一来，画布将跟着气球移动，如图 5.22 所示。

图5.22

5.5 在运动路径中添加关键帧

现在所有的片段都已经准备完毕，接下来我们使用位置和旋转关键帧对气球和人物进行动画处理。

5.5.1 将图层复制到合成图像中

你已经在 Balloon 合成图像中处理完了气球、人物和火焰图层，现在将这些图层复制到 Balloon Scene 合成图像中。

1. 在 Balloon Timeline 面板中，按住 Shift 键单击 Canvas 和 Upper arm 图层，选择合成图像中的所有图层。

2. 按 Ctrl + C（Windows）组合键或 Command + C（Mac OS）组合键，复制所有图层。

3. 切换到 Balloon Scene Timeline 面板。

4. 按 Ctrl + V（Windows）组合键或 Command + V（Mac OS）组合键，粘贴图层。

5. 在 Timeline 面板中单击空白区域，取消选中所有图层，如图 5.23 所示。

图5.23

图层将按照你复制时的顺序出现，并且它们将保留在 Balloon 合成图像中已有的所有属性，包括父化关系。

5.5.2 设置初始的关键帧

气球将从底部进入到场景中，然后飘过天空，最终从画面的右上角飘离。首先在气球的开始和结束点添加关键帧。

1. 选择 Balloon/Balloon.ai 图层，按 S 键显示其 Scale 属性。

2. 按 Shift + P 键显示其 Position 属性，然后按 Shift + R 键显示 Rotation 属性。

3. 将 Scale 属性修改为 60%。

气球以及它所有的子图层将缩放到原来的 60%。

4. 在 Composition 面板的 Magnification Ratio 菜单中选择 12.5%，以便能在合成图像周围看到粘贴板。

5. 在 Composition 面板中，拖动气球以及它所有的子图层，使它们从场景的下方脱离屏幕（位置值为 844.5，2250.2）。

6. 拖动 Rotation 值，旋转气球，使其向右倾斜（旋转值为 19°）。

7. 单击 Position、Scale 和 Rotation 属性的秒表图标（⏱），创建初始关键帧，如图 5.24 所示。

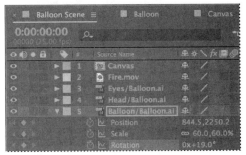

图5.24

8. 移动到 14:20。

9. 对气球进行缩放，使其为原来大小的 1/3。我们使用的缩放值是 39.4%。

10. 采用略微左倾的角度，使气球从画面的右上角脱离。我们使用的 Position 值为 2976.5，-185.8，Rotation 值为 -8.1°，如图 5.25 和图 5.26 所示。

图5.25

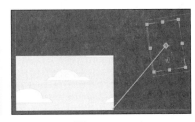

图5.26

11. 沿着时间标尺移动当前时间指示器，查看动画。

5.5.3 自定义运动路径

气球穿越场景移动出去，但是它的运动路径太单调了，而且在屏幕上的时间相对较短。接下来我们将在气球的起始点和结束点之间自定义路径。你可以使用示例中使用的值，也可以自行创建路径，只要气球在屏幕上保持完全可见，直到 11 秒过后再慢慢地离开屏幕即可。

1. 移动到 3:30 位置。

2. 将气球垂直向上拖动，以便人物和篮子完全可见，然后略微向左旋转篮子，如图 5.27 和图 5.28 所示（Position：952.5,402.2；Rotation：-11.1°）。

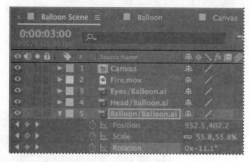
图5.27

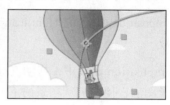
图5.28

3. 移动到 6:16 位置。

4. 将气球朝着右侧旋转（使用的度数为 9.9°）。

5. 将气球移动到场景的左侧（使用的 Position 值为 531.7,404）。

6. 移动到 7:20 位置。

7. 将缩放修改为 39.4%。

8. 设置额外的旋转关键帧，创建旋转运动。如果你使用的值与这里的一样，请执行下述操作：

   • 在 8:23 位置，将 Rotation 值修改为 -6.1；

   • 在 9:16 位置，将 Rotation 值修改为 22.1；

   • 在 10:16 位置，将 Rotation 值修改为 -18.3；

   • 在 11:24 位置，将 Rotation 值修改为 11.9；

   • 在 14:19 位置，将 Rotation 值修改为 -8.1。

9. 设置额外的 Position 关键帧，移动气球。如果你使用的值与这里的一样，请执行下述操作：

   • 在 9:04 位置，将 Position 值修改为 726.5，356.2；

   • 在 10:12 位置，将 Position 值修改为 1396.7，537.1。

10. 按空格键预览气球当前的路径，如图 5.29 所示。然后再按空格键停止预览。保存你的工作。

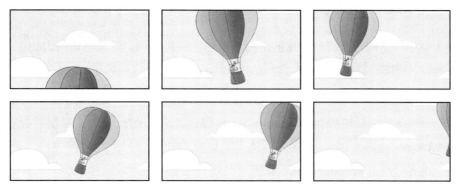

图5.29

5.5.4　使用贝塞尔手柄对移动路径进行平滑处理

现在已经有了基本的路径，你可以对其进行平滑处理。每一个关键帧都包含可以用来调整曲线角度的贝塞尔手柄。你将在第 7 课学习贝塞尔曲线的更多知识。

1. 从 Composition 面板的 Magnification Ratio 弹出菜单中选择 50%。

2. 确保在 Timeline 面板中选中了 Ballon/Balloon.ai 图层，然后移动当前时间指示器的位置，直到你可以在 Composition 面板中清晰地看到运动路径（在第 4~6 秒之间可能会好一些）。

3. 在 Composition 面板中单击一个关键帧点，显示其贝塞尔手柄（如果还没有显示出来的话）。

4. 拖动贝塞尔手柄，修改关键帧的曲线。

5. 继续拖动其他关键帧点的贝塞尔手柄，直到路径达到你想要的效果为止。我们想要的最终路径如图 5.30 所示。

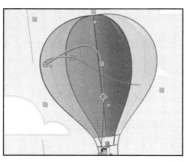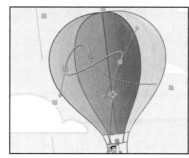

图5.30

6. 在时间标尺上移动当前时间指示器，预览气球的运动。进行任何想要的调整。你也可以在对画布和天空进行动画处理之后，再进行调整。

7. 隐藏 Balloon 图层的属性，保存你的工作。

5.5.5　对其他元素进行动画处理

气球在天空中摇晃旋转，而且气球的子图层也随之一起运动。但是当前的人物在气球中是静止的。接下来我们对他的胳膊进行动画处理，使他能拽着绳子点燃燃烧器。

1. 移动到 3:08 位置。

2. 从 Composition 窗口的 Magnification Ratio 弹出菜单中选择 100%，以便清晰地看到人物。如果有必要，使用 Hand（抓手）工具调整 Composition 窗口中的图像。

3. 按住 Shift 键单击 Forearm/Ballon.ai 图层以及 Upper arm/Balloon.ai 图层。

4. 按 R 键盘显示这两个图层的 Rotation（旋转）属性。

5. 单击其中一个旋转属性旁边的秒表图标，创建一个初始关键帧，如图 5.31 和图 5.32 所示。

图5.31　　　　　　　　　　图5.32

6. 移动到 3:17 位置，这也是人物拽住绳子准备点燃燃烧器的位置。

7. 取消选中图层。

8. 将 Forearm 图层的 Rotation 属性修改为 -35，将 Upper arm 图层的 Rotation 属性修改为 46。人物向下拖拽绳子。你可能需要取消选中图层，以便能够在 Composition 窗口中清晰地看到这个动作。

9. 移动到 4:23。

10. 将 Forearm 图层的 Rotation 属性修改为 -32.8。最终结果如图 5.33 所示。

图5.33

11. 单击 Upper arm 图层的 Rotation 属性左侧的 Add Or Remove Keyframe At Current Time（添加或移除当前时间的关键帧）按钮（◆）。

12. 移动到 5:06 位置。

13. 将两个图层的 Rotation（旋转）值修改为 0，如图 5.34 所示。

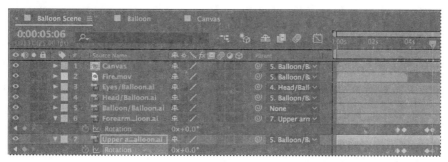

图5.34

14. 取消选中这两个图层，然后手动预览 3:00 到 5:07 之间的动画，查看人物拖拽绳子的动画。你可能需要先缩小画面，才能看到这个动画。

5.5.6　复制关键帧，重复一个动画

现在你已经创建了基本的运动，你可以在时间轴上的任何时间轻松地重复这些运动。接下来我们复制拖拽绳子的胳膊的动画，然后创建脑袋和眼睛的相应运动。

1. 选择 Forearm 图层的 Rotation 属性，选择它所有的关键帧。

2. 按下 Ctrl + C（Windows）或 Command + C（Mac OS），复制关键帧。

3. 移动到 7:10 位置，在这个时间点，人物将再次拖拽绳子。

4. 按下 Ctrl + V（Windows）或 Command + V（Mac OS），粘贴关键帧。

5. 重复第 1 步到第 4 步，复制 Upper arm 图层 Rotation 属性的关键帧，如图 5.35 所示。

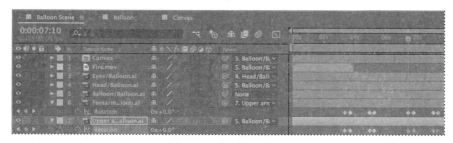

图5.35

6. 隐藏所有图层的属性。

7. 选择 Head 图层，按 R 键显示其 Rotation 属性。

8. 移动到 3:08 位置，单击秒表图标，创建一个初始关键帧。

9. 移动到 3:17 位置，将 Rotation 属性修改为 -10.3。

10. 移动到 4:23 位置，单击 Add Or Remove Keyframe At Current Time 图标，在当前值处添加一个关键帧。

11. 移动到 5:06 位置，将 Rotation 属性修改为 0。

12. 选择 Rotation 属性，选中其所有的关键帧，然后按下 Ctrl + C（Windows）或 Command + C（Mac OS），进行复制。

13. 移动到 7:10 位置，按下 Ctrl + V（Windows）或 Command + V（Mac OS），粘贴关键帧。

14. 按 R 键隐藏 Head 图层的 Rotation 属性。

现在每当人物拖拽绳子时，他都将向上歪头。他你还可以对他眼睛的位置进行动画处理，这样每当他歪头时，眼神也发生细微变化。

15. 选择 Eyes 图层，按 P 键显示 Position 属性。

16. 移动到 3:08 位置，单击秒表图标，在当前位置（62,55）创建一个初始关键帧。

17. 移动到 3:17 位置，将 Position 值修改为 62.4，53，如图 5.36 和图 5.37 所示。

图5.36

图5.37

18. 移动到 4:23 位置，在当前值处创建一个关键帧。

19. 移动到 5:06 位置，将 Position 值修改为 62,55。

20. 选择 Position 属性，选择其所有的关键帧，然后进行复制。

21. 移动到 7:10 位置，粘贴关键帧。

22. 隐藏所有的图层属性，然后取消选中所有图层。

23. 在 Composition 窗口的 Magnification Ratio 弹出菜单中选择 Fit，以便看到整个场景。然后预览动画，如图 5.38 所示。

24. 保存你的工作。

图5.38

5.5.7 定位和复制一个视频

当人物拖拽绳子时，火焰应该从燃烧器中射出。你将使用一个 4 秒的 Fire.mov 视频来展现每次拖拽绳子时的火焰。

1. 移动到 3:10 位置。

2. 在 Timeline 面板中拖动 Fire.mov 视频，以便它从 3:10 处开始。

3. 选择 Fire.mov 图层，然后选择 Edit > Duplicate。

4. 移动到 7:10 位置。

5. 按下键盘上的左括号键（[），将 Fire.mov 图层副本的 In（入）点移动到 7:10 位置，如图 5.39 所示。

图5.39

5.6 应用特效

现在气球和人物都已经处理完毕了，接下来我们将创建一阵风，将画布从气球上吹落。为达到此效果，可以使用 Fractal Noise（分层噪波）和 Directional Blur（方向性模糊）特效。

5.6.1 添加一个纯色图层

你需要在一个纯色图层上应用特效。接下来你将创建该图层的一个新合成图像。

1. 按下 Ctrl + N（Windows）或 Command + N（Mac OS），创建一个新的合成图像。

2. 在 Composition Settings 对话框中，执行如下操作，如图 5.40 所示：

- 将合成图图像命名为 Wind；

- 确保 Width（宽度）是 1920 px；

- 确保 Height（高度）是 1080 px；

- 确保 Duration（时长）是 20 秒；

- 确保 Frame Rate（帧速率）是 25fps，以匹配气球场景的合成图像；

- 单击 OK 按钮。

3. 在 Timeline 面板中单击右键，选择 New > Solid。

4. 在 Solid Settings 对话框中，执行如下操作，如图 5.41 所示：

- 将图层命名为 Wind；

- 颜色选择黑色；

- 单击 Make Comp Size 按钮；

- 单击 OK 按钮。

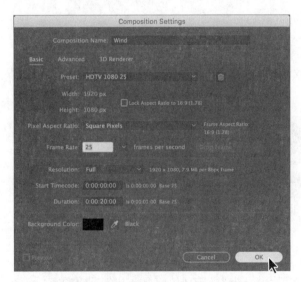

图5.40

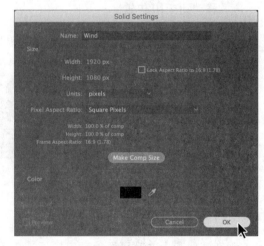

图5.41

纯色图层

在After Effects中可以创建任意颜色和尺寸的纯色图像（最大为30000×30000像素）。After Effects像处理所有其他素材项一样处理纯色图像：可以修改纯色图层的蒙版、改变属性和应用特效。如果一个纯色图像被多个图层使用，而且你修改了该图像的设置，则可以将修改应用到所有使用该纯色图像的图层，或只将它应用到纯色图像内的单个纯色位置。可以用纯色图层着色背景，或者创建简单的图形图像。

5.6.2　应用特效

现在我们可以对纯色图层应用特效了。使用 Fractal Noise（分层噪波）特效可以创建阵风效果。使用 Directional Blur（定向性模糊）可以在画布飞行的方向上创建一个模糊效果。

1. 在 Effects & Presets 面板中，搜索 Fractal Noise 特效；它位于 Noise & Grain 分类中。双击该特效，进行应用，如图 5.42 所示。

2. 在 Effects Controls 面板中执行如下操作，如图 5.43 所示：

   - 在 Fractal Type 中选择 Smeary；

   - 在 Noise Type 中选择 Soft Linear；

   - 将 Contrast 设置为 700；

   - 将 Brightness 设置为 59；

   - 展开 Transform 属性，将 Scale 设置为 800。

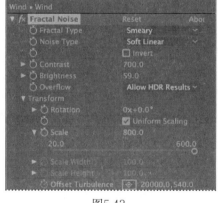

图5.42　　　　　　　　　　　图5.43

3. 单击 Offset Turbulence 旁边的秒表，在时间标尺的开始位置创建一个初始关键帧。

4. 移动到 2:00 位置，将 Offset Turbulence 的 x 值修改为 20,000 px。

5. 在 Effect Controls 面板中隐藏 Fractal Noise 属性。

6. 在 Effects & Presets 面板中，搜索 Directional Blur 特效，然后双击，进行应用。

7. 在 Effect Controls 面板中，将 Direction 设置为 90°，将 Blur Length 设置为 236，如图 5.44 和图 5.45 所示。

你已经创建了运动的效果。现在你需要将 Wind 合成图像添加到 Balloon Scene 合成图像中。

8. 切换到 Balloon Scene Timeline 面板。

图5.44

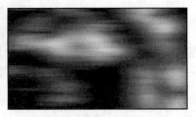
图5.45

9. 单击 Project 选项卡，将 Wind 合成图像从 Project 窗口拖动到 Balloon Scene Timeline 中所有图层的最上面。

10. 移动到 8:10 位置，然后按下键盘上的左括号键（[），以便 Wind 图层从 8:10 位置开始播放。

最后，你将应用一种混合模式，并调整不透明度，让阵风的特效更为微妙。

11. 单击 Timeline 面板底部的 Toggle Switches/Modes，查看 Mode 栏。

12. 从 Wind 图层的 Mode 弹出菜单中选择 Screen。

13. 按 T 键，显示 Wind 图层的 Opacity 属性，然后单击秒表图标，在图层的开始位置（8:10）创建一个初始关键帧，如图 5.46 和图 5.47 所示。

图5.46

图5.47

14. 移动到 8:20 位置，将不透明度修改为 35%。

15. 移动到 10:20 位置，将不透明度修改为 0%。

16. 按 T 键，隐藏 Opacity 属性，然后保存你的工作。

5.7 对预合成图层进行动画处理

在前面，你已经对 4 个画布图层进行了预合成操作，生成了一个 Canvas 合成图像。你也已经调整了 Canvas 合成图像图层的位置，以匹配气球图层，并在这两个图层之间形成了父化关系。现在，你将对画布图层进行动画处理，当阵风吹来时，画布能够从气球上被吹离。

1. 双击 Canvas 图层，在 Composition 面板和 Timeline 面板中打开 Canvas 合成图像。

2. 移动到 9:10 位置，该位置是发生阵风特效大约 1 秒后的位置。

3. 按住 Shift 键选择所有 4 个图层，然后按 R 键显示其 Rotation 属性；按 Shift + P 显示

Position 属性，如图 5.48 所示。

4. 在选中所有图层的情况下，单击任何一个图层的 Position 和 Rotation 属性的秒表图标，为它们创建初始关键帧。

5. 移动到 9:24 位置。

6. 在选中所有图层的情况下，拖动 Rotation 值，直到画布近乎水平为止（大约 81°）。4 个图层现在都近乎水平。

7. 按 F2 键或者单击 Timeline 面板中的空白区域，选择选中所有图层，以便单独调整它们的 Rotation 值。

图5.48

8. 使用正值或负值调整每一个 Rotation 值，使 4 个画布的外观有一些变化（我们使用这些值：Green=+100，Red=-74，Blue=+113，Yellow=-103），如图 5.49 和图 5.50 所示。

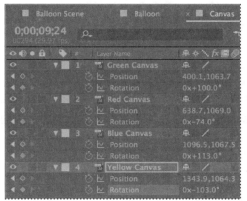

图5.49

图5.50

9. 移动到 10:12 位置。

10. 将所有的画布图层从右侧移动出屏幕，修改它们各自的运动路径，让它们更为有趣一些。你可以添加中间的旋转和位置关键帧（在 10:06 ～ 10:12），编辑贝塞尔曲线，或者将画布图层拖拽出屏幕边缘。如果要编辑贝塞尔曲线，只能调整运动路径右侧的关键帧（在 10:12 位置），这样就不会对原来的气球形状产生影响。

图5.51

11. 在时间标尺上移动当前时间指示器，预览动画，然后根据需要做出调整，如图 5.51 所示。

12. 隐藏所有图层的属性，保存你的工作。

5.7.1 添加调整图层

你需要在画布上添加一个变形特效（warp effect）。使用一个调整图层，你可以立即将特效应用到调整图层下方的所有图层。

1. 在 Timeline 面板中单击一个空白区域，取消选中所有图层。

2. 选择 Layer > New > Adjustment Layer。

一个新的调整图层会自动添加到图层堆栈的顶部。

3. 在 Effects & Presets 面板中，导航到 Distort 分类的 Wave Warp（波浪变形）特效，然后双击该特效。

4. 移动到 9:12 位置。

5. 在 Effect Controls 面板中，将 Wave Height（波浪高度）修改为 0，将 Wave Width（波浪宽度）修改为 1。然后单击秒表图标，为这两者创建初始关键帧。

6. 移动到 9:16 位置。

7. 将波浪高度的值修改为 90，将波浪宽度的值修改为 478。

5.7.2 修剪图层

在画布飞离气球之前，并不需要 Wave Warp（波浪变形）特效，但即使它的值是 0，After Effects 都将为整个图层计算特效。因此，需要修剪图层，以加速渲染文件所需要的时间。

1. 移动到 9:12 位置。

2. 按下 Alt +[（Windows）或 Option + [（Mac OS）组合键，将 In（入）点设置在 9:12 位置。

3. 返回 Balloon Scene Timeline 面板。

4. 按空格键预览视频。再次按空格键停止预览。

5. 保存你的作品。

> **Ae** | **注意**：按 [键可以在不修改视频剪辑时长的情况下移动视频的 In（入）点。按下 Alt + [和 Option + [组合键，可以给视频剪辑添加一个新的 In 点，缩短其时长。

5.8 对背景进行动画处理

在视频播放完毕时，应该是画布在飞离气球后覆盖在云朵上，但是现在则是画布飞离了，气球也飘走了。你需要对天空进行动画处理，使得在视频的最后，被画布覆盖的云朵位于场景的中央位置。

1. 在 Balloon Scene Timeline 面板中，移动到时间标尺的开始位置（0:00）。

2. 选择 Sky 图层，按 P 键显示其 Position 属性。

3. 单击秒表图标，创建一个初始关键帧。

4. 移动到 16:00 位置，将 Sky 图层拖到左侧，直到被画布覆盖的云朵位于画面中央（这里的值是 -236.4，566.7）。

5. 移动到 8:00 位置，将覆盖的云朵从右边完全移出屏幕。

6. 右键单击第一个关键帧，选择 Keyframe Assistant > Easy Ease Out。

7. 右键单击中间的关键帧，选择 Keyframe Assistant > Easy Ease，然后再右键单击最后一个关键帧，选择 Keyframe Assistant > Easy Ease In。

8. 在时间标尺上移动当前时间指示器，查看画布的移动是如何与具有画布颜色的云朵相匹配的。在具有画布颜色的云朵出现之前，画布应该已经完全离开了屏幕。

9. 在时间标尺上前后移动中间的关键帧，调成天空的动画，使其匹配画布和气球的进度。在光秃秃的气球消失之前，它至少应该漂浮在几朵具有画布颜色的云朵前面。

10. 按空格键预览整个视频，如图 5.52 所示。再次按下空格键，停止播放预览。

图5.52

11. 如果有必要，请调整气球、画布和天空的运动路径和旋转。

12. 隐藏所有图层的属性，然后保存项目。

5.9 添加音轨

我们已在本项目中完成了许多动画处理，但项目还没有最终完成。接下来你将添加一个音轨，来匹配视频轻松愉悦的氛围，然后再从视频中淡出。鉴于合成图像的最后几秒是静态的，你还需要在合成图像中剪掉这几秒。

1. 单击 Project 选项卡，将 Project 面板放到前面。然后双击 Project 面板的空白区域，打开

Import File 对话框。

2. 导航到 Lessons\Lesson05\Assets 文件夹，然后双击 Soundtrack.wav 文件。

3. 将 Soundtrack.wav 文件从 Project 面板拖放到 Balloon Scene Timeline 面板，并放在图层堆栈的底部。

4. 预览视频。在画布飞离气球时，音乐发生改变。

5. 移动到 18:00 位置，然后按下 N 键将工作区的结束点移动到当前时间。

6. 选择 Composition > Trim Comp to Work Area。

7. 移动到 16:00 位置，展开 Soundtrack.wav 图层和 Audio 属性。

8. 单击秒表图标，为 Audio Levels（音量）值创建一个初始关键帧。

9. 移动到 18:00 位置，将音量值修改为 -40dB。

10. 预览视频，然后保存。

祝贺你！你已经创建了一个复杂的动画，并练习和学习了此过程中用到的所有的 After Effects 的技巧和功能。

支持的音频文件格式

可以将下列任何一种音频格式文件导入到After Effects：

- 高级音频编码（ACC、M4A）；
- 音频交换文件格式（AIFF、AIFF）；
- MP3（MP3、MPEG、MPG、MPA、MPE）；
- Waveform（WAV）。

在Adobe Audition中编辑音频文件

你可以对After Effects中的音频做一些非常简单的修改。如果需要更多实质性的编辑，可以使用Adobe Audition（见图5.53）。Adobe Creative Cloud正式会员可以使用Audition。

你可以使用Audition修改音频文件的长度，改变它的音调和节奏。你还可以应用特效、录制新的音频、混合多声道会话等。

要在After Effects中编辑你已经使用的音频剪辑，可以在Project面板中选择该文件，然后选择Edit > Edit In Adobe Audition。然后在Audition中进行修改并保存。你做的修改将自动反映在你的After Effects项目中。

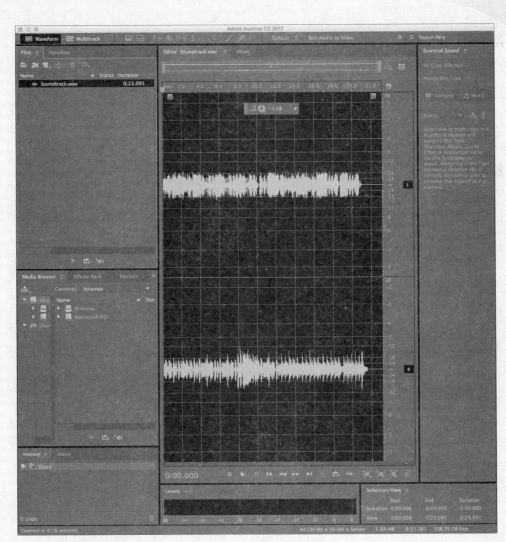

图5.53

复习题

1. After Effects 如何显示 Position 属性的动画？

2. 什么是纯色图层，可以用它来做什么？

3. 在 After Effects 项目中可以导入哪些类型的音频文件？

复习题答案

1. 当对 Position 属性进行动画处理时，After Effects 将物体的移动显示为运动路径。可以为图层的位置或锚点创建运动路径。位置的运动路径显示在 Composition 面板内，锚点的运动路径显示在 Layer 面板内。运动路径显示为一系列的点，其中每个点标记各帧中图层的位置。路径中的框标记关键帧的位置。

2. 在 After Effects 中可以创建任意颜色和尺寸的纯色图像（最大为 30000×30000 像素）。After Effects 像处理所有其他素材项一样处理纯色图像：可以修改纯色图层的蒙版、改变属性和应用特效。如果一个纯色图像被多个图层使用，而且你修改了该图像的设置，则可以将修改应用到所有使用该纯色图像的图层，或只将它应用到纯色图像内的单个纯色位置。用纯色图层可以着色背景，或者创建简单的图形图像。

3. 下列任何一种音频格式文件类型都可以导入到 After Effects：Adobe 声音文件（ASND，将多轨文件导入为合并的单轨文件）、高级音频编码（ACC、M4A）、音频交换文件格式（AIFF、AIFF）、MP3（MP3、MPEG、MPG、MPA、MPE）、用于 Windows 的视频（AVI、WAV，在 Mac OS 中需要 QuickTime）以及 Waveform（WAV）。

第6课 对图层进行动画处理

课程概述

本课介绍的内容包括：

- 对 Adobe Photoshop 图层文件进行动画处理；

- 应用 pick whip 功能复制动画；

- 处理导入的 Photoshop 图层样式；

- 应用 track matte（轨道蒙版）来控制图层的可见性；

- 应用 Corner Pin（边角定位）特效对图层进行动画处理；

- 对纯色图层应用 Lens Flare（镜头光晕）特效；

- 应用时间重置和 Layer 面板对素材进行动态时间变换处理；

- 在 Graph Editor（图形编辑器）中编辑 Time Remap（时间重置）关键帧。

本课大约要用 1 小时时间完成。启动 After Effects 之前，请先通过前言中提到的下载地址将本书的课程资源下载到本地硬盘中，并进行解压。在学习本课时，将覆盖相应的课程文件。建议先做好原始课程文件的备份工作，以免后期用到这些原始文件时，还需重新下载。

　　动画就是根据时间的改变而做变化——改变对象或图像的位置、不透明度、缩放尺寸以及其他属性。本课将提供更多的练习机会对 Photoshop 文件的图层进行动画处理，包括动态时间变换处理。

6.1　开始

　　Adobe After Effects 提供一些工具和特效，使你可以用 Photoshop 图层文件模拟运动视频。本课将导入一个阳光穿过窗户的 Photoshop 图层文件，然后对其进行动画处理，以便模拟太阳在窗外升起的效果。这是一个程式化的动画，开始时运动加速，然后移动速度慢下来，最后云朵和小鸟从窗前飞过。

　　首先，你将预览最终影片效果，并设置项目。

1. 确认硬盘上的 Lessons\Lesson06 文件夹中存在以下文件。

   - Assets 文件夹：clock.mov、sunrise.psd。

   - Sample_Movies 文件夹：Lesson06_regular.avi、Lesson06_regular.mov、Lesson06_retimed.avi 和 Lesson06_retimed.mov。

2. 使用 Windows Media Player 打开并播放影片示例文件 Lesson06_regular.avi，或者使用 QuickTime Player 打开并播放影片示例文件 Lesson06_regular.mov，以查看本课将创建的简单延时动画。

3. 打开并播放 Lesson06_retimed.avi 文件或 Lesson06_retimed.mov 文件，查看在进行时间重置后的同一个动画。

4. 播放完后，关闭 Windows Media Player 或 QuickTime Player。如果硬盘空间有限，也可以将影片示例文件从硬盘中删除。

开始本课之前，请恢复 After Effects 应用程序的默认设置。详情请参见前言中的"恢复默认参数"。

5. 启动 After Effects 时请立即按住 Ctrl + Alt + Shift（Windows）或 Command + Option + Shift（Mac OS）组合键，准备恢复默认的参数设置。系统询问是否删除参数文件时，单击 OK 按钮。

After Effects 打开一个空白的无标题项目。

6. 选择 File > Save As > Save As。

7. 在 Save As 对话框中，导航到 Lessons\Lesson06\Finished_Project 文件夹。

8. 将项目命名为 Lesson06_Finished.aep，然后单击 Save 按钮。

6.1.1　导入素材

在本课中，你需要导入一个源素材项。

1. 双击 Project 面板中的空白区域，打开 Import File 对话框。

2. 导航到硬盘中的 Lessons\Lesson06\Assets 文件夹，然后选择 sunrise.psd 文件。

3. 从 Import As 下拉列表中选择 Composition - Retain Layer Sizes，这将使每个图层的尺寸与该图层的内容相匹配（在 Mac OS 中，你可能需要单击 Options 才能看到 Import As 下拉列表）。

4. 单击 Import 或者 Open 按钮。

5. 在 Sunrise.psd 对话框中，确保 Iport Kind 下拉列表中已选择 Composition - Retain Layer Sizes，然后单击 OK 按钮，如图 6.1 所示。

继续操作前，我们先花些时间了解一下刚才导入的图层文件。

6. 在 Project 面板中，展开 sunrise Layers 文件夹，查看 Photoshop 图层。如果有需要，可以调整 Name 栏的宽度，以方便查看，如图 6.2 所示。

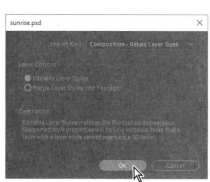

图6.1   图6.2

将在 After Effects 中进行动画处理的每个元素——影子、小鸟、云朵和太阳——都位于单独的图层上。此外，有一个图层用来描述动画开始时房间内黎明前的光照条件（Background 图层），另一个图层描述动画结束时房间内明亮的日光条件（Background Lit 图层）。同样，还有两个图层用于描绘窗外的两种光线条件：Window 和 Window Lit 图层。Window Pane 图层包含一个 Photoshop 图层样式，它可以模拟玻璃窗的显示效果。

After Effects 将保留 Photoshop 源文档中的图层顺序、透明度数据和图层样式。它还保留其他一些信息，如调整图层及其类型，但是本项目中将不会使用这些信息。

准备Photoshop图层文件

在导入Photoshop图层文件前，精心地为图层命名可以缩短预览和渲染时间，同时还可避免在导入和更新图层时出现问题。

- 组织并命名图层。如果在Photoshop文件导入到After Effects后再修改其中的图层名，After Effects会仍然保留到原来图层的链接。然而，如果在Photoshop中删除导入的图层，After Effects将无法找到原来的图层，并在Project面板中将该图层标识为丢失状态。
- 确保每个图层具有唯一的名称，以免产生混淆。

6.1.2　创建合成图像

本课将用导入的 Photoshop 文件作为合成图像的基础。

1. 在 Project 面板中双击 sunrise 合成图像，在 Composition 面板和 Timeline 面板中打开它，如图 6.3 和图 6.4 所示。

图6.3　　　　　　　　　　　　　　图6.4

2. 选择 Composition > Composition Settings 命令。

3. 在 Composition Settings 对话框中，将 Duration 修改为 10:00，使合成图像的持续时间为 10 秒，然后单击 OK 按钮，如图 6.5 所示。

图6.5

关于Photoshop图层样式

Adobe Photoshop提供了多种图层样式——如投影、发光和斜面——它们可以改变图层的显示效果。在导入Photoshop图层时，After Effects可以保留这些图层样式。我们也可以在After Effects中应用图层样式。

虽然在Photoshop中图层样式被称为特效，但它们更像After Effects中的混合模式。图层样式按标准的渲染顺序在变换之后应用，而特效则在变换之前应用。另一个不同点是每个图层样式与合成图像中其下方的所有图层直接混合，而特效仅渲染到它所应用的图层，其结果将与其下方的图层结合成一个整体。

在Timeline面板中可以使用图层的样式属性。

如果要了解在After Effects中处理图层样式的更多知识，请查阅After Effects Help。

6.2 模拟光照变化

动画的第一部分是黑暗的房间被照亮。我们将使用 Opacity 关键帧对光照进行动画处理。

1. 在 Timeline 面板中，单击 Background Lit 和 Background 图层的 Solo 开关（●），如图 6.6 所示。

这将隔离这些图层，以便加快动画处理、预览和渲染的速度，结果如图 6.7 所示。

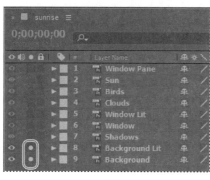
图6.6

图6.7

当前，亮的背景位于正常（暗）背景之上，现在遮盖住它，使动画的初始画面变亮。然而，我们想要的是先暗后亮的动画效果。为了实现这个效果，我们将使 Background Lit 图层最初变为透明的，然后对其不透明度进行动画处理，使得背景随着时间的推移逐渐变亮。

2. 移动到 5:00 位置。

3. 在 Timeline 面板中选择 Background Lit 图层，再按 T 键显示其 Opacity 属性。

4. 单击秒表图标（），设置一个 Opacity 关键帧。请注意此时 Opacity 值是 100%，如图 6.8 和图 6.9 所示。

图6.8　　　　　　　　　　　　　　　图6.9

5. 按 Home 键，或将当前时间指示器拖动到 0:00。然后将 Background Lit 图层的 Opacity 值设为 0%，After Effects 添加一个关键帧，如图 6.10 所示。

现在，在动画开始时，Background Lit 图层是透明的，这将使暗的 Background 图层透显出来，如图 6.11 所示。

图6.10　　　　　　　　　　　　　　图6.11

6. 单击 Background Lit 和 Background 图层的 Solo 开关（●），恢复其他图层（包括 Window 和 Window Lit 图层）的视图。要确保 Background Lit 图层的 Opacity 属性处于可见状态。

7. 展开 Window Pane 图层的 Transform 属性。Window Pane 图层包含一个 Photoshop 图层样式，它创建窗户上的斜面。

8. 移动到 2:00 位置，并单击 Window Pane 图层 Opacity 属性旁的秒表图标，以当前 Opacity 属性值 30% 创建一个关键帧，如图 6.12 和图 6.13 所示。

9. 按 Home 键，或将当前时间指示器移动到时间标尺的起点。将 Opacity 属性值修改为 0%，如图 6.14 和图 6.15 所示。

10. 隐藏 Window Pane 图层的属性。

图6.12   图6.13

图6.14   图6.15

11. 单击 Preview 面板中的 Play/Pause 按钮（▶），或按空格键预览动画。

可以看到房间内的光线逐渐地由暗变亮。

12. 在 5:00 位置后的任意时间按空格键停止播放。

13. 选择 File > Save 命令。

表达式

　　如果你想要创建和链接复杂的动画，例如多个车轮的转动，但又想避免手动创建大量的关键帧，那么可以用表达式。用表达式可以建立图层属性之间的关系，并用一个属性的关键帧对另一图层动态地进行动画处理。例如，如果设置了一个图层的旋转关键帧，然后应用Drop Shadow（投影）特效，则可以用表达式将Rotation属性值和Drop Shadow特效的Direction值链接起来。这样，当图层旋转时，投影就会相应改变。

　　表达式基于JavaScript语言，但你并不需要知道JavaScript语言就能使用表达式。你可以使用简单的示例并进行修改，从而创建满足自己需求的表达式，也可以通过把对象和方法链接到一起来创建表达式。

　　可以在Timeline面板或Effect Controls面板中使用表达式。可以用pick whip创建表达式，也可以在表达式字段中手动输入和编辑表达式——表达式字段是一个文本字段，它位于属性下方的时间曲线图中。

　　关于表达式的更多信息，请参见After Effects Help。

6.3 用 pick whip 复制动画

现在，你需要让光线通过窗户使房间变亮。为此，你将使用 pick whip 功能来复制刚才创建的动画。你可以使用 pick whip 功能来创建表达式，它把一个属性的值或特效链接到另一个属性上。

1. 按 Home 键，或将当前时间指示器拖动到时间标尺的起点。

2. 选择 Window Lit 图层，按 T 键显示其 Opacity 属性。

3. 按住 Alt 键单击（Windows）或按住 Option 键单击（Mac OS）Window Lit 图层的 Opacity 秒表图标，为默认的 Opacity 值 100% 添加一个表达式。Window Lit 图层的时间标尺内将显示 transform.opacity 单词，如图 6.16 所示。

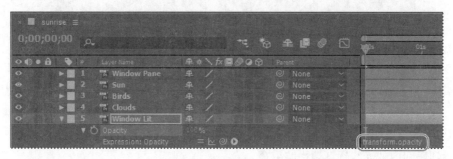

图6.16

4. 单击 Window Lit Expression: Opacity 行上的 pick whip 图标（），并将其拖放到 Background Lit 图层中的 Opacity 属性名上。当释放鼠标时，pick whip 开始捕获，Window Lit 图层时间标尺内的表达式变为 "thisComp.layer（"Background Lit"）.transform.opacity"。这意味着 Background Lit 图层的 Opacity 属性值（0%）取代了前面 Window Lit 图层的 Opacity 属性值（100%），如图 6.17 和图 6.18 所示。

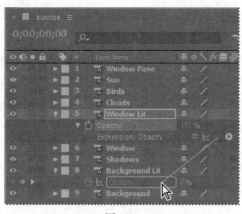

图6.17   图6.18

5. 将当前时间指示器从 0:00 拖动到 5:00，请注意这两个图层的 Opacity 值完全相同。

6. 移动到时间标尺的起点，然后按空格键，再次预览该动画。请注意窗外天空变亮时，窗内的房间也变亮。

7. 按空格键停止播放。

8. 隐藏 Window Lit 和 Background Lit 两个图层的属性，使 Timeline 面板保持整洁，便于完成接下来的任务。

9. 选择 File > Save 命令保存项目。

6.4 对场景中的移动进行动画处理

窗外的风景一直不变，这显然不真实。首先，太阳应该升起。此外，漂移的云朵、飞翔的小鸟，都将使这个场景变得更有活力。

6.4.1 对太阳进行动画处理

为了让太阳从天空中升起，我们将为其 Position、Scale 和 Opacity 属性设置关键帧。

1. 在 Timeline 面板中选择 Sun 图层，并展开其 Transform 属性。

2. 移动到 4:07 位置，单击秒表图标（🕐），在 Position、Scale 和 Opacity 属性的默认值位置设置关键帧，如图 6.19 和图 6.20 所示。

图6.19   图6.20

3. 移动到 3:13 位置。

4. 继续处理 Sun 图层，将其 Scale 设为（33，33%），将其 Opacity 属性值设为 10%。After Effects 为每个属性添加一个关键帧，如图 6.21 和图 6.22 所示。

5. 按 End 键，或移动当前时间指示器到合成图像的终点。

6. 对于 Sun 图层的 Position 属性，将 y 值设为 18，然后将 Scale 值设为（150，150%）。After Effects 添加两个关键帧，如图 6.23 所示。

刚才设置的关键帧使太阳升起并穿过天空，且太阳在升起的过程中会变得更大更亮。

图6.21

图6.22

图6.23

7. 隐藏 Sun 图层的属性。

6.4.2 对小鸟进行动画处理

接下来，将制作小鸟在天空中飞过的动画效果。为了加快动画的制作过程，可以利用 Timeline 面板中的 Auto-Keyframe（自动创建关键帧）选项。当启用了 Auto-Keyframe 选项后，每当更改属性值时，After Effects 将自动创建一个关键帧。

1. 在 Timeline 面板中选择 Birds 图层，按 P 键显示其 Position 属性。

2. 从 Timeline 面板菜单中选择 Enable Auto-Keyframe 按钮，如图 6.24 所示。

在 Timeline 面板的顶部将出现一个红色的秒表图标，来提醒你已经选择了 Auto-Keyframe。

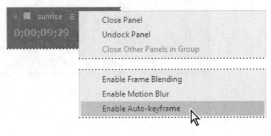
图6.24

3. 移动到 4:20 位置，将 Birds 图层的 Position 值设置为（200，49）。After Effects 将自动添加一个关键帧，如图 6.25 所示。

 注意：尽管 Auto-Keyframe 选项可以使工作变得简单，但同时它也会创建超出预期的关键帧。所以最好仅在特定任务中确实需要时，才选择 Enable Auto-Keyframe，并记得在任务完成后禁用它！

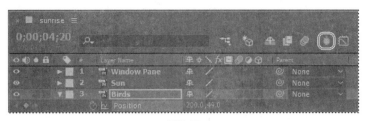

图6.25

4. 移动到 4:25 位置，将 Birds 图层的 Position 值设置为（670，49）。After Effects 添加一个关键帧，如图 6.26 和图 6.27 所示。

图6.26

图6.27

5. 选择 Birds 图层，按 P 键隐藏其 Position 属性。

6.4.3 对云朵进行动画处理

接下来制作云朵在天空中漂移的动画效果。

1. 在 Timeline 面板中选择 Clouds 图层，展开其 Transform 属性。

2. 移动到 5:22 位置，单击 Position 属性的秒表图标（ ），在 Position 属性的当前值处（406.5，58.5）设置一个 Position 关键帧。

3. 仍在 5:22 点位置，将 Clouds 图层的 Opacity 属性值设为 33%，如图 6.28 和图 6.29 所示。

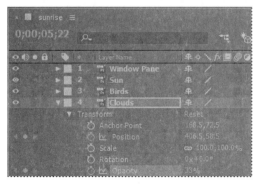

图6.28

图6.29

因为 Auto-Keyframe 仍然为启用状态，所以 After Effects 将自动添加一个关键帧。

4. 从 Timeline 面板菜单中选择 Enable Auto-Keyframe，取消选中它。

5. 移动到 5:02 位置，将 Clouds 图层的 Opacity 值设为 0%。

尽管已经禁用了 Auto-Keyframe 选项，但 After Effects 仍将添加一个关键帧。如果某属性在时间轴上已存在关键帧，更改该属性的值时，After Effects 将添加一个关键帧。

6. 移动到 9:07 位置，将 Clouds 图层的 Opacity 值设为 50%。After Effects 添加一个关键帧。

7. 按 End 键，或移动当前时间指示器到合成图像的最后帧。

8. 将 Clouds 图层的 Position 设为（456.5，48.5）。After Effects 添加一个关键帧，如图 6.30 和图 6.31 所示。

图6.30

图6.31

6.4.4 预览动画

现在，让我们看看动画的整体效果。

1. 按 Home 键，或者移动到 0:00 位置。

2. 按 F2 键或单击 Timeline 面板中的空白区域，取消选中所有对象，然后按空格键预览动画。

太阳在天空中升起，小鸟（快速地）飞过，云朵在天空中漂动。目前为止，一切都很美好。但你会发现一个根本性的问题：这些元素都重叠到窗口画面——小鸟甚至飞进房间内，如图 6.32 所示。接下来我们来解决这个问题。

图6.32

3. 按空格键停止播放。

4. 隐藏 Clouds 图层的属性，然后选择 File > Save 命令。

6.5　调整图层并创建轨道蒙版

为了解决太阳、小鸟和云朵在窗户画面重叠的问题，首先必须调整合成图像内图层的顺序，然后再应用 alpha 轨道蒙版使窗外的风景透过窗户显示出来，但不要显示在房间内。

6.5.1　预合成图层

首先，我们将 Sun、Birds 和 Clouds 图层预合成为一个合成图像。

1. 在 Timeline 面板内按下 Shift 键的同时单击选择 Sun、Birds 和 Clouds 图层。

2. 选择 Layer > Pre-compose 命令。

3. 在 Pre-compose 对话框中，将新合成图像命名为 Window Contents。一定要选中 Move All Attributes Into The New Composition 选项，并选择 Open New Composition，然后单击 OK 按钮，如图 6.33 所示。

一个新的名为 Window Contents 的 Timeline 面板出现了。其中包含上面第 1 步中选择的 Sun、Birds 和 Clouds 图层，如图 6.34 所示。同时，Window Contents 合成图像也显示在 Composition 窗口中。

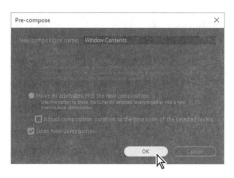

图6.33　　　　　　　　　　图6.34

4. 单击 sunrise Timeline 面板，查看主合成图像的内容。请注意 Sun、Birds 和 Clouds 图层已被 Window Contents 图层（指 Window Contents 合成图像）所取代，如图 6.35 所示。

6.5.2　创建轨道蒙版

现在，创建轨道蒙版，以便将除了窗户外的所有外部风景都隐藏起来。为了完成这项工作，需要复制 Window Lit 图层，并使用其 alpha 通道。

图6.35

轨道蒙版和移动蒙版

当需要一个图层通过一个洞显示出另一图层中的某个区域时，应设置一个轨道蒙版（track matte）。你需要两个图层——一个用作蒙版，另一个用来填充蒙版中的"洞"。可以对轨道蒙版图层或填充图层进行动画处理。对轨道蒙版图层进行动画处理时，需要创建移动蒙版（traveling matte）。如果想用同样的设置对轨道蒙版图层和填充图层进行动画处理，则可以先进行预合成。

可用取自轨道蒙版图层alpha通道或其像素亮度的值来定义轨道蒙版的透明度。用下面两种图层创建轨道蒙版时，利用像素的亮度来定义轨道蒙版的透明度是很方便的：没有alpha通道的图层；从无法创建alpha通道的程序中导入的图层。无论是alpha通道蒙版还是亮度蒙版，其像素值越高就越透明。大多数情况下，使用高对比度的蒙版，以便使区域变为完全透明，或者完全不透明。而中间色调只应该在我们需要部分透明或渐变透明的区域中出现，如柔和的边缘。

After Effects在复制或拆分图层后保留图层的顺序和轨道蒙版。在复制或拆分的图层中，轨道蒙版图层位于填充图层的顶部。例如，如果项目中包含X和Y两个图层，X是轨道蒙版图层，而Y是填充图层，那么，复制或拆分这两个图层产生的图层顺序应该为XYXY，如图6.36所示。

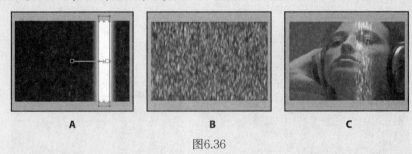

A　　　　　　　　**B**　　　　　　　　**C**

图6.36

下面来剖析移动蒙版。

A．轨道蒙版图层：带矩形蒙版的纯色，被设置为Luma Matte（亮度蒙版）。该蒙版经过动画处理后将穿过屏幕。

B．填充图层：带有图案特效的纯色图层。

C．结果：在轨道蒙版的形状内可以看到图案，图案被添加到图像图层，该图层位于轨道蒙版图层下方。

1. 在 sunrise Timeline 面板中选择 Window Lit 图层。

2. 选择 Edit > Duplicate 命令。

3. 在图层栈中向上拖动副本图层 Window Lit 2，使其位于 Window Contents 图层上方。

4. 单击 Timeline 面板底部的 Toggle Switches/Modes，显示 TrkMat 栏，这样就可以应用轨道蒙版。

5. 选择 Window Contents 图层，并从 TrkMat 下拉菜单中选择 Alpha Matte "Window Lit 2"，如图 6.37 所示。

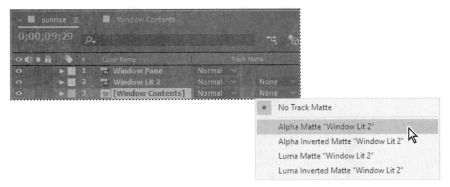

图6.37

该图层上方的 alpha 通道（Window Lit 2）用来设置 Window Contents 图层的透明度，以便使窗外的风景能透过窗户的透明区域显示出来。

6. 按 Home 键或将当前时间指示器移动到时间标尺的起点，然后按空格键预览动画。预览完成后再次按空格键。

7. 选择 File > Save 命令，保存项目。

6.5.3 添加运动模糊

如果对小鸟添加运动模糊特效，将使其显得更真实。我们将添加运动模糊特效，并设置快门角度和相位，以控制运动模糊的强度。

1. 切换到 Window Contents Timeline 面板。

2. 移动到 4:22 位置——小鸟运动的中间点。然后选中 Birds 图层，选择 Layer > Switches > Motion Blur 命令，打开该图层的运动模糊。

3. 单击 Timeline 面板顶部的 Enable Motion Blur 按钮（ ），在 Composition 面板中显示 Birds 图层的运动模糊效果，如图 6.38 所示。

图6.38

4. 选择 Composition > Composition Settings 命令。

5. 在 Composition Settings 对话框中，单击 Advanced 选项卡，将 Shutter Angle（快门角度）降低到 30°。

Shutter Angle（快门角度）的设置模拟在真实的摄像机上调整快门角度的效果，它控制摄像机光圈打开的时间长度以及捕获的光量。该数值越大，产生运动模糊的效果就越明显。

6. 将 Shutter Phase（快门相位）设置为 0°，然后单击 OK 按钮，如图 6.39 所示。

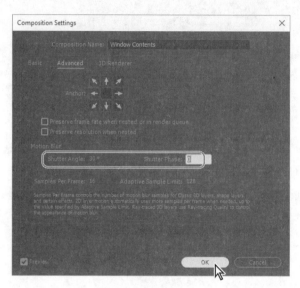

图6.39

6.6 对投影进行动画处理

现在将注意力转移到时钟和花瓶在桌面投下的阴影上。在真实的延时图像中，阴影将随着太阳的升起而缩短。

在 After Effects 中有几种方法可以创建投影，并对它做动画处理。例如，可以利用 3D 图层和光照进行处理。但是，本项目将采用 Corner Pin（边角定位）特效来扭曲导入的 Photoshop 图像的 Shadow 图层。使用 Corner Pin 特效就像使用 Photoshop 的自由变换工具一样——该特效通过重新定位图像四个角的位置来扭曲图像。使用该特效可以拉伸、收缩、斜切或扭曲图像，也可以使用该特效模拟以图层的边缘为轴所做的透视或转动效果，例如门打开的效果。

1. 切换到 sunrise Timeline 面板，确保处于时间标尺的起始点。

2. 在 Timeline 面板中选择 Shadows 图层，然后选择 Effect > Distort > Corner Pin 命令。Composition 面板中 Shadows 图层的角点周围将显示出一些小圆圈，如图 6.40 和图 6.41 所示。

图6.40   图6.41

 注意：如果看不到这些控件，请从 Composition 面板菜单中选择 View Options。在 View Option 对话框中，选取 Handles 和 Effect Controls 复选框，然后单击 OK 按钮。

首先设置 Shadows 图层的四个角，使其与玻璃桌面的四个角位置相符。我们将从该动画的中间处开始处理，这时太阳的高度足以对阴影产生影响。

3. 移动到 6:00 位置，然后将四角的手柄分别拖放到玻璃桌面的相应角上。请注意 Effect Controls 面板中 x 和 y 坐标值的改变。

 提示：Shadows 图层的右下角超出了屏幕。为了调整该角，请切换到 Hand（抓手）工具（🖐），在 Composition 面板中向上拖，这样就可以在该图像的下方看到一些空白区域。然后切换回 Selection（选取）工具（▶），将右下角手柄大致拖放到玻璃桌面右下角的位置。

如果在定位阴影时出现问题，则可以手动输入数值。

4. 在 Effects Controls 面板内单击各个位置的秒表图标（⏱），在 6:00 处为各角设置关键帧，如图 6.42 和图 6.43 所示。

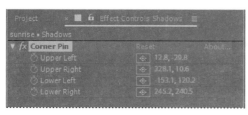

图6.42   图6.43

5. 按 End 键，或移动当前时间指示器到合成图像的最后一帧。

6. 使用 Selection（选取）工具（▶）缩短阴影：拖动下面两个角的手柄，将它们向桌面后沿拖近大约 25%。可能还需要轻微拖动上面两个角，使阴影的底部仍与花瓶和时钟正确对齐。角点的数值应与图 6.44 所示的类似，其结果如图 6.45 所示。如果你不愿意拖动这些角，你可以直接输入数值。After Effects 将添加关键帧。

图6.44 图6.45

7. 如果有需要，请选择 Hand（抓手）工具，向下拖动合成图像，使其位于 Composition 面板垂直方向的正中位置。然后，切换回 Selection（选取）工具，并取消选中该图层。

8. 移动到 0:0 位置，然后按空格键预览整个动画，包括边角定位特效，如图 6.46 所示。预览完成后，再次按空格键。

图6.46

9. 选择 File > Save 命令，保存项目。

6.7　添加镜头眩光特效

在摄影中，当强光（如太阳光）通过相机镜头反射时，会产生眩光效果。镜头眩光可以是明亮的、色彩丰富的圆圈和光晕，这取决于相机所使用的镜头类型。After Effects 提供了几种镜头眩光特效。现在，我们将添加一种特效，以增强这个延时摄影合成图像的真实感。

1. 移动到 5:10 位置，这时太阳光强烈地照射进摄像机的镜头。

2. 在没有选择 Timeline 面板中任何图层的情况下，选择 Layer > New > Solid 命令。

3. 在 Solid Settings 对话框中，将该图层命名为 Lens Flare，并单击 Make Comp Size 按钮。然后按以下操作将 Color 设为黑色：单击色板，在 Solid Color 对话框内将所有 RGB 值设为 0。单击 OK 按钮返回 Solid Settings 对话框。

4. 单击 OK 按钮创建 Lens Flare 图层，如图 6.47 所示。

5. 在 sunrise Timeline 面板中选择 Lens Flare 图层，再从 After Effects 菜单栏中选择 Effect > Generate > Lens Flare 命令。

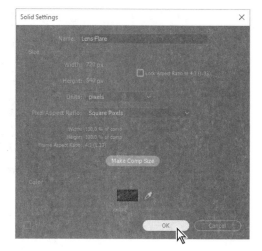

图6.47

Composition 面板和 Effect Controls 面板将分别以图形化和数字化两种形式显示默认的 Lens Flare 设置，接下来将自定义该合成图像的效果。

6. 在 Composition 面板中将 Flare Center 十字图标（⊕）拖放到太阳的中心点。在 Composition 面板中无法看到太阳，要调整十字图标的位置，使其 x、y 坐标值在 Effect Controls 或 Info 面板中大约为（455，135）。

Ae | **提示**：还可以在 Effect Controls 面板中直接输入 Flare Center 值。

---

7. 在 Effect Controls 面板中，将 Lens Type 修改为 35mm Prime，产生更强烈的散射眩光效果，如图 6.48 和图 6.49 所示。

图6.48

图6.49

8. 确认当前仍处在 5:10 位置。在 Effect Controls 面板中，单击 Flare Brightness 属性的秒表图标（⏱），在默认值 100% 处设置一个关键帧。

9. 把太阳升到最高点时镜头眩光的亮度调整到最大值。

   • 移动到 3:27 位置，将 Flare Brightness 值设为 0%。

   • 移动到 6:27 位置，将 Flare Brightness 值也设为 0%。

   • 移动到 6:00 位置，并将 Flare Brightness 值设为 100%。

10. 在 Timeline 面板中选择 Lens Flare 图层，选择 Layer > Blending Mode > Screen 命令更改混

合方式，如图 6.50 和图 6.51 所示。

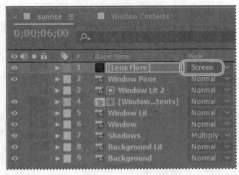
图6.50

图6.51

> **Ae** 提示：也可以在 Timeline 面板内从 Mode 下拉列表中选择 Screen。

11. 按 Home 键，或将当前时间指示器移动到时间标尺的起点，然后按空格键，预览镜头眩光特效。预览完成后再次按空格键。

12. 选择 File > Save 命令保存项目。

6.8 添加一个视频动画

现在，该动画看起来很像一幅延时相片——但时钟还没有这种效果！时钟的指针应该快速地转动，以指示时间变化。为了显示该特效，需要添加一个专为本场景创建的动画。该动画是在 After Effects 中作为一组明亮的、带纹理的 3D 图层创建的，并且在动画中加入了蒙版，以便使其融入场景中。

> **Ae** 注意：第 11 课和第 12 课将更详细地介绍 3D 图层方面的知识。

1. 将 Project 面板显示到前面，关闭 sunrise Layers 文件夹，然后双击面板中的空白区域，打开 Import File 对话框。

2. 在 Lessons\Lesson06\Assets 文件夹中，选择 clock.mov 文件，然后单击 Import 或者 Open 按钮。

QuickTime 影片文件 clock.mov 现在显示在 Project 面板的顶部，如图 6.52 所示。

3. 单击 sunrise Timeline 面板激活它，然后移动到时间标尺的开始点。将 clock.mov 素材项从

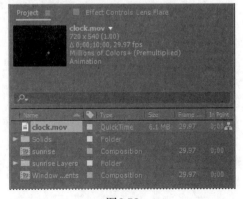
图6.52

Project 面板拖放到 Timeline 面板内图层堆栈的顶部，如图 6.53 和图 6.54 所示。

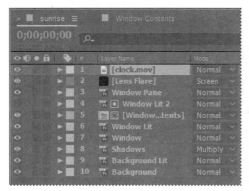

图6.53

图6.54

4. 按空格键预览动画。预览完成后再次按空格键停止播放。

5. 选择 File > Save 命令，保存项目。

6.9　渲染动画

接下来为下一项任务（对合成图像进行时间变换处理）做准备——我们需要渲染 sunrise 合成图像并将其导出为影片。

1. 在 Project 面板中选择 sunrise 合成图像，然后选择 Composition > Add to Render Queue 命令。这将打开 Render Queue 面板。你的显示屏幕的尺寸决定了你可能需要将面板最大化之后，才能看到所有设置。

2. （可选）双击 Render Queue 面板选项卡，使面板变大。

3. 采用 Render Queue 面板中默认的 Render Settings（渲染设置）。然后单击 Output To 下拉列表旁的蓝色斜体文字 *Not yet specified*，如图 6.55 所示。

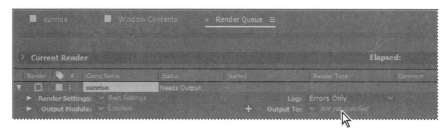

图6.55

4. 导航到 Lessons\Lesson06\Assets 文件夹，将文件命名为 Lesson06_retime.avi（Windows）或 Lesson06_retime.mov（Mac OS），然后单击 Save 按钮。

5. 展开 Output Module 组，然后从 Post-Render Action 菜单中选择 Import，如图 6.56 所示。

After Effects 将在影片文件渲染完成后导入它。

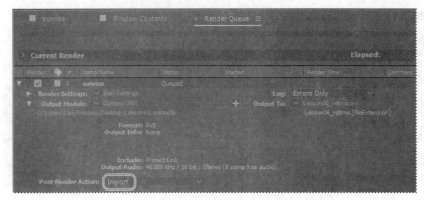

图6.56

6. 隐藏 Output Module 区域。

7. 单击 Render Queue 面板中的 Render 按钮。

After Effects 在渲染并导出合成图像的过程中将显示进度条，如图 6.57 所示，渲染完成后将会有声音提示，同时还将生成的影片文件导入到项目中。

图6.57

8. After Effects 渲染并导出合成图像之后，请双击 Render Quene 面板选项卡（如果你之前已经将该面板最大化了），然后单击 Render Queue 选项卡上的 x，关闭 Render Queue 面板。

6.10 对合成图像进行时间变换处理

你现在已经创建了一个简单的延时模拟动画。动画看起来还不错，但是使用 After Effects 提供的时间重置功能还可以对时间进行更多控制。时间重置能够动态加速、减速、停止或反向播放素材。也可以用该功能做很多事情，比如创建定格帧特效。正如在接下来的练习中将看到的，在进行时间变换时，Graph Editor 和 Layer 面板显得很有用。对项目进行时间变换后，影片的不同片段中时间流逝的速度是不同的。

> **Ae** | 提示：应用 Timewarp 特效（本书第 13 课将使用该特效）可以获得更好的控制效果。

本练习中，将使用刚导入的影片作为新合成图像的基础，这将使时间重置变得更加简单。

1. 将 Lesson06_retime 影片文件拖放到 Project 面板底部的 Create A New Composition 按钮（▣）上。

After Effects 创建名为 Lesson06_retime 的新合成图像，并将其显示在 Timeline 面板和 Composition 面板中。现在，我们可以对项目中的所有元素同时进行时间变换了。

2. 在 Timeline 面板中选择 Lesson06_retime 图层，然后选择 Layer > Time > Enable Time Remapping 命令。

After Effects 在该图层的第一帧和最后一帧处添加两个关键帧，它们在时间标尺上是可见的。在 Timeline 面板中该图层的名称下方还显示出 Time Remap 属性，该属性用来控制在指定的时间点显示哪一帧，如图 6.58 所示。

图6.58

3. 在 Timeline 面板中双击 Lesson06_retime 图层名，在 Layer 面板中打开它。

在重置时间时，Layer 面板将直观显示被修改的帧，为你提供参考。Layer 面板显示两个时间标尺。该面板底部的时间标尺显示当前时间；在时间标尺正上方的 Source Time 标尺具有重置时间标志，它指出当前时间播放哪一帧，如图 6.59 所示。

图6.59

4. 在 Timeline 面板中沿时间标尺拖动当前时间指示器，请注意 Layer 面板中的两个时间标尺中的源时间和当前时间标志是同步变化的。这种情况在我们重置时间时会发生改变。

5. 移动到 4:00 位置，将 Time Remap 值修改为 2:00。

这将重置时间，使 2:00 处的帧在 4:00 时播放。也就是说，合成图像的前 4 秒将以半速进行播放，如图 6.60 所示。

图6.60

6. 按空格键预览动画。合成图像现在以半速进行播放，直到 4:00 后再以正常速度进行播放。完成动画预览后请再次按空格键。

6.10.1 在 Graph Editor 中查看时间重置特效

使用 Graph Editor（图形编辑器），你可以查看并操控特效并动画中的所有方面，包括特效属性值、关键帧和插值。Graph Editor 将特效和动画中的变化以二维曲线图表示，其中水平轴代表播放时间（从左向右）。相比之下，在图层条模式下，时间标尺仅代表水平时间元素，而没有以图形化的形式显示出值的改变。

1. 确认在 Timeline 面板中 Lesson06_retime 图层的 Time Remap 属性已被选中。

2. 单击 Graph Editor 按钮（ ），显示 Graph Editor，如图 6.61 所示。

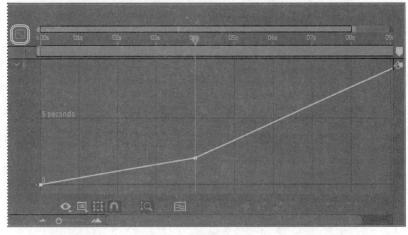

图6.61

Graph Editor 显示时间重置图形，它用一条白色的线连接 0:00、4:00 和 10:00 时间点处的关键帧。可以看到曲线缓慢地上升到 4:00，然后变得陡峭。曲线越陡峭，表示播放速度将越快。

6.10.2　用 Graph Editor 重置时间

在重置时间时，可以使用时间重置曲线中的值来确定和控制影片中的哪一帧在什么时间点播放。每个 Time Remap 关键帧都具有一个与它相关的时间值，它对应于图层中的具体帧，该值在时间重置曲线中以垂直坐标显示。当为图层启用时间重置时，After Effects 在图层的起点和终点各添加一个 Time Remap 关键帧。这些最初的 Time Remap 关键帧垂直方向的时间值与它们的水平位置相等。

通过设置额外的 Time Remap 关键帧，可以创建复杂的运动特效。每添加一个 Time Remap 关键帧，就将创建另一个时间点，你可以在该点改变播放的速度或方向。当你在时间重置曲线图中上下移动关键帧时，可以调整在当前时间点播放视频中的哪一帧。

下面我们对本项目进行有趣的时间变换处理。

1. 在时间重置曲线图中，将中间的关键帧从 2 秒垂直向上拖动到 10 秒处。

Ae ┃ **提示**：调整关键帧时，边拖动边查看 Info 面板，可以看到更多信息。

---

2. 将最后一个关键帧向下拖动到 0 秒处，如图 6.62 所示。

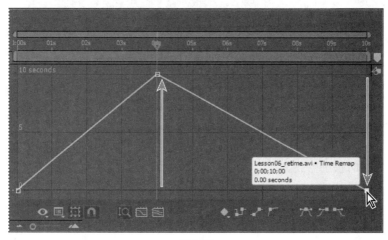

图6.62

3. 移动到 0:00 位置，然后按空格键预览结果。请观察 Layer 面板中的时间标尺和 Source Time 标尺，以便了解在指定的时间点上播放的是哪一帧。

现在合成图像的前 4 秒快速地播放动画，然后合成图像的剩余部分反向播放动画。

4. 按空格键停止预览。

有趣吗？我们继续操作。

5. 按住 Ctrl 键单击（Windows）或按住 Command 键单击（Mac OS）最后一个关键帧，删除它。合成图像在前 4 秒仍然以快进方式播放，但接下来画面则在一个单帧（最后一帧）保持不动。

6. 按 Home 键，或将当前时间指示器移动到时间标尺的起点，然后按空格键预览动画。预览完成后再次按空格键。

7. 按住 Ctrl 键单击（Windows）或按住 Command 键单击（Mac OS）6:00 处的虚线，在 6:00 处添加一个和 4:00 处关键帧具有相同数值的关键帧。

> **Ae** | **注意**：按住 Ctrl 键或 Command 键将临时激活 Add Vertex 工具。

8. 按住 Ctrl 键单击（Windows）或按住 Command 键单击（Mac OS）10:00 处，添加另一个关键帧，然后将它向下拖动到 0 秒处，如图 6.63 所示。

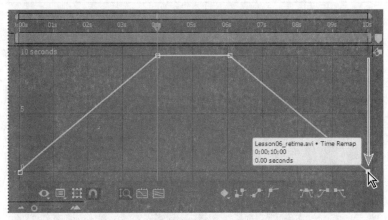

图6.63

现在动画在开始时快进播放，在最后一帧上停留两秒钟，然后反向播放。

9. 移动到合成图像的起点，然后按空格键预览上述修改。预览完成后再次按空格键。

6.10.3 添加 Easy Ease Out

下面通过 Easy Ease Out（缓出）特效，使 6 秒处的动画画面变化变得柔和。

1. 单击选择 6:00 处的关键帧，然后单击 Graph Editor 底部的 Easy Ease Out 按钮（▨）。这将减缓反向播放——素材先慢慢反向播放，然后逐渐加速，如图 6.64 所示。

> **提示**：可以通过拖动 6:00 处关键帧右边的贝塞尔（Bezier）曲线手柄，进一步精确定义该过渡处的缓和度。如果将其向右拖动，过渡变得更缓和；如果将其向下或向左拖动，则过渡变得更明显。

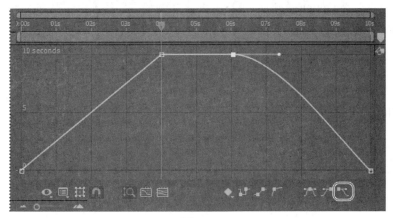

图6.64

2. 选择 File > Save 命令，保存项目。

6.10.4　调整动画时间重置

最后，我们使用 Graph Editor 调整整个动画的时间重置。

1. 单击 Timeline 面板中的 Time Remap 属性名，选择所有 Time Remap 关键帧。

2. 确保 Graph Editor 底部的 Show Transform Box 按钮（▦）处于选中状态，此时所有关键帧周围应该显示出一个自由变换选择框。

3. 拖动上方变换手柄中的一点，将其从 10 秒拖放到 5 秒处，如图 6.65 所示。

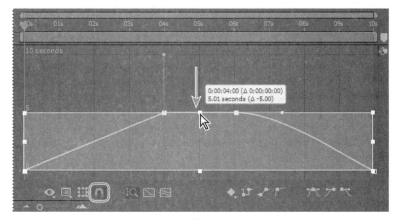

图6.65

可以看到整个图形发生了偏移，顶部关键帧的数值降低，这将导致影片的播放速度降低。

 提示：如果拖动时按住 Ctrl 键（Windows）或 Command 键（Mac OS），则整个自由变换框将围绕中心点缩放，也可以通过拖放改变中心点位置。如果按住 Alt 键（Windows）或 Option 键（Mac OS）拖动自由变换框的一角，则被拖动的那个角的动画将倾斜。也可以向左拖动右边的变换手柄来缩放整个动画，使它变化得更快。

4. 按 Home 键，或将当前时间指示器移动到时间标尺的起点。然后按空格键预览上面所做的改变。预览完成后再次按空格键。

5. 选择 File > Save 命令。

恭喜！你已经完成了一个复杂动画的制作，包括其随时间的变换处理。如果愿意的话，你可以渲染并导出这个时间重置项目。可以按照 6.8 节的指示操作，或者在第 14 课查看关于合成图像的渲染与导出的详细说明。

复习题

1. 为什么要将 Photoshop 图层文件作为合成图像导入？

2. 什么是 pick whip，怎样使用它？

3. 什么是轨道蒙版，怎样使用它？

4. 在 After Effects 中怎样重置时间？

复习题答案

1. 将 Photoshop 图层文件作为一个合成图像导入到 After Effects 时，After Effects 将保留 Photoshop 源文档中的图层顺序、透明度数据和图层样式。它还保留其他一些信息，如调整图层及其类型。

2. 可以使用 pick whip 功能创建表达式，它将一种属性值或特效链接到另一个图层。pick whip 功能还可以用来创建父化关系。要使用 pick whip 功能，只需简单地将 pick whip 图标从一个属性拖放到另一属性即可。

3. 当需要一个图层通过一个洞显示出另一图层中的某个区域时，可以使用轨道蒙版。创建轨道蒙版需要两个图层：一个图层用作蒙版，另一个图层用来填充蒙版中的"洞"。可以对轨道蒙版图层或填充图层进行动画处理。对轨道蒙版图层进行动画处理时，要创建移动蒙版。

4. After Effects 中有几种重置时间的方法。时间重置可以动态加速、减速、停止或反向播放素材。在重置时间时，可以使用时间重置曲线中的值来确定和控制影片中的哪一帧在什么时间点播放。当为图层启用时间重置时，After Effects 在图层的起点和终点各添加一个 Time Remap 关键帧。通过设置额外的 Time Remap 关键帧，可以创建复杂的运动特效。每添加一个 Time Remap 关键帧，就将创建另一个时间点，你可以在该点改变播放的速度或方向。

第7课 蒙版的使用

课程概述

本课介绍的内容包括：

- 使用 Pen（钢笔）工具创建蒙版；

- 改变蒙版模式；

- 通过控制顶点和方向手柄编辑蒙版形状；

- 羽化蒙版边缘；

- 替换蒙版形状的内容；

- 在 3D 空间内调整图层的位置，使其与周围场景相混合；

- 创建反射效果；

- 使用 Mask Feather（蒙版羽化）工具修改蒙版；

- 创建虚光照。

 本课大约要用 1 小时时间完成。启动 After Effects 之前，请先通过前言中提到的下载地址将本书的课程资源下载到本地硬盘中，并进行解压。在学习本课时，将覆盖相应的课程文件。建议先做好原始课程文件的备份工作，以免后期用到这些原始文件时，还需重新下载。

使用 After Effects 时，有时你不需要（或不想）让影片中的所有对象都显示在最终的合成图像中。使用蒙版可以控制要显示的内容。

7.1 关于蒙版

Adobe After Effects 中的蒙版是一个用来改变图层特效和属性的路径或轮廓。蒙版最常用于修改图层的 alpha 通道。蒙版包含线段(segment)和顶点(vertice):线段是连接两个顶点的直线或曲线；顶点则定义了每段路径的起点和终点。

蒙版可以是开放的路径，也可以是封闭的路径。开放路径的起点和终点不同，例如，直线是开放路径。封闭路径是连续的，没有起点和终点，例如圆。封闭路径蒙版可以为图层创建透明区域。开放路径蒙版不能为图层创建透明区域，但它适合用作特效参数。例如，可以使用特效在蒙版周围生成转动的光照效果。

蒙版属于特定的图层。一个图层可以包含多个蒙版。

使用形状工具可以以常见的几何形状（包括多边形、椭圆形和星形）绘制蒙版，也可以使用 Pen（钢笔）工具绘制任意路径。

7.2 开始

本课中，你将为一台电视的屏幕创建蒙版，再用电影替代屏幕上原有的内容。然后，调整新素材的位置，使它符合拍摄透视原理。最后将通过添加反射、创建虚光照效果和调整颜色来完善场景。

首先预览最终影片效果，并设置项目。

1. 确认硬盘上的 Lessons\Lesson07 文件夹中存在以下文件。

   - Assets 文件夹：Turtle.mov、Watching_TV.mov。

   - Sample_Movies 文件夹：Lesson07.avi 和 Lesson07.mov。

2. 使用 Windows Media Player 打开并播放影片示例文件 Lesson07.avi，或者使用 QuickTime Player 打开并播放影片示例文件 Lesson07.mov，以查看本课将创建的效果。播放完后，关闭 Windows Media Player 或 QuickTime Player。如果硬盘空间有限，也可以将影片示例文件从硬盘中删除。

开始本课之前，请恢复 After Effects 应用程序的默认设置。详情请参见前言中的"恢复默认参数"。

3. 启动 After Effects 时请立即按住 Ctrl + Alt + Shift（Windows）或 Command + Option + Shift（Mac OS）组合键，准备恢复默认的参数设置。系统询问是否删除参数文件时，单击 OK 按钮。

After Effects 打开并显示一个新的无标题项目。

4. 选择 File > Save As > Save As 命令，并导航到 Lessons\Lesson07\Finished_Project 文件夹。

5. 将该项目命名为 Lesson07_Finished.aep，然后单击 Save 按钮。

创建合成图像

本练习中我们将导入两项素材。然后将基于其中一个素材的长宽比和持续时间来创建合成图像。

1. 双击 Project 面板中的空白区域，打开 Import File 对话框。

2. 导航到硬盘中的 Lessons\Lesson07\Assets 文件夹，按下 Shift 键的同时单击选择 Turtle.mov 和 Watching_TV.mov 文件，再单击 Import 或 Open 按钮。

3. 在 Project 面板中选择 Watching_TV.mov 素材，然后将它拖动到面板底部的 Create A New Composition 按钮上（），如图 7.1 所示。

After Effects 创建一个名为 Watching_TV 的合成图像，然后在 Composition 和 Timeline 面板中打开它，如图 7.2 所示。

图7.1 　　　　　　　　　　图7.2

4. 选择 File > Save 来保存你的工作。

7.3　用 Pen（钢笔）工具创建蒙版

电视屏幕当前是空白的。为了将海龟的视频填充到屏幕中，需要对屏幕进行蒙版处理。

1. 按 Home 键，或将当前时间指示器移动到时间标尺的起点。

2. 放大 Composition 面板，直到电视屏幕几乎充满视图为止。可能还需要使用 Hand（抓手）工具对面板中的视图进行位置调整。

3. 确保在 Timeline 面板中选中了 Watching_TV.mov 图层，然后选择 Tools 面板中的 Pen（钢笔）工具（），如图 7.3 所示。

图7.3

使用钢笔工具可以创建直线或曲线段，因为电视看起来应该是长方形的，所以我们将先使用直线。

4. 单击电视屏幕左上角，放置第一个顶点。

5. 单击电视屏幕右上角，放置第二个顶点。After Effects 将两个顶点连为一条线段。

6. 单击电视屏幕右下角，放置第三个顶点，然后再单击屏幕左下角，放置第四个顶点。

7. 将 Pen 工具移动到第一个顶点上（位于左上角）。这时鼠标指针旁出现一个圆圈（如图 7.4 中的中间那个图所示），单击该点封闭蒙版路径，如图 7.4 所示。

图7.4

> **Ae** 提示：你也可以使用 After Effects 自带的摩卡形状（mocha shape）插件创建蒙版，然后把它导入到 After Effects 中。关于使用插件的更多技巧，请参见 After Effects Help。

7.4 编辑蒙版

蒙版看起来很好，但它不是将电视屏幕内的信息屏蔽，而是将屏幕外的所有内容移除了。所以需要将蒙版翻转。你也可以使用贝塞尔曲线创建更精确的蒙版。

7.4.1 翻转蒙版

本项目中需要使蒙版内的所有区域都是透明的，而蒙版外的所有区域都是不透明的。现在翻转蒙版。

1. 在 Timeline 面板中选中 Watching_TV.mov 图层，按 M 键查看该蒙版的 Mask Path（蒙版路径）属性。

> **Ae** 提示：快速连续按两次 M 键将显示所选中图层的所有蒙版属性。

有两种方法可以翻转蒙版：从 Mask Mode 下拉列表中选择 Subtract，或选取 Inverted 选项。

2. 选中 Mask 1 的 Inverted 复选框，如图 7.5 所示。

现在蒙版被翻转显示了，如图 7.6 所示。

3. 按 F2 键，或单击 Timeline 面板中的空白区域，取消选中 Watching_TV.mov 图层。

图7.5　　　　　　　　　　　　　　　　　　图7.6

如果仔细观察电视，你将发现部分屏幕仍显示在蒙版边缘周围。

这些错误必然会让大家注意到我们对该图层所做的修改，所以需要纠正这些错误。为此，我们需要将蒙版中的直线改为曲线。

关于蒙版模式

蒙版的混合模式（蒙版模式）控制图层中蒙版间的交互方式。默认情况下，所有蒙版都被设置为Add模式，该模式将同一图层中交叠的所有蒙版的透明度值相加。可以对每个蒙版应用一种模式，但不能随时间改变蒙版的模式。

我们在图层中创建的第一个蒙版将与该图层的alpha通道相互作用。如果该通道没有将整幅图像定义为不透明的，那么蒙版与图层的帧相互作用。所创建的每个其他蒙版都将与位于Timeline面板中其上方的蒙版相互作用。蒙版模式的作用结果将随位于Timeline面板中较上方的蒙版所设置的模式而改变。我们只能在位于同一图层中的蒙版之间使用蒙版模式。用蒙版模式可以创建具有多个透明区域的复杂蒙版形状。例如，我们可以设置蒙版模式，它组合两个蒙版，并把这两个蒙版的交叠区域设置为不透明区域，如图7.7所示。

原始蒙版

None模式

Add模式

Subtract模式

Intersect模式

Lighten模式

Darken模式

Difference模式

图7.7

7.4.2 创建曲线蒙版

曲线蒙版或任意形状蒙版用贝塞尔曲线定义蒙版的形状，贝塞尔曲线能灵活控制蒙版的形状。用贝塞尔曲线可以创建具有锐角的直线、非常平滑的曲线或者二者的组合。

1. 在 Timeline 面板中选择 Mask 1，即 Watching_TV.mov 图层的蒙版。选择 Mask 1 将激活该蒙版，同时选中所有顶点。

2. 在 Tools 面板中，选择 Convert Vertex（转换顶点）工具（ ），它隐藏在 Pen 工具后面，如图 7.8 所示。

3. 在 Composition 面板中，单击任意一个顶点。Convert Vertex 工具将角顶点修改为平滑的点，如图 7.9 所示。

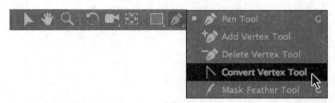

图7.8

图7.9

4. 切换到 Selection（选取）工具（ ），单击 Composition 面板内的任意区域，取消选中蒙版，然后单击我们创建的第一个顶点。

从这个平滑点会伸展出两个方向手柄。这些手柄的角度和长度将决定蒙版的形状。

5. 在屏幕上拖动第一个顶点的右手柄，请注意拖动时蒙版形状的变化情况，同时还应注意到当手柄距离另一个顶点越近时，第一个顶点的方向手柄对路径形状的影响就越小，而第二个顶点的方向手柄对它的影响就越大，如图 7.10 所示。

6. 适应了手柄的移动后，请将左上顶点的手柄定位到图 7.11 中左上方顶点的位置。可以看到，我们可以创建非常流畅的形状。

> **提示**：如果出现错误，则可以按 Ctrl + Z（Windows）或 Command + Z（MAC）组合键撤销最后一次操作。此外，在处理过程中，还可以改变视图的缩放比例，用 Hand（抓手）工具在 Composition 面板内重新定位图像。

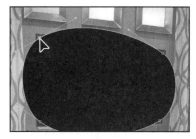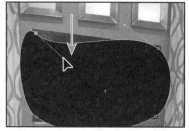

图7.10

7.4.3　分离方向手柄

默认情况下，所有平滑点的方向手柄都是相互联系的。当拖动一个手柄时，反方向的手柄也将移动。但是，我们可以阻断这种联系，更灵活地控制蒙版的形状，创建出锐角点，或者长而平滑的曲线。

1. 选择 Tools 面板中的 Convert Vertex 工具（ ⌐ ）。

2. 拖动左上顶点的右方向手柄。此时左方向手柄保持不动。

3. 调整右方向手柄，直到蒙版形状的顶部线段与电视在该角处的曲线更吻合为止，不一定要十分完美。

4. 拖动同一个顶点的左方向手柄，直到蒙版的左段与电视在该角处的曲线更吻合为止，如图 7.11 所示。

图7.11

拖动左上顶点的右方向手柄，然后拖动左方向手柄，使蒙版与电视屏幕的曲线吻合。

5. 对剩下的每个角点，请单击 Convert Vertex 工具，然后重复第 2 步～第 4 步，直到蒙版的形状与电视屏幕的曲率更加吻合为止。如果需要移动角点，请使用 Selection 工具。

> **Ae** | 提示：重申一遍，操作中可能需要调整 Composition 面板中的视图。你可以使用 Hand 工具拖动图像。按住空格键不动，可以暂时切换到 Hand 工具。

6. 完成操作后，在 Timeline 面板中取消选中 Watching_TV.mov 图层，检查蒙版的边缘。这时应该看不到任何电视屏幕，如图 7.12 和图 7.13 所示。

7. 选择 File > Save 命令保存作品。

图7.12　　　　　　　　图7.13

创建贝塞尔曲线蒙版

在上述内容中，我们使用Convert Vertex工具把角上的顶点转化为带贝塞尔手柄的平滑点，除此之外，你也可以先创建贝塞尔曲线蒙版。要实现该操作，请在Composition面板中用Pen工具在你想放置第一个顶点的位置单击，然后，在想放置下一个顶点的位置单击，并沿着你想创建曲线的方向拖动，当你对所产生的曲线感到满意时释放鼠标按钮。继续添加顶点，直到创建出你想要的形状为止。请单击第一个顶点或双击最后一个顶点封闭蒙版。然后切换到Selection工具，进一步调整蒙版。

7.5　羽化蒙版边缘

蒙版形状看起来很好，但需要对其边缘进行一些柔化处理。

1. 选择 Composition > Composition Settings 命令。

2. 单击 Background Color 框，选择白色作为背景色（R=255，G=255，B=255）。然后单击OK 按钮关闭 Color Picker（拾色器），再次单击 OK 按钮关闭 Composition Settings 对话框。

白色背景使你能够看到显示器屏幕的边缘看起来太清晰，显得不真实。为了解决这个问题，接下来将对边缘进行羽化（也就是使边缘变柔和）。

3. 在 Timeline 面板中选择 Watching_TV.mov 图层，按 F 键显示蒙版的 Mask Feather 属性。

4. 将 Mask Feather（蒙版羽化）量提高到（1.5，1.5）像素，如图 7.14 和图 7.15 所示。

图7.14　　　　　　　　图7.15

5. 隐藏 Watching_TV.mov 图层的属性，然后选择 File > Save 命令，保存作品。

7.6 替换蒙版的内容

现在准备将电视屏幕的画面替换为海龟的视频，并将其混合到整个场景中。

1. 在 Project 面板中，选择 Turtle.mov 文件，将其拖放到 Timeline 面板，把它放到 Watching_TV.mov 图层下方，如图 7.16 和图 7.17 所示。

图7.16　　　　　　　　　　　　　　　　　图7.17

2. 从 Composition 面板底部的 Magnification Ratio 下拉列表中选择 Fit Up To 100%，以便能够看到整个合成图像。

3. 使用 Selection 工具（▶）拖动 Composition 面板中的 Turtle.mov 图层，直到锚点位于电视屏幕中央为止，如图 7.18 和图 7.19 所示。

图7.18　　　　　　　　　　　　图7.19

通过触摸的方式进行缩放和移动

如果你使用的是支持触摸功能的设备，比如Microsoft Surface、Wacom Cintiqu Touch或多点触控板，你可以使用手指来进行缩放和移动。你可以在Composition、Layer、Footage和Timeline面板中进行缩放和移动。

缩放：两个手指向里捏可以起到放大作用，两个手指向外松可以起到缩小作用。

移动：在面板的当前视图中一起移动两个手指，可以上下、左右移动。

7.6.1 调整视频剪辑的位置和尺寸

新添加的海龟视频相对于电视屏幕来说显得太大了，所以需要将其作为 3D 图层来调整其尺寸，采用 3D 图层是为了更大限度地控制它的形状和尺寸。

1. 在 Timeline 面板中的 Turtle.mov 图层被选中的情况下，打开该图层的 3D 开关（ ），如图 7.20 所示。

2. 按 P 键显示 Turtle.mov 图层的 Position 属性，结果如图 7.21 所示。

图7.20   图7.21

3D 图层的 Position 属性有 3 个值：从左到右分别代表图像的 *x* 轴、*y* 轴和 *z* 轴。其中 *z* 轴控制图层的深度。在 Composition 面板中可以看到这些轴所代表的含义。

> **Ae** | 注意：第 11 课和第 12 课将介绍关于 3D 图层的更多内容。

3. 确保选中了 Selection 工具，在 Composition 面板中将鼠标指针置于红色箭头之上，这时将出现一个小 x，这个红色箭头用来控制该图层的 x（水平）轴。

4. 可以根据需要向左或向右拖动素材，使它在水平方向上位于电视屏幕的中央。

5. 在 Composition 面板中将鼠标指针置于绿色箭头之上，这时将出现一个小 y，可以根据需要在屏幕中向上或向下拖动，在垂直方向上将素材放置到电视屏幕中。

6. 在 Composition 面板中将鼠标指针置于红色箭头与绿色箭头交叉点处的蓝色立方体之上，这时将出现一个小 z。然后向右下方拖动增加景深，这样 Turtle.mov 图层看起来会小一些。

7. 继续拖动 *x*、*y* 和 *z* 轴，直到整个素材像图 7.23 所示的那样充满电视屏幕为止。最终的 x、y 和 z 数值应大约为 -390、146、825，如图 7.22 和图 7.23 所示。

图7.22   图7.23

7.6.2 旋转素材

视频素材的尺寸与显示器十分吻合，但还需要将其稍微旋转，以改善角度。

1. 在 Timeline 面板中选择 Turtle.mov 图层，按 R 键显示其 Rotation 属性。

再重复一遍，因为这是一个 3D 图层，所以可以控制 x、y 和 z 轴方向上的旋转。

2. 将 X Rotation 值改为 1°，将 Y Rotation 值改为 -40°。这将旋转该图层，使其与电视屏幕的角度相匹配。

3. 将 Z Rotation 值改为 1°，如图 7.24 所示。这将使该图层与电视屏幕对齐。

现在的合成图像应该如图 7.25 所示的那样。

图7.24   图7.25

4. 隐藏 Turtle.mov 图层的属性，然后选择 File > Save 命令保存作品。

7.7　添加反射效果

现在经过蒙版处理的图像看起来很真实，但如果对电视屏幕添加反射效果，将使其看起来更逼真。

1. 单击 Timeline 面板中的空白区域，取消选中所有图层，然后选择 Layer > New > Solid 命令。

2. 在 Solid Settings 对话框中，将该图层命名为 Reflection，单击 Make Comp Size 按钮，将 Color 修改为白色，然后单击 OK 按钮，如图 7.26 所示。

不必再次尝试创建与 Watching_TV.mov 图层蒙版相同的形状，只要将它复制到 Reflection 图层即可。

3. 在 Timeline 面板中选择 Watching_TV.mov 图层，然后按 M 键以显示该蒙版的 Mask Path 属性。

图7.26

4. 选择 Mask 1，再选择 Edit > Copy 命令，或者按 Ctrl + C（Windows）或 Command + C（Mac OS）组合键。

5. 在 Timeline 面板中选择 Reflection 图层，然后选择 Edit > Paste 命令，或者按 Ctrl + V（Windows）或 Command + V（Mac OS）组合键，如图 7.27 所示。

这次，需要将该蒙版内的区域保持为不透明的，而使蒙版外的区域成为透明的，如图 7.28 所示。

图7.27

图7.28

6. 选择 Watching_TV.mov 图层，然后按 U 隐藏蒙版属性。

7. 在 Timeline 面板中选择 Reflection 图层，按 F 键显示该图层的 Mask 1 蒙版的 Mask Feather 属性。

8. 将 Mask Feather 值修改为 0，如图 7.29 所示。

9. 取消选中 Inverted 选项。现在 Reflection 图层遮挡住了 Turtle.mov 图层，如图 7.30 所示。

10. 放大屏幕观察，然后在 Tools 面板中选择隐藏在 Convert Vertex 工具（　）下的 Mask Feather 工具（　），如图 7.31 所示。

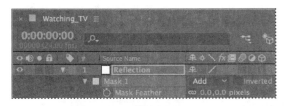

图7.29　　　　　　　　　　　　　　图7.30

图7.31

当对蒙版进行羽化时，羽化的宽度在整个蒙版羽化的过程中都是一样的。Mask Feather 工具能帮助你在定义封闭蒙版上的各羽化点时，区别不同的羽化宽度。

11. 在 Timeline 面板中单击选择 Reflection 图层以选中它。然后单击左下顶点来创建羽化点，如图 7.32 所示。

12. 再次单击羽化点，不释放鼠标按键，并向内拖动羽化点，这样只有屏幕中心才能被反射，羽化点位于图 7.33 中所示的位置。

图7.32　　　　　　　　　　　图7.33

当前，羽化均匀地延伸到整个蒙版。为了更加流畅，我们可以增加更多的羽化点。

13. 单击蒙版顶部的中心位置，创建另一个羽化点。然后把这个羽化点缓慢地往下拖动到蒙版中。

14. 右键单击或者按住 Control 键单击先前创建的羽化点，选择 Edit Radius，如图 7.34 所示。将 Feather Radius 设置为 0，单击 OK 按钮，如图 7.35 所示。

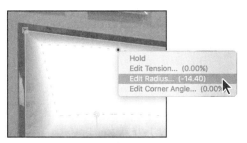

图7.34　　　　　　　　　　图7.35

这是一个很好的开始，但是边缘坡度太大。我们可以通过增加更多的羽化点来改变角度。

15. 单击蒙版左边缘大概离顶端 1/3 的位置，添加另一个羽化点，如图 7.36 所示。

16. 在右边添加一个类似的羽化点，如图 7.37 所示。

图7.36   图7.37

反射的形状很好，但是图像模糊了。我们可以改变不透明度来减弱模糊的效果。

17. 选择 Timeline 面板中的 Reflection 图层，然后按 T 键显示其 Opacity 属性。将 Opacity 值改为 10%，如图 7.38 和图 7.39 所示。

图7.38   图7.39

18. 按 T 键隐藏 Opacity 属性，然后按 F2 键，或单击 Timeline 面板中的空白区域，取消选中所有图层。

应用混合模式

为了在图层之间创建出独特的相互作用效果，可能需要尝试混合模式。混合模式控制每个图层与其下方图层的混合方式或作用方式。After Effects 中的图层混合模式与 Adobe Photoshop 中的混合模式完全相同。

1. 在 Timeline 面板菜单中选择 Columns > Modes 命令，显示出 Mode 下拉列表。

2. 从 Reflection 图层的 Mode 下拉列表中选择 Add，如图 7.40 所示。

这将在电视屏幕的图像上创建出强烈的眩光，并加深下方图层的颜色，如图 7.41 所示。

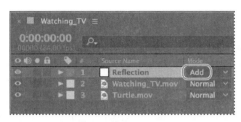

图7.40

图7.41

3. 选择 File > Save 命令，保存作品。

7.8 创建虚光照效果

在运动图像设计中有一种流行的做法那就是对合成图像应用虚光照效果。人们常用虚光照效果来模拟玻璃镜头的光线变化，创建出聚焦于主题对象而忽略场景中其余部分的有趣视觉效果。

1. 缩小查看整个图像。

2. 选择 Layer > New > Solid 命令。

3. 在 Solid Settings 对话框中，将该图层命名为 Vignette，单击 Make Comp Size 按钮，将 Color 修改为黑色（R=0，G=0，B=0），然后单击 OK 按钮，如图 7.42 所示。

除了 Pen 工具外，After Effects 还提供其他一些工具用于轻松创建方形蒙版和椭圆形蒙版。

4. 在 Tools 面板中选择 Ellipse（椭圆）工具（⬭），它隐藏在 Rectangle（矩形）工具后面。

5. 在 Composition 面板中，将十字光标指针定位到图像的左上角。向对角拖动，创建出一个椭圆形状，用它填充图像。如果需要，可以用 Selection 工具调整形状和位置。

图7.42

6. 展开 Vignette 图层内的 Mask 1 属性，显示该图层的所有蒙版属性。

7. 从 Mask 1 的 Mode 下拉列表中选择 Subtract。

8. 将 Mask Feather（蒙版羽化）量提高到（200，200）像素，如图 7.43 所示。

此时你的合成图像应该与图 7.44 类似。

即使使用这么大的羽化量，光晕仍显得太强，并且作用范围太小。我们可以通过调整 Mask

Expansion 属性为合成图像提供更大的空间。Mask Expansion 属性表示原来蒙版边缘的扩展量或收缩量，其单位为像素。

图7.43　　　　　　　　　　　　　　图7.44

9. 将 Mask Expansion 提高到 90 像素，如图 7.45 和图 7.46 所示。

图7.45　　　　　　　　　　　　　　图7.46

10. 隐藏 Vignette 图层的属性，然后选择 File > Save 命令。

使用矩形和椭圆形工具

　　Rectangular（矩形）工具，顾名思义，就是用来创建矩形或正方形的工具。Ellipse（椭圆形）工具是用来创建椭圆或圆的工具。使用这些工具在Composition面板或Layer面板中拖动可以创建蒙版形状。

　　如果你需要绘制完美的正方形或圆形，拖动Rectangular或Elliptical工具时请按住Shift键。如果要从中心点向外创建蒙版，则可以在开始拖动时按住Ctrl键（Windows）或Command键（Mac OS）。在开始拖动后按住Ctrl + Shift（Windows）或Command + Shift（Mac OS）组合键可以从中心点向外创建出正方形或圆形蒙版。

　　请注意，如果未选择图层而使用这些工具，将绘制出形状，而不是蒙版。

7.9 调整时间

在小姑娘打开电视之前，海龟视频不应出现在电视屏幕上。因此，接下来将调整 Turtle.mov 图层的起点，并对蒙版进行动画处理。

1. 移动到 2:00 位置，然后拖动 Turtle.mov 图层，使它从 2:00 位置开始。

2. 选择 Watching_TV.mov 图层，然后按两次 M 键，查看蒙版属性。

3. 单击 Mask Expansion（蒙版扩展）旁边的秒表图标，在 2:00 位置创建一个关键帧。

4. 移动到 1:23 位置，将 Mask Expansion 值修改为 -150 像素，显示一个空白的电视屏幕，如图 7.47 和图 7.48 所示。

图7.47   图7.48

5. 移动到时间标尺的起点，单击 Add Or Remove Keyframe At Current Time 图标，为蒙版扩展属性添加一个关键帧，如图 7.49 所示。

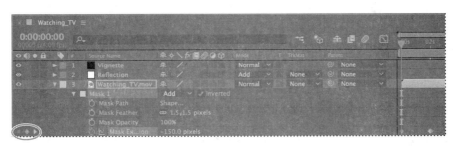

图7.49

6. 隐藏所有图层的属性，按空格键预览你的视频，如图 7.50 所示。

图7.50

蒙版创建技巧

如果你曾经用过Adobe Illustrator、Photoshop或类似的软件，那么你很可能对蒙版和贝塞尔曲线比较熟悉。如果还不熟悉的话，下面这些技巧可以帮助你高效地创建蒙版。

- 尽可能少使用顶点。
- 可以通过单击起始顶点来闭合蒙版。要打开一个闭合的蒙版，可以单击蒙版线段，选择Layer > Mask And Shape Path命令，然后取消选中Closed选项。
- 如果想对一个开放路径添加点，只需按住Ctrl键（Windows）或Command键（Mac OS），再使用Pen（钢笔）工具单击路径上的最后一个点。选中该点后，就可以继续添加点。

7.10 调整工作区

海龟视频要比 Watching_TV 视频短。所以当前，在视频的最后，小姑娘正在观看的屏幕是空白的。你需要将工作区的终点移动到 Turtle.mov 图层的终点，这样将只渲染这一部分影片。

1. 移动到 11:17 位置，这是 Turtle.mov 图层的最后一帧。

2. 按 N 键将工作区的终点移动到当前时间。

3. 选择 File > Save 保存你的工作。

 提示：你还可以将影片的持续时间调整为 11:17。为此，可以选择 Composition > Composition Settings，然后在 Duration（时长）框中输入 11.17。

本章讲述了使用蒙版工具隐藏、显示和调整合成图像的某些部分，以创建风格化的嵌入画面。在 After Effects 中，蒙版功能的使用频率可能仅次于关键帧。

如果愿意的话，现在可以预览影片，也可以按第 14 课中介绍的处理方法对其进行渲染和导出。

复习题

1. 什么是蒙版？

2. 请说出调整蒙版形状的两种方法。

3. 方向手柄的作用是什么？

4. 开放蒙版和封闭蒙版之间有什么区别？

5. Mask Feather 工具的作用是什么？

复习题答案

1. After Effects 中的蒙版是一个用来改变图层特效和属性的路径或轮廓。蒙版最常用于修改图层的 alpha 通道。蒙版包含线段和顶点。

2. 可以拖动各个顶点或线段来调整蒙版的形状。

3. 方向手柄用于控制贝塞尔曲线的形状和角度。

4. 开放蒙版可以用来控制特效或文字的位置，它不能用来定义透明区域。封闭蒙版则定义一个区域，该区域会对图层的 alpha 通道产生影响。

5. Mask Feather 工具能让我们在蒙版的不同羽化点把羽化宽度区分开来。使用 Mask Feather 工具点击，添加一个 Feather 点，然后拖动它。

第8课 用Puppet工具对对象进行变形处理

课程概述

本课介绍的内容包括：

- 使用 Puppet Pin 具设置 Deform 手柄；
- 使用 Puppet Overlap 工具定义重叠区；
- 使用 Puppet Starch 工具使部分图像变硬；
- 对 Deform（变形）手柄的位置进行动画处理；
- 使用 Puppet Sketch 工具录制动画；
- 使用 Character Animator（角色动画师）进行某些处理。

本课大约要用 1 小时时间完成。启动 After Effects 之前，请先通过前言中提到的下载地址将本书的课程资源下载到本地硬盘中，并进行解压。在学习本课时，将覆盖相应的课程文件。建议先做好原始课程文件的备份工作，以免后期用到这些原始文件时，还需重新下载。

　　可以使用 Puppet 工具对屏幕上的对象进行拉伸、挤压、伸展以及
其他变形处理。无论你正在创建的是逼真的动画、离奇的情节，还是
现代艺术作品，Puppet 工具都将扩展你创作的自由空间。

8.1　开始

使用 After Effects 中的 Puppet 工具可以向光栅图像和矢量图形添加自然的运动效果。其中有 3 个工具创建了手柄来定义变形点、重叠区以及应该保留更大刚性的区域。另一个工具——Puppet Sketch 工具——用于实时录制动画。在本课中，我们将使用 Puppet 工具创建人在香蕉皮上滑倒的动画。

首先预览最终影片并设置项目。

1. 确认硬盘上的 Lessons\Lesson08 文件夹中存在以下文件。

    • Assets 文件夹内：backdrop.psd、banana.psd、man.psd。

    • Sample_Moviee 文件夹内：Lesson08.avi 和 Lesson08.mov。

2. 使用 Windows Media Player 打开并播放影片示例文件 Lesson08.avi，或者使用 QuickTime Player 打开并播放影片示例文件 Lesson08.mov，以查看本课将创建的效果。播放完后，关闭 Windows Media Player 或 QuickTime Player。如果硬盘空间有限，也可以将影片示例文件从硬盘中删除。

开始本课前，请恢复 After Effects 应用程序的默认设置。详情请参见前言中的"恢复默认参数"。

3. 启动 After Effects 时请立即按住 Ctrl + Alt + Shift（Windows）或 Command + Option + Shift（Mac OS）组合键，准备恢复默认的参数设置。系统询问是否删除参数文件时，单击 OK 按钮。

After Effects 打开并显示一个空的无标题项目。

4. 选择 File > Save As > Save As 命令。

5. 在 Save As 对话框中，导航到 Lessons\Lesson08\Finished_Project 文件夹。

6. 将该项目命名为 Lesson08_Finished.aep，然后单击 Save 按钮。

8.1.1　导入素材

你将导入 3 个 Adobe Photoshop 文件，用它们来创建场景。

1. 选择 File > Import > File 命令。

2. 导航到 Lessons/Lesson08/Assets 文件夹。按住 Shift 键单击选择 backdrop.psd、banana.psd 以及 man.psd 文件，然后单击 Import 或者 Open 按钮。Project 面板将显示出这些素材项，如图 8.1 所示。

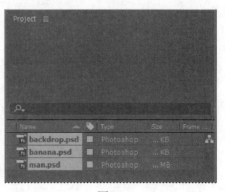

图8.1

8.1.2 创建合成图像

和其他项目一样，我们需要新建一个新的合成图像。

1. 选择 Composition > New Composition 命令。

2. 将合成图像命名为 Walking Man。

3. 从 Preset 下拉列表中选择 NTSC DV，该预设将自动设置合成图像的宽度、高度、像素长宽比以及帧速率。

4. 在 Duration 字段中输入 500，指定视频长度为 5 秒，然后单击 OK 按钮，如图 8.2 所示。

After Effects 在 Timeline 面板和 Composition 面板中打开新合成图像。

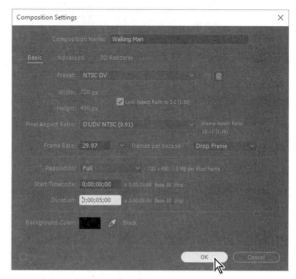

图8.2

8.1.3 添加背景

在有背景的情况下对角色进行动画处理会相对较容易，所以我们先将背景添加到合成图像中。

1. 按 Home 键，或移动当前时间指示器到合成图像的起点。

2. 将 backdrop.psd 文件拖放到 Timeline 面板。

3. 单击图层的锁图标（🔒）锁定该图层，以免它被意外更改，如图 8.3 和图 8.4 所示。

图8.3

图8.4

8.1.4 缩放对象

接下来添加香蕉皮。这个香蕉皮的默认尺寸太大了，如果我们直接采用的话，角色在这个香蕉皮上滑倒一定会受伤很严重，所以我们将其缩放到与场景相匹配的尺寸。

1. 将 banana.psd 文件从 Project 面板拖放到 Timeline 面板图层堆栈的顶层，如图 8.5 和图 8.6 所示。

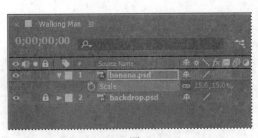
图8.5

图8.6

2. 在 Timeline 面板中选择 banana.psd 图层，然后按 S 键显示其 Scale 属性。

3. 将 Scale 属性值更改为 15%。

4. 按 P 键显示图层的 Position 属性。

5. 将 Position 值更改为（160，420）。香蕉皮将移动到合成图像的左边，如图 8.7 和图 8.8 所示。

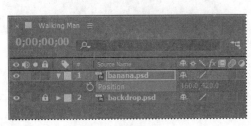
图8.7

图8.8

6. 隐藏 banana.psd 图层的属性。

8.1.5　添加人物

场景中的最后一个元素便是人物了。下面我们将其添加到合成图像，并对其进行适当的缩放和定位。

1. 将 man.psd 文件从 Project 面板拖放到 Timeline 面板中图层堆栈的顶部。

2. 选择 man.psd 图层，并按 S 键显示其 Scale 属性。

3. 将 Scale 值更改为 15%。

4. 按 P 键显示 Position 属性，并将 Position 属性值更改为（575，300），如图 8.9 和图 8.10 所示。

图8.9

图8.10

5. 再次按 P 键隐藏图层的 Position 属性。

6. 选择 File > Save 命令保存目前工作。

 注意：在原来的画面中，人已经滑倒在香蕉皮上了。为了方便动画处理，人已经被修改为直立的的姿势。有时在动画处理前做些调整可以使动画处理变得更简单。

8.2 关于 Puppet 工具

Puppet 工具可以将光栅和矢量图像变换为虚拟的提线木偶。当你拉动提线木偶的线时，木偶与线关联的部分会跟着移动。如果拉动与木偶的手相联的线，则木偶的手将抬起。Puppet 工具通过手柄指出线所关联的位置。

Puppet 特效根据我们放置的手柄位置对部分图像进行变形和动画处理。这些手柄决定图像的哪些部分应该移动，哪些部分保持不动，以及不同区域相互重叠时，哪些部分应置于前面。

手柄分为 3 种类型，每种都由不同的工具进行设置。

* Puppet Pin 工具（ ✦ ）用于放置和移动 Deform 手柄，它可以对图层进行变形处理。

* Puppet Overlap 工具（ ✦ ）用于放置 Overlap 手柄，它可以指出当图像不同区域相互重叠时，哪一部分应该显示在前面。

* Puppet Starch 工具（ ✦ ）用于设置 Starch 手柄，它使部分图像变硬，从而使这部分图像不易扭曲。

一旦设置了手柄，轮廓内的区域将自动划分为大量的三角形网格。网格的每一部分都与图像像素相联系，所以当网格移动时，像素也跟着移动。当对 Deform 手柄进行动画处理时，与该手柄相距最近的网格所产生的变形最大，而图像整体形状则尽量保持不变。例如，如果对人手上的手柄进行动画处理，手和手臂将产生变形，但人体的大部分将保持在原位。

 注意：网格仅对应用 Deform 手柄的图像帧有效。如果在时间轴上的任何位置添加多个手柄，手柄将根据网格原来的位置进行放置。

8.3 添加 Deform 手柄

Deform 手柄是 Puppet 特效的主要组件。它们放置的位置和方式决定对象在屏幕上的移动方式。下面我们将放置 Deform 手柄。显示 After Effects 创建的网格，以确定每个手柄影响的区域。

选择 Puppet 手柄工具时，Tools 面板将显示 Puppet 工具选项。每个手柄在 Timeline 面板中都拥有各自的属性，After Effects 自动为每个手柄创建初始关键帧。

1. 在 Tools 面板中选择 Puppet Pin 工具（ ✦ ），如图 8.11 所示。

2. 在 Composition 面板中，将 Deform 手柄放置于人物的右臂上，靠近手腕处。放大图像以便更清楚地查看人物。

Composition 面板中出现的黄点代表 Deform 手柄，如图 8.12 所示。如果这时你使用 Selection（选取）工具（▶）移动 Deform 手柄，整个人将随之移动。我们需要设置更多手柄，使网格的其他部分保持不动。

图8.11　　　　　　　　　　　　　图8.12

> **Ae** **注意**：请注意人的右手在画面中位于左边，反之亦然。定位人物时要根据他（而不是你）的左右位置进行定位。

3. 使用 Puppet Pin 工具，在左臂靠近手腕处设置另一个 Deform 手柄。

现在就可以使用 Selection 工具移动右手。放置的手柄越多，每个手柄影响的区域就越小，每个区域的拉伸程度也将越小。可以尝试使用 Ctrl + Z（Windows）或 Command + Z（Mac OS）组合键撤销任何拉伸。

4. 在人物的左、右腿（靠近脚踝处）、躯干（靠近领带底部）以及前额处放置额外的 Deform 手柄，如图 8.13 所示。

5. 在 Timeline 面板中，展开 Mesh 1 > Deform 属性，这会列出所有 Deform 手柄。为了便于记录各个手柄，我们将对它们重命名。

6. 选择 Puppet Pin 1，按 Enter 键或 Return 键，将该手柄重命名为 Right Arm。再次按 Enter 键或 Return 键接受新名称。

图8.13

7. 将其余手柄（Puppet Pin 2 至 Puppet Pin 6）分别重命名为 Left Arm、Right Leg、Left Leg、Torso 和 Head，如图 8.14 和图 8.15 所示。

8. 在 Tools 面板的选项区域选择 Show，显示变形网格。

9. 将 Tools 面板选项区域的 Triangle 值设置为 300，如图 8.16 所示。

该设置决定网格中包含多少个三角形。增加三角形的数量将使动画变得更平滑，但同时也增加了渲染时间。最终结果如图 8.17 所示。

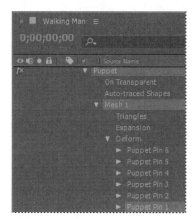

图8.14

图8.15

图8.17

图8.16

 提示：你可以将网格扩展到图层轮廓之外，以确保变形网格中也包含了描边。你可以通过在 Tools 面板的选项区域增加 Expansion 属性来扩展网格。

8.4　定义重叠区

正常人在运动时会摆动手臂，所以当人在屏幕上走过时，部分右手臂和右腿会被身体的其他部分遮挡。我们将使用 Puppet Overlap 工具定义区域重叠时应显示在前面的部分。

1. 放大并使用 Hand 工具（✋）定位 Composition 窗口中的人，使我们能清楚地看到他的躯干和腿。

2. 选择 Puppet Overlap 工具（✖），该工具隐藏在 Tools 面板中 Puppet Pin 工具后面。

3. 在 Tools 面板的选项区中选择 Show，查看变形网格。

4. 在 Tools 面板的选项区域，将 In Front 值更改为 100%，如图 8.18 所示。

In Front 值决定观察者能够看清的程度。该值设为 100%，可防止身体交叠的部分透显出来。

Ae | **注意**：必须分别选择每个 Puppet 工具的 Show 选项。不查看网格也可以设置手柄。

Ae | **提示**：如果选择 Show 后网格并未显示出来，则请单击 Composition 面板中路径形状之外的区域。

5. 单击网格中的交叉点，将 Overlap 手柄放置到人的躯干和左腿的右侧，这些区域在人物行走时不会被遮挡。添加手柄时，可能需要在 Tools 面板的选项区域中调整 Extent 值。Extent 值决定该手柄对重叠区的影响范围。受影响的区域在 Composition 面板中显示为较浅的颜色。以图 8.19 作为参考。

图8.18

图8.19

8.5 设置刚性区域

人在行走时手臂和腿应该跟着摆动，但躯干应保持基本不动。我们将使用 Puppet Starch 工具，对人体中希望保持不动的部分添加 Starch 手柄。

1. 选择 Puppet Starch 工具（ ），它隐藏在 Tools 面板中 Puppet Overlap 工具后面。

2. 在 Tools 面板选项区域中选择 Show，显示变形网格。

3. 将 Starch 手柄放置网格的交叉点，让躯干的下半部保持刚性，如图 8.20 所示。

4. 隐藏 Timeline 面板中 man.psd 图层的属性。

5. 选择 File > Save 命令保存目前的工作。

图8.20

Ae | **注意**：Amount 值决定该区域的刚性程度。通常情况下，采用较低的数值比较合适，较高的 Amount 值将使该区域变得过于僵硬。还可以使用负数降低其他手柄的刚性。

8.6 对手柄位置进行动画处理

Deform、Overlap 和 Starch 手柄的设置完成了。现在将改变 Deform 手柄的位置，对人进行动画处理。Overlap 手柄将使人体中不会被遮挡的部分显示在前面，而 Starch 手柄则避免一些区域（本例中是躯干部分）移动得过于剧烈。

8.6.1 创建行走过程

最初时，人应该走过屏幕。为了创建逼真的行走过程，请记住，人行走时的运动路径是波动方式。所以我们将在手柄位置创建波动效果。但数值应该稍有变化，这样可以使动画有一定的随机性，避免人看起来太像机器人。

1. 选择 Timeline 面板中的 man.psd 图层，然后按 U 键显示该图层的所有关键帧。

2. 按 Home 键或将当前时间指示器移动到时间轴的起点。

挤压与拉伸

人体移动时，身体将发生挤压与拉伸。挤压与拉伸是传统的动画技术，它增强了对象的真实感和重量。现实生活中，当运动对象撞击固定对象，如地面时，会夸大其效果。正确地应用挤压与拉伸，处理前后人的大小不会改变。

理解挤压与拉伸原理最简单的方法就是观察跳动的球。当球着地时，部分将变平，也就是挤压；当它弹回时将拉伸，如图8.21所示。

如果要查看挤压和拉伸动画效果，请打开Lesson08/End_Project_Files文件夹中的Squash_and_stretch.aep项目文件。

图8.21

---

3. 在 Timeline 面板中，按以下值更改 Deform 手柄的位置，如图 8.22 和图 8.23 所示。

- Head :（845，295）；

- Torso :（821.5，1210）；

- Left Leg :（1000.5，1734）；

- Right Leg :（580.5，1734）；

- Left Arm :（1384.5，1214.7）；

- Right Arm：(478.5，1108)。

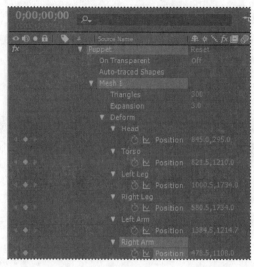

图8.22   图8.23

Ae | **注意**：这里列出的所有值都取决于 Deform 手柄放置的位置。你可能需要调整关键帧的这些值，来补偿 Deform 手柄位置的变动。

Ae | **注意**：放置 Deform 手柄时，After Effects 将自动创建关键帧，所以在设置每个手柄的初始位置前，不需要单击其秒表图标。

4. 为了完成行走过程，请按表 8-1 所示的时间点把手柄移动到指定位置。注意，当表 8-1 中提到"增加关键帧"时，单击 Timeline 面板中的 Add Or Remove Keyframe At Current Time 按钮（◈），在手柄的当前位置创建一个关键帧。

Ae | **注意**：在 Timeline 面板的左边，单击菱形图标（在两个箭头之间）可以创建一个关键帧。

表8-1

时间	Head	Torso	Left Leg	Right Leg	Left Arm	Right Arm
0:07	593，214	570.5，1095	604，1614.5			
0:15	314，295	312.5，1210	118.5，1748.3	添加关键帧（◈）	886.5，1208	-325.5，1214.7
0:18	-6，217	37.5，1098.3		352.5，1618.6		
1:00	-286，295	-253.5，1210	添加关键帧（◈）	-561.5，1734	-121.5，1234.7	添加关键帧（◈）
1:07	-614，218.3	-530，1094	-70.3，1628.8			
1:15	-883，300.7	-803.5，1213.3	-1003.5，1728.7	添加关键帧（◈）	添加关键帧（◈）	-1309.5，1101.3

时间	Head	Torso	Left Leg	Right Leg	Left Arm	Right Arm
1:23	-1153, 212.7	-1055.5, 1099.7	-789.3, 1609.4			
2:00	-1412, 319.3	-1283.5, 1213	-1003.4, 1728.7	-1545.5, 1740.7	-1147.5, 1241.3	添加关键帧（◆）
2:08	-1622, 246	-1505, 1099.7	-996, 1617	-1926.5, 1677.1		

Ae **提示**：Timeline 面板以秒和帧（取决于每秒的帧数［fps］）进行计时。所以 1:15 等于 1 秒 15 帧。如果帧速率为 29.97fps，则 1:15 是合成图像中的第 45 帧。

8.6.2 制作人物滑倒动画

人踩到香蕉皮上，失去平衡摔倒了。摔倒动作发生的速度比行走时快。为了使观众感到惊讶，我们将使这人摔出屏幕。

1. 选择 File > Save 保存你刚才完成的作品。

2. 移动当前时间指示器到 2:11 位置，之后将 Left Leg 手柄移动到（–2281，1495.3）。

3. 在 2:15 位置，将 Deform 手柄按下列位置移动。

   - Head：（–1298，532.7）；
   - Torso：（–1667.5，1246.3）；
   - Left Leg：（–2398.8，1282.7）；
   - Right Leg：（–2277.5，874）；
   - Left Arm：（–1219.5，1768）；
   - Right Arm：（–1753.5，454.7）。

4. 在 2:20 位置，将 Deform 手柄按下列位置移动，使人摔出屏幕。

   - Head：（–1094，2452.7）；
   - Torso：（–1643.5，3219.7）；
   - Left Leg：（–2329.5，2682）；
   - Right Leg：（–2169.5，2234）；
   - Left Arm：（–1189.5，3088）；
   - Right Arm：（–1597.5，2654.7）。

5. 隐藏 man.psd 图层的属性，并保存目前的工作。

8.6.3 移动对象

当然，人在香蕉皮上滑倒时，香蕉皮也会移动。它应该从人的脚底滑出，并飞离屏幕。我们没有（也不需要）向香蕉皮添加任何手柄，而是使用图层的 Position 和 Rotation 属性移动整个图层。

1. 将当前时间指示器移动到 2:00 位置。

2. 选择 Timeline 面板中的 banana.psd 图层，按 P 键显示其 Position 属性。

3. 按 Shift +R 组合键显示该图层的 Rotation 属性，如图 8.24 和图 8.25 所示。

图8.24　　　　　　　　　　　图8.25

 提示：如果想要同时查看多个图层的属性，请在按其他图层属性的键盘快捷键时按住 Shift 键。

---

4. 单击 Position 和 Rotation 属性旁的秒表图标（　），为每个属性创建初始关键帧。

5. 移动到 2:06 位置，将 Position 更改为（80，246），将 Rotation 修改为 19°。

6. 移动到 2:15 位置，将 Position 更改为（−59，361），使香蕉皮完全移出屏幕。

7. 在 2:15 位置，将 Rotation 属性值更改为 42°，使香蕉皮移出屏幕时略微旋转，如图 8.26 和图 8.27 所示。

图8.26　　　　　　　　　　　图8.27

8. 从 Composition 面板底部的 Magnification 下拉列表中选择 Fit Up To 100%（调整到 100%），以便查看整个合成图像。然后按空格键预览动画效果，如图 8.28 所示。需要的话，可以在 Timeline 面板中调整 Deform 手柄的 Position 属性。然后选择 File > Save 命令。

图8.28

 提示：为了让动画看起来更为自然，可以使用漂浮（roving）关键帧。它们不与特定的时间相关联，而是随着相邻的关键帧而改变。要让一个关键帧成为漂浮关键帧，可右键单击或按住 Contrl 键单击，然后选择 Rove Across Time。

8.7　录制动画

我们可以修改每个关键帧的每个手柄的 Position 属性，但你也许会觉得这样处理速度很慢而且单调。如果创建的是一个更长的动画，为每个关键帧输入精确的数值可能会让你感到厌倦。你可以使用 Puppet Sketch 工具把对象实时拖动到位，而不用手动对关键帧进行动画处理。在开始拖动手柄时，After Effects 将开始录制移动过程。释放鼠标按钮时，它将停止动画录制。移动手柄时，合成图像将随时间向前移动。而停止录制时，当前时间指示器将返回录制的开始点，这样，就可以录制同一时间段内的其他手柄的路径。

下面来试一下这种方法，我们将使用 Puppet Sketch 工具重新创建滑倒动作。

1. 选择 File > Save As > Save As 命令，将项目命名为 Motionsketch.aep，并将它保存在 Lesson08/Finished_Project 文件夹内。

 提示：默认情况下，运动视频的播放速度与录制时的速度相同。如果要更改录制与播放的速度比率，请单击 Tools 面板中的 Record Options，并在开始录制前更改 Speed 值。

2. 将当前时间指示器移动到 2:08 位置。

3. 在 Timeline 面板中选择 man.psd 图层，按 U 键显示图层的所有关键帧。

4. 删除 2:08 之后的所有关键帧。

人行走的部分将被保留，但人滑倒的动画关键帧则被删除了。

5. 选择 Tools 面板中的 Puppet Pin 工具（ ）。

6. 在 Timeline 面板中，选择 Puppet，在 Composition 面板中查看手柄。

7. 按 F2 键取消选中所有图层，然后在 Composition 面板中选择手柄，然后按 Ctrl 键（Windows）或 Command 键（Mac OS）激活 Puppet Sketch 工具（其旁边将显示出一个时钟图标）。

8. 请继续按住 Ctrl 键（Windows）或 Command 键（Mac OS），将手柄拖放到新的位置，完成后释放鼠标按钮。当前时间指示器返回到 2:08 位置。

9. 按住 Ctrl 键（Windows）或 Command 键（Mac OS），把另一个手柄拖放到位。拖放时可以将人体的轮廓作为参考。

10. 继续使用 Puppet Sketch 工具移动动画中的所有手柄，直到对移动结果满意为止。

11. 预览最终动画。

现在，我们已使用 Puppet 工具创建了一个逼真、生动的动画。请记住，Puppet 工具可以用于变形和操纵很多类型的对象，而不仅仅是绘图。还有，请当心香蕉皮！

使用Adobe角色动画师进行处理

如果你相当认同你的人物角色，你可能会想使用Adobe Character Animator（角色动画师），而不是创建繁琐的关键帧。在创建很长的场景，或者需要将角色的口型与发音对准时，Character Animator相当有用。

如果你是Adobe Creative Cloud会员，就可以使用Character Animator（见图8.29）。借助于Character Animator，你可以将在Photoshop或Illustrator中创建的角色导入进来，然后对这个角色在摄像头前面应该做出的面部表情和头部运动进行处理；你的角色会在屏幕上模仿你的姿势。如果你说话，则角色的嘴也开始张合，以匹配你的发言。

你可以使用键盘快捷键、鼠标或平板电脑移动身体的其他部分，比如腿和胳膊。你还可以设置来回晃动的行为，比如，如果一只兔子的脑袋向左边移动，则它的耳朵也跟着摇晃。

你对角色的控制力取决于你是如何在Photoshop或Illustrator中的角色文件中设置图层的。你可以让图层很简单，也可以创建详细的图层，以分别控制独立的组件。Character Animator包含一个模板，有助于你自己的角色映射到应用程序可以识别的图层名上，比如Head、Left Arm等。它还包含一些有趣的互动教程，帮助你入门。

图8.29

流畅动画体验的技巧

- 为不同的移动部分创建不同的图层。例如，在一个图层上绘制嘴，在另外一个图层上绘制右眼，再在一个图层上绘制左腿。

- 给图层起一个Character Animator可以识别的名字。它会查询某些单词，比如"pupil"，以便将角色映射到摄像机中的图像中。你可以在Photoshop或Illustrator中命名图层，也可以在Character Animator中命名。

- 一定要考虑使用一个现有的角色文件作为模板。能够正确地获悉图层的名字，会让后面的操作更为简单。

- 开始录制之前，在Character Animator中练习你的面部和肢体表情。一旦设置了Rest Pose之后，就可以尝试不同的口型，或是提眉和晃脑袋的动作，看一下你的角色是如何学习到微妙或夸张的肢体行为的。

- 在录制时要对着麦克风讲话。很多口型都是由音频信号触发的，比如"啊噢"，而且角色的口型将自动与你的发言进行同步。

- 尝试对没有脸和肢体的对象进行动画处理。例如，你可以使用Character Animator对漂浮的云、飘扬的旗帜和盛开的鲜花进行动画处理。要有创意，并享受由此带来的乐趣。

复习题

1. Puppet Pin 工具和 Puppet Overlap 工具有什么区别？

2. 在什么情况下使用 Puppet Starch 工具？

4. 请描述两种对手柄位置进行动画处理的方法。

复习题答案

1. Puppet Pin 工具创建 Deform 手柄，该手柄定义图像变形时部分图像所处的位置。Puppet Overlap 工具创建 Overlap 手柄，当两个区域重叠时，该手柄决定对象的哪个区域将显示在前面。

2. 使用 Puppet Starch 工具添加 Starch 手柄，当对象的其他区域变形时，该手柄所在区域会保持更大的刚性。

3. 可以通过修改 Timeline 面板中每个手柄的 Position 属性，来手动对手柄位置进行动画处理。要更快捷地对手柄位置进行动画处理，则可以使用 Puppet Sketch 工具：选中 Puppet Pin 工具，按住 Ctrl 键或 Command 键，拖动手柄录制手柄的移动。

第9课 使用Roto Brush工具

课程概述

本课介绍的内容包括：

- 使用 Roto Brush 工具从背景中抽取前景对象；

- 校正一定范围内图像帧的分割边界；

- 使用 Refine Edge 工具修饰 matte；

- 在视频剪辑中冻结 matte；

- 对属性进行动画处理，产生有创意的效果；

- 素材中的面部跟踪。

本课大约要用 1 个小时的时间完成。启动 After Effects 之前，请先通过前言中提到的下载地址将本书的课程资源下载到本地硬盘中，并进行解压。在学习本课时，将覆盖相应的课程文件。建议先做好原始课程文件的备份工作，以免后期用到这些原始文件时，还需重新下载。

Roto Brush 工具能快速地将多个图像帧中的前景对象从背景中分离出来。与使用传统的动态蒙版执行同一个任务相比，你只需要花费少量的时间就能获得专业级的处理结果。

9.1 关于动态蒙版

在影片的多个图像帧上绘图或绘画，就是在使用动态蒙版（rotoscoping）。例如，动态蒙版的一种常见用法是跟踪对象，用路径作为蒙版将对象从背景中分离出来，以便可以单独处理它。在After Effects 中的传统做法是，先绘制蒙版，再对蒙版的路径进行动画处理，然后用这些蒙版定义matte（matte 就是用来隐蔽部分图像的蒙版，以便叠加另一幅图像）。传统做法虽然有效，但却耗时、枯燥，尤其当对象活动频繁或背景复杂时更是如此。

如果背景或前景对象具有一致且鲜明的颜色，则可以采用颜色键控方法将对象从背景中分离出来。如果对象是在绿色或蓝色背景（绿屏或蓝屏）上拍摄的，采用键控处理通常比采用动态蒙版更容易。

After Effects 中的 Roto Brush 工具比传统的动态蒙版处理速度更快，对于背景复杂的影片，它的操作也比键控处理容易得多。可以用 Roto Brush 工具定义前景和背景元素，然后 After Effects 创建 matte，跟踪 matte 随时间的运动。Roto Brush 工具可以帮你完成大量处理工作，只留下一小部分收尾工作由你完成。

9.2 开始

本课将用 Roto Brush 工具从影片的潮湿冬季的背景中隔离出一个小男孩，在不影响小男孩的情况下对背景进行颜色处理。为了完成这个项目，需要添加一个动画标题。

首先预览最终影片并设置项目。

1. 确认硬盘上的 Lessons\Lesson09 文件夹中存在以下文件。

   * Assets 文件夹内：boy.mov、Facetracking.mov。

   * Sample_Movies 文件夹内：Lesson09.avi 和 Lesson09.mov。

2. 使用 Windows Media Player 打开并播放影片示例文件 Lesson09.avi，或者使用 QuickTime Player 打开并播放影片示例文件 Lesson09.mov，以查看本课将创建的效果。播放完后，关闭 Windows Media Player 或 QuickTime Player。如果硬盘空间有限，也可以将影片示例文件从硬盘中删除。

开始本课前，请恢复 After Effects 应用程序的默认设置。详情请参见前言中的"恢复默认参数"。

3. 启动 After Effects 时请立即按住 Ctrl + Alt + Shift（Windows）或 Command + Option + Shift（Mac OS）组合键，准备恢复默认的参数设置。系统询问是否删除参数文件时，单击 OK 按钮。关闭 Start（开始）窗口。

After Effects 打开后显示一个空的无标题项目。

4. 选择 File > Save As > Save As 命令。

5. 在 Save As 对话框中，导航到 Lessons\Lesson09\Finished_Project 文件夹。

6. 将项目命名为 Lesson09_Finished.aep，然后单击 Save 按钮。

创建合成图像

本课需要导入一个素材。

1. 选择 File > Import > File 命令。

2. 导航到 Lessons/Lesson09/Assets 文件夹，选择 boy.mov 文件，然后单击 Import 或者 Open 按钮。

3. 将 boy.mov 素材项拖放到 Project 面板底部的 Create A New Composition 按钮（□）上。

图9.1

After Effects 会根据 boy.mov 文件的设置创建一个名为 boy 的合成图像。这个合成图像时长 3 秒，帧尺寸为 1920×1080。影片文件的拍摄速度是每秒 29.97 帧，如图 9.1 所示。

4. 选择 File > Save 命令保存项目。

使用Adobe Premiere Pro和After Effects

在Adobe Premiere Pro和After Effects中都可以处理素材，在编辑项目时可以在两个应用程序之间轻松地切换。

要在After Effects中编辑一个Adobe Premiere Pro视频剪辑，请执行以下步骤。

1. 在 Adobe Premiere Pro 中右键单击或按住 Control 键单击视频剪辑，然后选择 Replace With After Effects Composition（替换为 After Effects 合成图像）。

   After Effects启动并打开Adobe Premiere Pro视频剪辑。

2. 当 After Effects 询问是否保存时，保存项目。然后就像处理其他 After Effects 项目那样处理合成图像。

3. 操作完成后，保存项目，然后回到 Adobe Premiere Pro。

   所有改动会自动反映在Adobe Premiere Pro的时间轴上。

9.3 创建分割分界

我们使用 Roto Brush 工具来指定视频剪辑中的前景和背景区域。你可以通过添加描边的方式来区分前景和背景，这样，After Effects 就能在前景和背景间创建分割边界。

9.3.1　创建基础帧

为了使用 Roto Brush 工具隔离出前景对象，我们首先对基础帧添加描边，以分隔出前景和背景区域。我们可以从视频剪辑的任意帧开始，但是在这个练习中，我们将第一帧作为基础帧，然后添加描边，以便将小男孩识别为前景对象。

1. 在时间标尺上移动当前时间指示器，预览素材。

2. 按 Home 键将当前时间指示器移动到时间标尺的起点。

3. 在 Tools 面板中选择 Roto Brush 工具（ ）。

你将在 Layer 面板中使用 Roto Brush 工具，所以你现在需要将其打开。

4. 双击 Timeline 面板中的 boy.mov 图层，在 Layer 面板中打开该视频剪辑。

5. 如果没有看到完整的图像，可以从 Layer 面板底部的 Magnification Ratio（缩放比例）下拉列表中选择 Fit，如图 9.2 所示。

图9.2

默认情况下，Roto Brush 工具将创建绿色的前景描边。现在先对前景（小男孩）添加描边。通常情况下，以粗的描边开始，然后用小画笔完善边界是最有效的方式。

6. 选择 Window > Brushes 命令，打开 Brushes 面板。然后选择大小为 100 像素的硬角画笔（你可能需要调整 Brushes 面板的大小，才能看到这些选项）。

当为了定义前景对象而进行描边时，请遵循主体骨架结构。与传统的动态蒙版不同，你不需要在对象周围定义精确的边界。以粗的描边开始处理，然后到小区域，这样 After Effects 就能推断出可能的边界。

7. 从小男孩的头部开始绘制绿色描边，一直到视频剪辑的底部，如图 9.3 ~ 图 9.5 所示。

 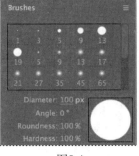 

图9.3　　　　　　　　　图9.4　　　　　　　　　图9.5

Ae 提示：可以使用鼠标的滚轮快速放大和缩小 Layer 面板。

After Effects 用粉红色的轮廓标识出其创建的前景对象的边界。After Effects 只能识别小男孩的一半，因为一开始的时候只采样了主体的一小部分。我们将添加更多的前景描边，帮助 After Effects 发现这些边界。

8. 仍然使用大画笔，在小男孩的外套上从左到右绘制描边，包括右边的黑色条带。

9. 使用小一点的画笔将所有被忽略的区域添加到前景中，如图 9.6 和图 9.7 所示。

图9.6　　　　　　　　　　图9.7

难免会不小心将背景区域也添加进前景描边。如果没有捕捉到前景的每个细节，也没关系。这时可以通过添加背景描边，删除 matte 中的多余区域。

Ae 提示：要快速地增大或缩小画笔的大小，在拖动时请按住 Ctrl 键（Windows）或 Command 键（Mac OS）。向右拖动将增大画笔，向左拖动将缩小画笔。

---

10. 按住 Alt 键（Windows）或 Option 键（Mac OS），切换到红色的背景描边画笔。

11. 对希望从 matte 中去除的背景区域添加红色描边。然后在前景和背景画笔之前来回切换，对 matte 进行微调。不要忘记取消选中背景显示过来的小男孩帽子底下的区域。事实上，可能只需要一个点击就可以把那个区域从 matte 中去除，如图 9.8 和图 9.9 所示。

图9.8　　　　　　　　　　　　　图9.9

画笔描边不必十分精确。只需确保 matte 与前景对象边缘距离在 1~2px 即可。稍后我们将有机会进一步调整这个 matte。因为 After Effects 会使用基础帧的信息来调整 matte 范围内的其余部分，所以我们希望 matte 是精确的。

12. 单击 Layer 面板底部的 Toggle Alpha 按钮（▨）。选中的区域是白色，背景是黑色，这时可以清楚地看到 matte，如图 9.10 所示。

13. 单击 Layer 面板底部的 Toggle Alpha Overlay 按钮（▨）。前景区域将显示为彩色，而背景则具有红色叠加，如图 9.11 所示。

图9.10

14. 单击 Layer 面板底部的 Toggle Alpha Boundary 按钮（▨），再次查看小男孩周围的轮廓，如图 9.12 所示。

图9.11　　　　　　　　　　　　　图9.12

使用 Roto Brush 工具时，Alpha Boundary 是查看边界是否精确的最佳方式，因为这时可以看到画面中的所有内容。然而，如果你只想查看 matte，而不希望受到背景干扰，则可以使用 Alpha 和 Alpha Overlay 选项。

9.3.2 调整初始范围的边界

我们使用 Roto Brush 工具创建了基础帧，它包含一个划分前景和背景的分割边界。After Effects 对一定范围的图像帧应用这个分割边界。Roto Brush 的作用范围显示在 Layer 面板底部的时间标尺下方。当向前或向后查看素材时，分割边界将随着前景对象（本例中指的是小男孩）移动。

1. 在 Layer 面板中将作用范围的终点拖动到 1:00 的位置来扩展作用范围，如图 9.13 所示。

图9.13

我们将在作用范围内逐步查看每一帧，并根据需要调整分割边界。

2. 按下主键盘（不是数字小键盘）上的 2 键向前移动一帧。

从基础帧开始，After Effects 将跟踪对象的边缘，并尽量跟踪其移动。获得的边界有可能恰好与你希望的吻合，也可能不完全吻合，这取决于前景与背景元素的复杂程度。本例中，随着外套在画面中显示得越来越多，你可能注意到分割边界在沿着小男孩右边袖子（视频剪辑的左边缘）而变化。同样，帽子垂下的部分和外套带的帽子的边缘部分需要进一步调整，这意味着你需要调整分割。

 提示： 要向前移动一帧，请按键盘上的 2 键；要向后移动一帧，请按键盘上的 1 键。

3. 使用 Roto Brush 工具，通过绘制前景和背景描边，来进一步调整该帧的 matte。如果这帧的 matte 已经很准确，就不需要再绘制描边，如图 9.14 所示。

如果对这次描边不满意，可以撤销这次描边再试一次。在作用范围内移动时，每次修改都将影响其后的其他帧。将当前帧的描边修改得越精确，整体处理效果将越好。向前移动几帧，看看边界的变化也许会有用。

 注意： 在传递帧的分割边界时，After Effects 将缓存该帧。被缓存的帧在时间标尺上带有绿色条形标志。如果沿着作用范围移动到前面的某一帧，After Effects 将花费更长的时间来计算边界。

4. 再次按 2 键向前移动到下一帧。

5. 必要时使用 Roto Brush 工具添加前景或者减去背景，进一步调整分割边界。

6. 重复步骤 4 和步骤 5 直到 1:00 位置，最终结果如图 9.15 所示。

图9.14   图9.15

9.3.3　添加新的基础帧

After Effects 创建 Roto Brush 的初始作用范围为 40 帧（每个方向 20 帧）。在移动帧时，作用范围将自动扩大，也可以通过拖动来扩展作用范围。但是，移动到离基础帧越远的位置，After Effects 传递或计算各帧边界所需的时间就越长，尤其是在情况很复杂时。如果场景变化明显，为素材创建多个基础帧比拥有一个很大的作用范围效果好。本项目的场景变化不大，所以可以扩大作用范围，并根据需要做出额外调整。但是，我们仍将创建其他基础帧，从而体验该工具的使用，学习多个作用范围的连接，并查看与基础帧距离变远后分割线的变化。

我们已经在调整过程中移动到 1:00 位置，现在对项目添加一个新的基础帧。

1.　在 Layer 面板内移动到 1:20 位置。这个帧不包含在初始作用范围内，所以看不到分割边界。

2.　使用 Roto Brush 工具添加前景和背景描边，定义分割边界，如图 9.16 所示。

图9.16

时间标尺上将添加一个新的基础帧（由一个蓝色的矩形来表示），Roto Brush 的作用范围扩展到这个新的基础帧的前后多个帧。取决于初始作用范围传播的距离，在这两个作用范围之间可能会有间隙。如果确实存在间隙，可以把这两个作用范围连接起来。

3. 如果有必要，把新作用范围的左边缘拖放到前一作用范围的边缘处。

4. 按 1 键（从新的基础帧）向后移动一帧，并进一步调整分割边界。

5. 在作用范围内继续向后移动，并进一步调整分割边界，直到到达 1:00 位置的帧。

6. 移动回 1:20 位置的基础帧，然后按 2 键向前移动，根据需要修改每个帧内的分割边界。

7. 到达作用范围的终点时，把右边缘拖到视频剪辑的终点处，根据需要继续修改素材中的每个帧。特别注意当帽子从树前穿过时帽子的左耳罩处。由于深色区域重叠，因此更难以得到一个一致的边缘。记住，要不断尝试，让分割边界尽可能地接近前景对象的边缘，如图 9.17 所示。

图9.17

8. 完成了对整个视频剪辑的分割边界的调整以后，选择 File > Save 命令保存作品。

9.4 调整 matte

Roto Brush 处理得很好，但 matte 中仍存在一点零散的背景，或者说一些前景区域没有包含到 matte 中。我们将对边缘进行进一步调整，以清除这些区域。

9.4.1 调整 Roto Brush 和 Refine Edge 效果

使用 Roto Brush 工具时，After Effects 会对图层应用 Roto Brush 和 Refine Edge 效果。我们可以使用 Effect Controls 面板中的设置来修改效果。我们将使用这些设置进一步调整 matte 的边缘。

1. 按下空格键播放 Layer 面板中的视频剪辑；在看完整个视频剪辑时，再次按下空格键结束预览。

预览视频剪辑的时候，你可能会注意到，分割边界区域是跳来跳去的。我们将使用 Reduce Chatter 设置使其更平滑。

2. 在 Effect Controls 面板中，将 Feather 的值增加到 10，将 Reduce Chatter 的值增加到 20%，如图 9.18 所示。

Reduce Chatter 的值决定了在相邻帧上执行加权平均时，当前帧的影响有多大。取决于 matte

的紧凑程度，可能需要将 Reduce Chatter 增加到 50%。

图9.18

3. 再次预览视频剪辑。注意 matte 的边缘变得更加平滑了。

Refine Soft Matte和Refine Hard Matte效果

After Effects包括两个调整matte的相关效果：Refine Soft Matte和Refine Hard Matte。Refine Soft Matte效果除了以恒定的宽度把效果应用到整个matte之外，和Refine Edge Matte效果几乎一样。如果需要在整个Matte中捕捉微妙的变化，可以使用Refine Soft Matte效果。

如果在Effect Controls面板的Roto Brush & Refine Edge效果中打开了Fine-Tune Roto Brush Matte，Refine Hard Matte的边缘调整效果与Roto Brush一样。

9.4.2 使用 Refine Edge 工具

小男孩的衣服和脸有硬边，但是他的帽子是有绒毛的，Roto Brush 不能分辨具有细微差别的边缘。使用 Refine Edge（调整边缘）工具可以在细分边界的指定区域中包含精细细节，比如一缕一缕的头发。

尽管在创建了基础帧之后你可能会想要立即使用 Refine Edge 工具，但是最好还是等到完成了整个视频剪辑的分割边界的细化工作之后。考虑到 After Effects 传递分割边界的方式，过早地使用 Refine Edge 工具会导致 matte 难以使用。

1. 放大帽子，以便能够清晰地看到帽子的边缘。如果有必要，放大 Layer 面板，然后使用 Hand 工具移动图层，以便看到整个帽子。

2. 选择 Tools 面板中的 Refine Edge 工具（），它隐藏在 Roto Brush 工具下面，然后移动到 Layer 面板中视频剪辑的开始位置。

帽子相对而言比较软，所以一个小画笔就够了。对于一个模糊的对象，用大一点的画笔可能会有更好的效果。画笔需要与对象显露出来的边缘重叠。

3. 将画笔的大小变为 10 像素。

使用 Refine Edge 工具的时候，穿过或者沿着 matte 的边缘描边。

4. 在 Layer 面板中，将 Refine Edge 工具放在帽子边缘上面，横跨分割边界，包括模糊的变化区域。我们可以使用多重描边在整个帽子周围移动工具，如图 9.19 所示。

释放鼠标之后，After Effects 切换到 Refine Edge 的 X 射线视图，这样就可以看到 Refine Edge 工具是如何改变 matte，捕捉边缘的细节的。

图9.19

5. 移动到 Layer 面板的第二个基础帧（1:20 位置），然后重复步骤 1 ~ 步骤 4，从而完成绘制动态蒙版的过程。

6. 缩小至能看到整个图像，调整 Layer 面板的大小（如果你之前调整了的话），然后选择 File > Save 命令保存作品。

 注意：只有清理完整个视频剪辑的 matte 之后，才可以使用 Refine Edge 工具。

9.5 冻结 Roto Brush 工具的处理结果

我们已花费大量时间和精力在整个视频剪辑上创建分割边界。After Effects 缓存了分割边界，这样，当再次调用时就不需要再次计算。为了便于访问这些数据，我们将冻结这些数据。这会减少系统的处理需求，使 After Effects 的运行速度更快。

一旦冻结了分割边界，就无法编辑它，除非对它解冻。再次冻结分割边界很耗时，所以冻结分割边界前最好先尽可能将它调整好。

1. 单击 Layer 面板右下方的 Freeze 按钮，如图 9.20 所示。

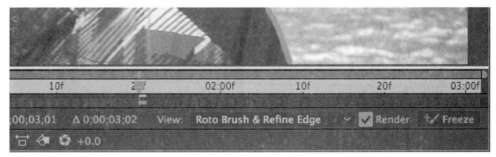

图9.20

Freezing Roto Brush 对话框在冻结 Roto Brush 和 Refine Edge 工具的数据时显示出进度条。冻结可能会花费几分钟时间，这取决于你的系统。After Effects 冻结各帧的信息时，缓存标志线将变蓝。

冻结完成后，Layer 面板中时间标尺上方将出现一个蓝色警告条，提示分割边界已冻结。

取决于你的系统，这可能会需要一些时间。

2. 单击 Layer 面板中的 Toggle Alpha Boundary 按钮（），查看 matte。然后单击 Toggle Transparency Grid 按钮（）。沿时间标尺移动当前时间指示器，查看对象的移动是否受到背景的干扰，如图 9.21 所示。

图9.21

3. 再次单击 Toggle Alpha Boundary 按钮，查看分割边界。

4. 选择 File > Save 命令。

After Effects 保存项目和冻结的分割边界信息。

9.6 改变背景

将前景图像从背景中分离出来有很多原因。通常情况下，是因为想完全取代背景，将对象移动到一个不同的设置下。然而，如果想在不做其他修改的情况下改变前景或者背景，动态蒙版也是有用的。本课中，我们将把背景变成蓝色，从而增强冬天的主题并使对象更加醒目。

1. 关闭 Layer 面板，回到 Composition 面板，将当前时间指示器移动到时间轴的起点，如图 9.22 所示。

Composition 面板显示合成图像，它只包含一个 boy 图层。这个图层只包含从视频剪辑中分离出来的前景，如图 9.23 所示。

图9.22

图9.23

2. 隐藏 boy.mov 图层的属性（如果它们可见的话）。

3. 单击 Project 选项显示 Project 面板。然后从 Project 面板中将另一份 boy.mov 素材副本拖动到 Timeline 面板，并把它放在原来的 boy.mov 图层的下面。

4. 单击新的图层，按下 Enter 键或者 Return 键，并把图层重新命名为 Background。然后再次按下 Enter 键或者 Return 键，如图 9.24 和图 9.25 所示。

图9.24   图9.25

5. 在选中 Background 图层的情况下，在 After Effects 菜单栏中选择 Effect > Color Correction > Hue/Saturation 命令。

6. 在 Effect Controls 面板中执行以下操作，如图 9.26 和图 9.27 所示。

   • 选择 Colorize 复选框。

   • 将 Colorize Hue 改为 –122°。

   • 将 Colorize Saturation 改为 29。

   • 将 Colorize Lightness 改为 –13。

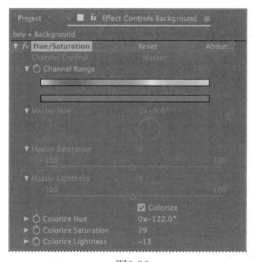

图9.26   图9.27

7. 选择 File > Increment And Save 命令。

选择增量保存，可以让你在需要时返回到项目的早期版本再做出调整。如果你正在试验或者想要尝试替代效果，这是非常有用的。Increment And Save 功能保留了项目以前保存的版本，并且创建了一个新项目，这个新项目文件名没变，但是文件名中会增加越来越多的数字。

9.7 添加动画文本

差不多完成了。现在需要做的就是在男孩和背景之间添加动画标题。

1. 取消选中所有图层，将当前时间指示器移动到时间标尺的起点。

2. 选择 Layer > New > Text 命令。

一个新的文本图层出现在 Timeline 面板中，位于图层堆栈的顶部，并且一个光标出现在 Composition 面板中。

3. 在 Composition 面板中输入 WINTER BLUES。

4. 选中 Composition 面板中的所有文本，然后在 Character 面板中进行以下设置，如图 9.28 和图 9.29 所示。

   • 选择 Myriad Pro 字体。

   • 选择 Black 或者 Semibold 的字体样式。

   • 字体大小设置为 300 像素。

   • 从 Kerning 菜单中选择 Optical。

   • 填充颜色选择白色。

   • 描边颜色选择黑色。

   • 确保描边的宽度为 1 像素，而且选中了 Stroke Over Fill。

图9.28 　　　　　　　　　　　图9.29

5. 在 Timeline 面板中选择文本图层，取消选中文本。然后按下 T 键显示图层的 Opacity 属性。将 Opacity 改为 40%，如图 9.30 和图 9.31 所示。

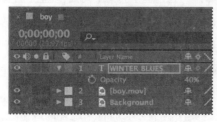 

图9.30 　　　　　　　　　　　图9.31

6. 选择 Effects & Presets 选项卡，把面板放到前面，然后在搜索框中输入 Glow。双击 Stylize 下面的 Glow 预设。

文本有了质地。默认设置很好。

7. 将 Timeline 面板中的 WINTER BLUS 图层往下拖，把它放在 boy.mov 和 Background 图层之间。如果当前时间指示器不在时间标尺的起点的话，就将它移动到时间标尺的起点。

我们将文本进行动画处理，使其在男孩移动到画面的右边时，文本移动到男孩的左后方。

8. 在选中 WINTER BLUS 图层的情况下，按下 P 键显示其 Position 属性。将 Position 属值更改为（1925，540）。单击 Position 属性的秒表图标，设置关键帧，如图 9.32 所示。

文本移动到了屏幕之外，所以在视频开始播放的时候，文本是不可见的。

9. 将当前时间指示器移动到 3:01 位置（视频剪辑的尾部），将 Position 值更改为（-1990，540），如图 9.33 所示。

图9.32　　　　　　　　　　　　　图9.33

文本移动到左边。After Effects 创建了一个关键帧。

10. 取消选中 Timeline 面板中的所有图层，将当前时间指示器移动到时间标尺的起点。按下空格键预览视频剪辑，如图 9.34 所示。

图9.34

11. 选择 File > Save 命令保存作品。

9.8　导出项目

接下来，我们对视频进行渲染来完成整个项目。

1. 选择 File > Export > Add To Render Queue 命令。

2. 在 Render Queue 面板中单击蓝色的单词 Best Settings。

3. 在 Render Settings 对话框中，从 Resolution 下拉列表中选择 Half，然后在 Frame Rate 区域中选择 Use Comp's Frame Rate。然后单击 OK 按钮。

4. 单击 Output Module 旁边的蓝色文本，在 Output Module Settings 对话框的底部，选择 Audio Output Off，然后单击 OK 按钮。

5. 单击 Output To 旁边的蓝色文本。在 Output Movie To 对话框里，导航到 Lesson09/Finished_Project 文件夹，然后单击 Save 按钮。

6. 单击 Render Queue 面板右上角的 Render 按钮。

7. 保存并关闭项目。

恭喜！你已经将前景对象从背景中分离出来（包括棘手的细节），然后修改了背景，添加了动画文本，从而完成了整部影片。你已经准备好在自己的项目中使用 Roto Brush 工具了。

面部跟踪

After Effects 中的面部跟踪功能可以使得用户很容易地跟踪面部或特殊的面部特征，比如嘴唇或眼睛。在此之前，面部跟踪需要用到 Roto Brush 或者复杂的键控。

 注意：如果你打开 Lesson09_extra_credit.aep 文件，则可能需要重新连接 Facetracking.mov 素材。

1. 选择 File > New > New Project。在 Project 面板中双击，打开 Import File 对话框，然后导航到 Lessons\Lesson09\Assets 文件夹。从中选择 Facetracking.mov 文件，然后单击 Import 或 Open。

2. 将 Facetracking.mov 视频简介拖放到 Project 面板底部的 Create A New Composition 按钮。

3. 在 Timeline 面板中选择 Facetracking.mov 图层，然后选择 Ellipse（椭圆形）工具，它隐藏在 Tools 面板中 Rectangle（矩形）工具下面。

4. 拖放出一个椭圆形的蒙版，大致将面部覆盖住，如图 9.35 所示。

图9.35

5. 右键单击 Mask 1 图层，然后选择 Track Mask，如图 9.36 所示。

6. 在 Tracker 面板中，从 Method 菜单中选择 Face Tracking（Outline Only），如图 9.37 所示。

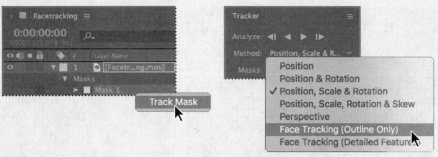

图9.36   图9.37

　　Face Tracking（Outline Only）选项将跟踪整个面部。Face Tracking（Detailed Features）选项将跟踪面部轮廓以及嘴唇、眼睛和其他独特的面部特征。你可以将详细的面部数据导出来，然后在Character Animator（角色动画师）中使用，也可以在 After Effects中使用它来应用特效，或者将它与其他图层（比如眼罩或帽子）匹配。

7. 单击 Tacker（跟踪器）面板中的 Track Forward 按钮，如图 9.38 所示。

　　Tacker（跟踪器）将跟踪面部，并且在面部移动时修改蒙版的形状和位置，如图9.39所示。

图9.38   图9.39

8. 按下 Home 键返回时间轴的起始位置，然后在时间标尺上移动当前时间指示器，查看蒙版与面部的移动。

9. 在 Effects & Presets 面板中，搜索 Bright。然后将 Brightness 和 Contrast 特效拖放到 Timeline 面板中 Facetracking.mov 图层的上面。

10. 在 Timeline 面板中展开 Effects > Brightness & Contrast > Composition Options。

11. 单击 Compositing Options 旁边的 + 图标，从 Mask Reference 1 菜单中选择 Mask 1，然后将 Brightness 修改为 50。

　　面部的蒙版区域变亮，其他地方没有变亮。而且该设置太亮了，蒙版的边缘显得太突然，接下来将让它更自然一些。

12. 将 Brightness 降低为 20。

13. 展开 Mask 1 属性，将 Mask Feather 属性修改为（70，70）像素，如图 9.40 和图 9.41 所示。

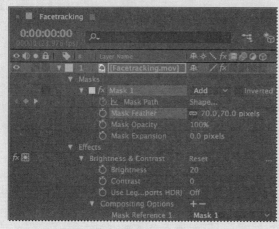

图9.40   图9.41

14. 将项目保存到 Lesson09/Finished_Project 文件夹中，然后关闭文件。

你可以使用面部追踪器来对面部进行模糊处理、让面部变亮，或者添加其他特效。你也可以翻转蒙版，影响面部之外的其他一切内容。

复习题

1. 什么情况下应该使用 Roto Brush 工具?

2. 什么是分割边界?

3. 什么情况下应该使用 Refine Edge 工具?

复习题答案

1. 凡是适合使用传统动态蒙版处理的情况，都适合使用 Roto Brush 工具。它尤其适用于从背景中删除前景元素。

2. 分割边界是前景和背景间的边界。在 Roto Brush 作用范围内逐帧移动时，Roto Brush 工具将调整分割边界。

3. 当我们需要对带有模糊或纤细边缘的对象进行动态蒙版处理时，使用 Refine Edge 工具。Refine Edge 工具为具有精细细节的区域创建部分透明，比如头发。只有在我们已经调整好整个视频剪辑的分割边界之后，才使用 Refine Edge 工具。

第10课 色彩校正

课程概述

本课介绍的内容包括：

- 使用转换从一个视频剪辑移动到另外一个视频剪辑；

- 使用 Levels 特效校正画面颜色；

- 使用蒙版跟踪器（mask tracker）来跟踪部分场景；

- 使用 Keylight (1.2) 特效来移除一个区域；

- 使用 Auto Levels 特效移除色偏；

- 使用 Color Range（颜色范围）特效键出一个区域；

- 使用 Synthetic Aperture Color Finesse 3 校正颜色；

- 使用 CC Toner（调色剂）特效来营造意境；

- 用 Clone Stamp（克隆图章）工具复制场景中的对象。

 本课大约要用1小时时间完成。启动 After Effects 之前，请先通过前言中提到的下载地址将本书的课程资源下载到本地硬盘中，并进行解压。在学习本课时，将覆盖相应的课程文件。建议先做好原始课程文件的备份工作，以免后期用到这些原始文件时，还需重新下载。

　　大多数影片都需要一定程度的色彩校正和色彩分级。使用 Adobe
After Effects，你可以在视频剪辑中轻易地移除色偏、加亮画面，并更
改视频的意境。

10.1 开始

顾名思义，色彩校正（color correction）是改变或调整被采集图像的颜色的一种方法。严格来说，色彩校正是调整拍摄画面的颜色，纠正白平衡和曝光中的错误，确保不同画面之间的色彩具有一致性。你也可以使用同样的色彩校正工具和技术来执行色彩分级（color grading），它是对色彩进行主观操纵，从而使观众将注意力集中到画面中的关键元素上，或者为特定的视觉外观创建一个调色板。

在本课中，我们将校正一段视频剪辑的色彩。该视频剪辑是在没有正确设置白平衡的情况下拍摄的。首先，我们将合并两个视频剪辑，它们来自一个年轻的"超级英雄"起飞并在天空中飞行的较长视频。然后，我们将应用多种色彩校正特效来清理和增强图像效果。最后，使用蒙版跟踪和运动跟踪将天空中的云替换为更为引人注目的云。

首先，预览最终影片并设置项目。

1. 确认硬盘上的 Lessons\Lesson10 文件夹中存在以下文件。

   * Assets 文件夹：storm_clouds.jpg、superkid_01.mov、superkid_02.mov.

   * Sample_Movie 文件夹：Lesson10.avi 和 Lesson10.mov。

2. 使用 Windows Media Player 打开并播放影片示例文件 Lesson10.avi，或者使用 QuickTime Player 打开并播放影片示例文件 Lesson10.mov，以查看本课将创建的效果。播放完后，关闭 Windows Media Player 或 QuickTime Player。如果硬盘空间有限，也可以将影片示例文件从硬盘中删除。

开始本课前，请恢复 After Effects 应用程序的默认设置。详情请参见前言中的"恢复默认参数"。

 注意：本课将使用 SA Color Finesse 3 特效，该特效要求注册。打开 Lesson10_end 文件时，可能会提示你注册该特效。

3. 启动 After Effects 时请立即按住 Ctrl + Alt + Shift（Windows）或 Command + Option + Shift（Mac OS）组合键，准备恢复默认的参数设置。系统询问是否删除参数文件时，单击 OK 按钮。关闭 Start（开始）窗口。

After Effects 打开后显示一个空的无标题项目。

4. 选择 File > Save As > Save As 命令。

5. 在 Save As 对话框中，导航到 Lessons\Lesson10\Finished_Project 文件夹。

6. 将该项目命名为 Lesson10_Finished.aep，然后单击 Save 按钮。

创建合成图像

我们将使用两个超级小孩影片文件创建一个新的合成图像。

1. 选择 File > Import > File 命令。

2. 导航到 Lessons\Lesson10\Assets 文件夹，按住 Shift 键单击选择 storm_clouds.jpg、superkid_01.mov 和 superkid_02.mov 文件，然后单击 Import 或 Open 按钮。

3. 在 Project 面板中，取消选中导入的素材。按住 Shift 键单击选择 superkid_01.mov 和 superkid_02.mov 文件，然后将其拖动到 Project 面板底部的 Create A New Composition 按钮（）上。

4. 在 New Composition From Selection 对话框中，执行下述操作，如图 10.1 所示。

   - 确保选中了 Single Composition 单选框。

   - 在 Options 区域中，从 Use Dimensions From 下拉列表中选择 superkid_01.mov。

   - 选择 Sequence Layers 复选框。

   - 选择 Overlap 复选框。

   - 在 Duration 中输入 0:18。

   - 从 Transition 下拉列表中选择 Dissolve Front Layer。

   - 单击 OK。

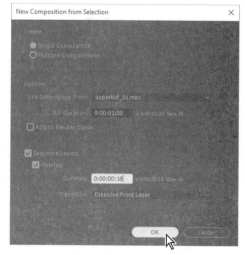

图10.1

在选中 Sequence Layers 之后，After Effects 将按照顺序放置图层，而不是将这两个图层都放到 0:00 处的开始位置。我们已经指定了 18 帧的重叠以及一个交叉溶解转换，以便第一个视频剪辑溶解到第二个剪辑中。

After Effects 创建了一个新的合成对象，命名为 superkid_0.1mov 文件，然后在 Composition 和 Timeline 面板中显示。

> **Ae** **注意**：你可以在创建了合成图像之后添加转换，方法为选择 Animation > Keyframe Assistant > Sequence Layers，然后选择相应选项。

5. 选择 Project 面板的 superkid_01 合成图像，按 Enter 键或 Return 键，将其重命名为 Taking Flight。然后再次按 Enter 键或 Return 键接受这一改变，如图 10.2 所示。

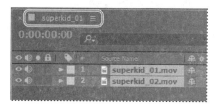 

图10.2

6. 按空格键预览视频剪辑，其中包含了转换，然后再次按空格键停止预览。

7. 选择 File > Save 保存当前的工作。

在视频监视器上预览项目

如果可能的话，最好在视频监视器而不是计算机显示器上进行色彩校正。计算机监视器和广播监视器之间的伽马值存在很大差别。在计算机屏幕上看起来很好的图像在广播监视器上看可能显得太亮太白。在进行色彩校正之前，要确保你的视频监视器或计算机显示器进行了正确的校准。校准计算机显示器的有关方法请参见After Effects Help。

Mercury Transmit是Adobe数字视频应用程序用来将视频帧发送到外部视频显示器的一个软件界面。视频设备厂商AJA、Blackmagic Design、Bluefish444和Matrox提供了插件，可以将Mercury Transmit的视频帧发送到它们的硬件设备上。这些Mercury Transmit插件可以在Adobe Premiere Pro、Prelude、SpeedGrade和After Effects上运行。Mecury Trasnmit也可以在不借助额外插件的情况下，使用连接到计算机显卡的监视器或使用FireWire连接的DV设备。

1. 视频监视器连接到计算机系统后，启动 After Effects。

2. 选择 Edit > Preferences > Video Preview 命令（Windows）或 After Effects > Preferences > Video Preview 命令（Mac OS）。然后选择 Enable Mercury Transmit。

3. 从列表中选择一种设备。带有 AJA Kona 3G、Blackmagic Playback 等名字的设备表示视频设备连接到了你的计算机中。Adobe Monitor 设备是连接到计算机显卡的监视器。Adobe DV 需要有一台连接到计算机 FireWire 接口的 DV 设备。

4. 要更改视频设备的选项，单击该设备名字旁边的 Setup。在设备的控制面板或管理应用程序中会有多个可用的选项，如图 10.3 所示。

图10.3

5. 单击 OK 按钮，关闭 Preferences 对话框。

10.2　使用色阶调整色彩平衡

After Effects 提供了多种色彩校正工具。有些工具可能只需轻轻一点即可完成处理，但理解手动调整色彩的方法可以使你随心所欲地获得自己想要的效果。我们将使用 Levels（色阶）特效调整阴影，清除蓝色色偏，并使画面更生动些。我们将分别处理视频剪辑，首先处理第二个剪辑。

 注意：另外有一种色彩校正工具，名为 Adobe SpeedGrade，Adobe Creative Cloud 会员可以使用它。关于 SpeedGrade 的内容，可以登录 adobe.com/products/speedgrad 查看。

1. 移动到时间标尺的 4:00 位置。

2. 在 Timeline 面板中选择 superkid_02.mov 图层。

3. 按 Enter 键或 Return 键，将图层重命名为 Wide Shot，然后按 Enter 键或 Return 键接受新名称，如图 10.4 和图 10.5 所示。

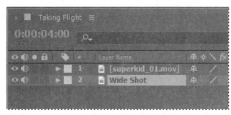

图10.4

图10.5

4. 在选中 Wide Shot 图层的情况下，选择 Effect > Color Correction> Levels（Individual Controls）命令，显示的结果如图 10.6 所示。

Levels（Individual Controls）特效乍看起来可能有点让人生畏，但它可以使你很好地控制拍摄的画面。它将输入色彩的范围或 alpha 通道色阶重新映射到新的输出色阶范围，其功能与 Adobe Photoshop 中的 Levels 调整功能十分相似。

Channel 下拉列表指出要修改的通道，直方图显示图像中各个亮度值对应的像素数。当选择的是 RGB 通道时，你可以调整图像的整体亮度与对比度。

要移除一个色偏，你必须首先知道图像的哪一个区域应该是灰色的（或白或黑）。在这个图像中，车道是灰色的，衬衫是白色的，鞋子和眼镜是黑色的。

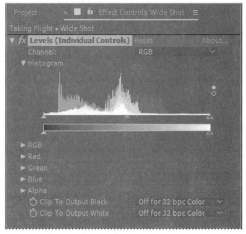

图10.6

5. 打开 Info 面板，将鼠标移动到背景中车库的白框上。当移动鼠标时，Info 面板中的 RGB 值发生变化，如图 10.7 和图 10.8 所示。

图10.7 图10.8

> **Ae** | 注意：你可能需要调整 Info 面板的大小，才能看到 RGB 值。

在车库的某一个区域，RGB 值是 R=186，G=218，B=239。为了确定这三个值应该是多少，可以将 255（最大的 RGB 值）除以抽样中的最高值。这样，255 除以 239（蓝色的值），等于 1.08。为了均衡色彩，使蓝色不再突出，需要将最初的红色和绿色值（分别为 186 和 218）乘以 1.08。由此产生的红色新值（大约）是 200，绿色新值是 233。

> **Ae** | 提示：要得到更为精确的值，可以在图像中颜色为灰色或者白色的多个区域进行取样，对这些值进行平均处理，然后使用这些值来确定调整的数值。

6. 在 Effect Controls 面板中，展开 Red 和 Green 属性。

7. 在 Red Input White 值中输入 200；在 Green Input White 值中，输入 233，如图 10.9 所示。

蓝色色偏不见了，图片看起来是暖色的，如图 10.10 所示。

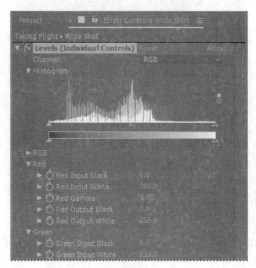

图10.9 图10.10

对每个通道来说，Input 设置增加其值，而 Output 设置降低其值。例如，调低 Red Input White 数值将增加画面高光中的红色，增加 Red Output White 值将增加画面阴影或暗调区域中的红色。

上述计算可以快速得到相应的正确设置。愿意的话，您可以尝试不同的设置，找出最适合您要求的设置值。

8. 隐藏 Effect Controls 面板中的 Levels（Individual Controls）属性。

10.3 使用 Color Finesse 3 调整色彩平衡

我们已经使用 Levels 特效调整了第二个视频剪辑中的色彩平衡。现在将使用 Synthetic Aperture Color Finesse 3 对第一个视频剪辑执行相同的操作。Synthetic Aperture Color Finesse 3 是与 After Effects 一起安装的第三方插件，它提供了许多方法来校正和增强图片效果，并提供了各种工具来测量结果。这个视频现在看来相当不错，但是进行某些微调之后，最终的效果会更好。

 注意：Synthetic Aperture Color Finesse 3 是一个强大的色彩校正插件。一旦熟悉了之后，你可以用它进行大量的色彩校正工作。

1. 按 Home 键，或者移动当前时间指示器到时间标尺的开始位置。

2. 选择 Timeline 面板中的 superkid_01.mov 图层，按 Enter 键或 Return 键，将其重命名为 Close Shot，然后再按 Enter 键或 Return 键接受这个新名字，如图 10.11 和图 10.12 所示。

图10.11

图10.12

3. 在选中 Close Shot 图层的情况下，选择 Effect > Synthetic Aperture > SA Color Finesse 3。如果提示注册，请注册。

有经验的用户可能会发现，简化版的界面显示了调整图片色彩的最高效的方法，但是完整版的界面则有助于让你真正掌握该特效。我们将使用完整版的界面。

4. 在 Effect Controls 面板的 SA Color Finesse 3 区域中，单击 Full Interface，如图 10.13 所示。

SA Color Finesse 3 将在其自己的窗口中打开。窗口的左上区域提供了以不同方式测量结果的不同范围。我们将使用窗口底部区域的控件进行调整。

图10.13

5. 在窗口的左上区域，单击 RGB WEFM，选择 RGB Waveform（波形）范围，如图 10.14 所示。

图10.14

> **Ae** | **提示**：在其他应用程序中，RGB Waveform 范围可能被称为 RGB Parade 范围。

RGB Waveform（波形）范围显示了每一个 RGB 通道的亮度范围（以 0~100% 来衡量）。一般来说，亮度不应该超过 100%，但是在该视频剪辑中，蓝色通道的亮度值却超过了，这意味着细节的某些地方被剪掉了。调整亮度值可以提升图像的整体效果。

6. 在窗口的最左侧，单击 RGB 选项卡，激活控件（要单击选项卡，如果你只是选中了复选框，则不会显示控件）。

7. 单击 Master，激活整个图像的色彩控件，如图 10.15 所示。

图10.15

在图 10.14 中, 绿色通道看起来具有最均匀的亮度, 我们将使用它作为调整其他两个通道的基线。

 提示:在调整选项卡上的值时, 在靠近选项卡的地方将出现一个复选标记, 用来指示你已经调整了控件。

8. 将 Master Gamma 滑块移动到 1.08——该值与使用 Levels 效果调整第二个视频剪辑中的色彩平衡时使用的值相同。

Master Gamma 滑块在不影响黑色和白色值的情况下, 调整整体图像中的中间色调。将该值增大到 1.08, 轻微提亮图像。

 注意:我们为该视频剪辑提供了所用的值, 但是你也可以体验用滑块来调整色彩平衡。对控件熟悉之后, 你就能凭直觉知道应该如何修改。

9. 单击 Highlights 选项卡, 将其激活。

Highlights 选项卡中的滑块调整图像的明亮区域。

在所有的选项卡上, Gamma 滑块影响通道的中间色调。Pedestal(基座)校正在通道的像素值上添加了一个固定的偏移量;可以使用它来提高图像的整体亮度, 但是这样也会让黑色更亮。Gain 通过倍率来调整图像的"亮度", 这样较亮像素受到的影响要比较暗像素的大, 从而有效地提升了白色点。

10. 将 Red Pedestal 增加到 0.04, 然后将 Blue Gamma 的值降低到 0.84, 将 Blue Pedestal 值降低到 -0.08, 如图 10.16 所示。

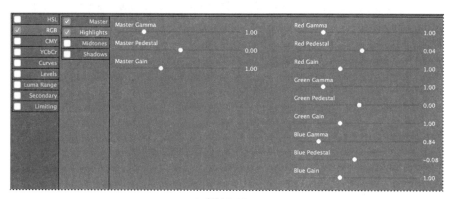

图10.16

增加 Red Pedestal 的值可以增加红色通道的峰值亮度, 降低 Blue Pedestal 的值可以降低蓝色通道的峰值亮度。现在每一个通道的亮度峰值接近 100。

11. 单击 Midtones 选项卡将其激活。将 Red Gamma 增加到 1.23, 将 Blue Gamma 增加到 1.12, 如图 10.17 所示。

Midtones 选项卡中的滑块只影响图像的中间色调。每一个通道中色彩的大灰色范围现在更相近了。

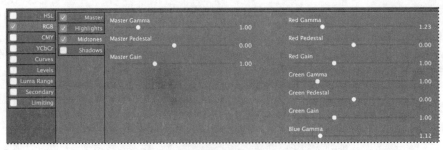

图10.17

12. 单击 Shadows 选项卡将其激活。然后将 Red Pedestal 值增加到 0.02，将 Red Gain 值增加到 1.07，将 Blue Gamma 值降低到 0.91，如图 10.18 所示。

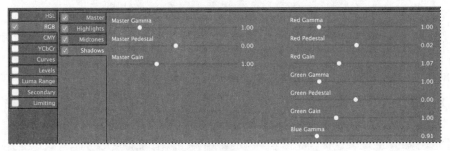

图10.18

Shadows 选项卡中的滑块将影响图像的较暗区域，这些区域位于 RGB 波形的底部。

13. 单击右下角的 OK，接受所有更改，然后关闭 SA Color Finesse 3 窗口。显示的结果前后对比如图 10.19 所示。

图10.19

14. 单击 File > Save 保存你的工作。

 注意：要学习更多的 SA Color Finesse 3 知识，可在插件的界面下选择 Help > View Color Finesse User's Guide 或 Help > View Color Finesse Online Knowledge Base。

10.4 替换背景

这些画面是在晴朗无云的天气下拍摄的。为了使画面显得更生动，我们将键出（key out）天空，然后替换为暴风云。我们将先使用刚性蒙版跟踪器对天空应用蒙版，键出天空的颜色，然后使用另外一个图片来替换。

10.4.1 使用蒙版跟踪器

蒙版跟踪器对蒙版进行变换，以便能够跟随影片中对象的运动。这与第 9 课中使用的面部跟踪器很相似。例如，我们可以使用它对移动的对象应用蒙版，进而对其应用特殊的效果。在本例中，我们将使用蒙版跟踪器来跟踪天空在手持摄像机中的移动。在该视频剪辑中，有大量的蓝色位于阴影、角落和其他区域，因此如果不先进行隔离，则很难键出天空。

1. 移动到 2:22 位置——这个位置在变换开始之前，是第一个视频剪辑的最后一帧。

2. 选择 Timeline 面板中的 Close Shot 图层，然后从 Tools 面板中选择 Pen（钢笔）工具（）。

3. 在 Composition 面板中，沿着建筑物的屋顶轮廓线绘制模板。完成蒙版在 Composition 面板中图像之上的绘制。如果蒙版遮盖住了小男孩的头也不要紧，因为小男孩的头不包含蓝色，因此不会被键出，如图 10.20 和图 10.21 所示。

图10.20   图10.21

4. 在 Timeline 面板中选中 Close Shot 图层的情况下，按 M 键显示 Mask 属性。

5. 从 Mask Mode（蒙版模式）下拉列表中选择 None，如图 10.22 和图 10.23 所示。

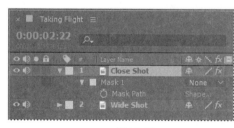

图10.22   图10.23

蒙版模式（蒙版的混合模式）控制着图层内的蒙版如何与其他蒙版交互。默认情况下，所有蒙版都被设置为 Add，这会将在同一个图层上重叠的任何蒙版的透明度值相结合。当选择了 Add 后，蒙版外面的区域将消失不见。从 Mask Mode 下拉列表中选择 None 可以在 Composition 面板中显示整个视频剪辑，而不仅仅是应用了蒙版的区域，这样更容易修改。

6. 右键单击或按住 Control 键单击 Mask 1，然后选择 Track Mask。

After Effects 打开 Tracker 面板。蒙版跟踪器不会改变蒙版的形状来跟踪形状；蒙版的形状保持不变，但是蒙版跟踪器可以基于视频剪辑中的运动更改其位置、旋转或缩放。我们将使用它来跟踪建筑物的边缘，而且无需手动调整和跟踪蒙版。因为视频在拍摄时没有使用三脚架，因此我们将跟踪蒙版的位置、缩放和旋转。

> Ae **注意**：第 13 课将详细讲解跟踪对象相关的知识。有关处理跟踪点的帮助信息，请查看"移动和调整跟踪点"。

7. 在 Tracker 面板中，从 Method 下拉列表中选择 Position, Scale & Rotation。单击 Track Selected Masks Backward 按钮（▶），开始从 2:22 处后向跟踪，如图 10.24 所示。

8. 在跟踪完成之后，手动预览视频剪辑来查看蒙版。如果蒙版的位置不合适，可以在单独的帧上调整蒙版。你可以移动整个蒙版或者重新定位单独的跟踪点，但是不要删除任何点，因为这样会改变后续所有帧的蒙版。

图10.24

> Ae **注意**：如果需要在很多帧（而非少量帧）上调整蒙版，则可以将蒙版删除，然后重新绘制。

10.4.2 使用 Keylight(1.2) 键出天空

现在我们已经对天空应用了蒙版，接下来键出蒙版区域中的蓝色。首先，复制图层，然后应用蒙版模式来隔离蒙版。

1. 移动到 2:02 位置，然后选择 Close Shot 图层，选择 Edit > Duplicate。

After Effects 在 Close Shot 图层上面添加一个完全一样的图层，名字为 Close Shot 2。

2. 选择 Close Shot 图层，然后从它的 Mask Mode 下拉列表中选择 Subtract。

3. 选择 Close Shot 2 图层，按 M 键显示其 Mask 属性，然后从 Mask Mode 下拉列表中选择 Add，如图 10.25 和图 10.26 所示。

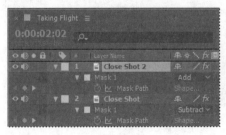

图10.25

图10.26

当应用 Subtract 蒙版模式时，蒙版的影响会从它上方的蒙版中移除。Add 蒙版模式是将蒙版添加到它上方的所有蒙版上面。在本例中，要确保在 Close Shot 2 图层中只选择了天空。如果在没有选中任何图层的情况下放大 Composition 窗口，可以看到在两个图层相交的位置有一条模糊的线。

4. 选择 Close Shot 图层，然后按两次 M 键，显示该图层的所有蒙版属性。将 Mask Expansion 值降低为 -1.0。

Mask Expansion 的设置决定了 alpha 通道上蒙版的影响距离蒙版路径有多少个像素。我们已经缩小了 Close Shot 图层上的蒙版，这样两个蒙版就不会重叠了。

5. 隐藏 Close Shot 图层的属性。

6. 选择 Close Shot 2 图层，然后选择 Effect > Keying > Keylight(1.2)。

Keylight 1.2 特效选项出现在 Effects Controls 面板中，如图 10.27 所示。

7. 选择靠近 Screen Colour 的滴管，然后在小男孩头部附近的天空区域进行取样，如图 10.28 所示。

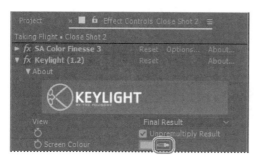

图10.27   图10.28

天空的大部分被键出，但是如果你的蒙版与建筑物的阴影区域有重叠，这些区域很可能会受到影响。我们将使用 Screen Balance 来修复。

8. 将 Screen Balance 修改为 0。

建筑物比以前亮了。

Screen Balance 决定了如何来测量饱和度：平衡值为 1 时，根据色彩中其他两个组件的最小值来测量；平衡值为 0 时，根据两个组件中较大的值来测量；平衡值为 0.5 时，根据两个组件的平均值来测量。通常来说，蓝色屏幕在平衡值大约为 0.95 时工作得最好，绿色屏幕在平衡值为 0.5 时工作得最好，但是它依赖于图像中的色彩。对于大多数视频剪辑来说，可以尝试将平衡值设置为接近 0，然后再将其设置为接近 1，看看哪个数值最合适。

9. 在 Composition 面板中单击 Toggle Transparency Grid 按钮（▨），清晰地查看键出区域。

10. 展开 Effect Controls 面板中的 Screen Matte 分类，然后将 Clip White 值修改为 67，如图 10.29 和图 10.30 所示。

图10.29   图10.30

　　屏幕蒙版（screen matte）是在键出图像的其他部分之后剩余的蒙版。有时蒙版的部分区域也会被偶然键出。Clip White 值将灰色（透明）像素转换为白色（不透明）。

　　这个过程和调整图层的色阶很相似。大于 Clip White 值的所有东西都被当作是纯白色。同样，低于这个值的所有东西是纯黑色。

11. 确保在 Effect Controls 面板中 Keylight(1.2) 区域顶部的 View 下拉列表中选择了 Final Result。

12. 隐藏 Close Shot 2 图层的属性。

10.4.3　添加新背景

原来的天空被键出后，就可以向场景中添加云了。

1. 单击 Project 选项卡显示 Project 面板，然后将 storm_clouds.jpg 文件拖放到 Timeline 面板中，把它放置到 Close Shot 图层下方。

2. 拖动 storm_clouds 图层的尾部，使之与 Close Shot 图层的尾部对齐，如图 10.31 所示。

图10.31

现在添加了云，但是还不生动。接下来放大云，并调整它们的位置。

3. 按 S 键显示图层的 Scale 属性，将其值修改为 222%。

4. 按 Shift + P 键显示图层的 Position 属性，将其值修改为（580.5，255.7），如图 10.32 和图 10.33
所示。

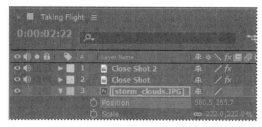

图10.32

图10.33

10.5　使用 Auto Levels 进行色彩校正

虽然暴风云显得很生动，但图像对比度和色偏实际上与建筑物并不匹配。我们将使用 Auto
Levels（自动色阶）特效校正它。

Auto Levels 通过将各个色彩通道中最亮和最暗的像素定义为白色和黑色，来自动设置高光和
阴影，然后它重新按比例调整图像中的中间像素值。因为 Auto Levels 单独调整各个色彩通道，所
以它可能会移除或引入色偏。本例中应用了默认设置，Auto Levels 移除了橘色色偏，对画面进行
了平衡处理。

1. 选择 Timeline 面板中的 storm_clouds 图层，然后选择 Effect > Color Correction > Auto
Levels 命令。

2. 为了让云朵亮一些，可将 White Clip 值修改为 1.00%，如图 10.34 和图 10.35 所示。

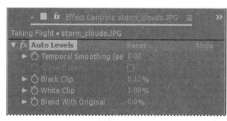

图10.34

图10.35

Black Clip 和 White Clip 值决定了图像中的阴影和高光（各自）有多少被裁剪到新的极端阴影
和高光色彩中。裁剪值设置得太大，将降低阴影或高光的细节，通常建议将其设置为 1%。

3. 选择 File > Save 命令，保存作品。

10.6　对云进行运动跟踪

现在云已经就位，而且看起来也不错。但是如果我们浏览这个视频剪辑，将注意到在前景跟着摄像机的运动而移动时，云是保持静止的。云应该也跟着前景运动。我们将使用运动跟踪来解决这个问题。

After Effects 通过将一个帧中某一选定区域的像素与每一个后续帧中的像素进行匹配，来跟踪运动。跟踪点指定了要跟踪的区域。

1. 按 Home 键或将当前时间指示器移动到时间标尺的开始位置。

2. 选择 Timeline 面板中的 Close Shot 图层，右键单击或按住 Control 键单击图层，然后选择 Track Motion。

After Effects 在 Layer 面板中显示 Close Shot 图层，然后让 Tracker 面板成为活动的。

3. 在 Tracker 面板中，选择 Position、Rotation 和 Scale 选项。

After Effects 在 Layer 面板中显示两个跟踪点。每一个跟踪点的外框表示搜索区域（After Effects 扫描的区域）；内框是特征区域（After Effects 要搜索的内容）；中间的 X 是附加点。

4. 在第一个跟踪点内框（特征区域）中单击一个空白区域，将整个跟踪点拖动到左侧房子的角上。我们想跟踪具有强对比度的一个区域。

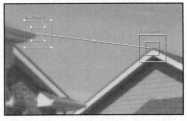

5. 在第二个跟踪点的特征区域中单击一个空白区域，然后将整个跟踪点拖动到对面的屋顶位置，如图 10.36 所示。

图10.36

6. 在 Tracker 面板中，单击 Edit Target，如图 10.37 所示。然后在 Motion Target 对话框中，从 Layer 下拉列表中选择 3.storm_clouds.jpg，单击 OK，如图 10.38 所示。

图10.37

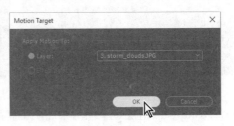

图10.38

After Effects 将跟踪数据应用到目标图层上。在本例中，它将跟踪 Close Shot 图层的运动，然后将跟踪数据应用到 storm_clouds.jpg 图层，以便使两者同步移动。

7. 单击 Tracker 面板中的 Analyze Forward 按钮（▶）。

After Effects 会逐帧分析跟踪区域的位置，以跟踪视频剪辑中摄像机的移动。

8. 在分析结束之后，单击 Tracker 面板中的 Apply。单击 OK，将数据应用到 x 和 y 方向。

9. 切换回 Composition 面板，然后拖动时间轴进行预览。云现在与前景元素一起运动。隐藏 Close Shot 图层的属性，让 Timeline 面板看起来很简洁。

因为在 Tracker 面板中选择了 Scale，After Effects 会根据需要调整图层的大小，使其与 Close Shot 图层同步。云不再位于同一个位置。接下来调整图层的锚点。

10. 选中 Timeline 面板中的 storm_clouds.jpg 图层，然后按 A 键显示其 Anchor Point（锚点）属性。将 Anchor Point 的位置修改为（313，601）。

11. 按 A 键隐藏 Anchor Point 属性，然后选择 File > Save 保存你的作品。

10.7　替换第二个视频剪辑中的天空

我们将使用类似的操作来替换第二个视频剪辑中的天空，但是有少数不同之处。我们将使用 Color Range（颜色范围）特效来键出天空，而不是 Keylight(1.2) 特效。

10.7.1　创建蒙版

与在第一个视频剪辑中一样，先绘制一个蒙版来隔离天空，这将不会键出图像中的所有蓝色。我们将使用蒙版跟踪器来确保蒙版在整个视频剪辑中位于正确的位置。

1. 移动到时间标尺的 2:23 位置，也就是第二个视频剪辑的第一帧。

2. 在 Timeline 面板中单击 Close Shot、Close Shot 2 和 storm_clouds.jps 图层的视频开关（一个眼睛图标），将它们隐藏，以便清晰地看到整个 Wide Shot 视频剪辑。

3. 选择 Timeline 面板中的 Wide Shot 图层。

4. 选择 Tools 面板中的 Pen（钢笔）工具（✎），然后沿着建筑物的边缘在图层的底部绘制蒙版，删除天空。确保小男孩的蓝裤子在绘制的蒙版外面，以防止它与天空一起被键出，如图 10.39 所示。

图10.39

5. 在选中 Wide Shot 图层的情况下，按 Ctrl + D（Windows）或 Command + D（Mac OS）组合键，复制图层。

一个新的 Wide Shot 2 图层出现在 Timeline 面板中原始 Wide Shot 图层的上面。

6. 选择原始的 Wide Shot 图层，然后按两次 M 键，显示图层的所有蒙版属性。将 Mask Expansion 值修改为 1 像素。

蒙版的影响区域将在其轮廓位置向外扩展 1 像素。

7. 选择 Wide Shot 2 图层，然后按两次 M 键，显示图层的所有蒙版属性，然后选择 Inverted（翻转），如图 10.40 和图 10.41 所示。

图10.40 图10.41

在 Wide Shot 2 图层中应用了蒙版的区域将发生翻转：Wide Shot 图层中的蒙版区域不会在 Wide Shot 2 图层上出现，反之亦然。为了看得更清楚一些，可以临时隐藏 Wide Shot 图层，然后再将其显示出来。

8. 在 Wide Shot 2 图层中选择 Mask 1，右键单击或按住 Control 键单击 Mask 1，然后选择 Track Mask。

9. 在 Tracker 面板中，从 Method 下拉列表中选择 Position，然后单击 Track Selected Masks Forward 按钮（▶）。

当摄像机移动时，蒙版跟踪器将跟踪蒙版的移动。

10. 分析结束后，再次移动到时间标尺的 2:23 位置。在 Wide Shot 图层下面右键单击或按住 Control 键单击 Mask 1，选择 Track Mask。

11. 在 Tracker 面板中，从 Method 下拉列表中选择 Position，然后单击 Track Selected Masks Forward 按钮（▶）。

12. 隐藏所有图层的属性。

10.7.2 使用 Color Range 特效键出一个区域

使用 Color Range（颜色范围）特效可以键出一个指定的颜色范围。当要键出的区域的色彩亮度不均匀时，该特效相当有用。Wide Shot 视频剪辑中的天空，其颜色范围从深蓝到浅色不匀（靠近地平线的为浅色），对它使用 Color Range 特效再好不过。

1. 移动到时间标尺的 2:23 位置。

2. 选中 Timeline 面板中的 Wide Shot 2 图层，然后选择 Effect > Keying > Color Range。

3. 选择 Key Color 滴管，它位于 Effect Controls 面板中 Preview 窗口的附近。然后在 Composition 面板中单击天空中中间色调的蓝色，进行取样，如图 10.42 和图 10.43 所示。

图10.42

图10.43

键出区域在 Effect Controls 面板中的 Preview 窗口中显示为黑色。

4. 选择 Effect Controls 面板中的 Add To Key Color 滴管，然后单击 Composition 面板中天空的另外一个区域，如图 10.44 和图 10.45 所示。

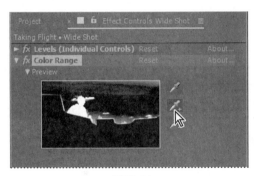

图10.44

图10.45

5. 重复步骤 4，直到整个天空被键出。

 提示：要选择天空的蓝色区域，而不是云朵的蓝色区域。你肯定不想键出小男孩身上穿的衬衫区域。

10.7.3　添加新背景

在最初的天空被键出之后，就可以在场景中添加云了。

1. 单击 Project 选项卡，显示 Project 面板。然后将 storm_clouds.jpg 素材从 Project 面板拖动到 Timeline 面板，将其放到 Wide Shot 图层的下面。

2. 选择 Timeline 面板中的 storm_clouds 图层，按 S 键显示 Scale 属性，然后将 Scale 的值增加到（150，150%）。

3. 继续选中 Timeline 面板中的 storm_clouds 图层，按 P 键显示 Position 属性，然后将 Position 的值修改为（356，205）或者你想要的值。

4. 在选中 storm_clouds 图层的情况下，选择 Effect > Color Correction（色彩校正）> Auto Levels（自动色阶）。将 White Clip 值修改为 1.00%，如图 10.46 和图 10.47 所示。

图10.46   图10.47

> **Ae** 提示：如果是手动输入这些数值，按 Tab 键可以在这些字段之间切换。

10.7.4 跟踪拍摄视频中的运动

由于视频剪辑是在没有使用三脚架的情况下拍摄的，因此摄像机会移动。云也应该随之运动。如同在其他视频剪辑中做的那样，我们对运动进行跟踪，让云与前景元素的运动保持同步。

1. 确保当前时间指示器位于 2:23 位置，然后选择 Wide Shot 图层，右键单击或按住 Control 键单击，选择 Track Motion。

2. 在 Tracker 面板中，选择 Position、Rotation 和 Scale 选项。

3. 单击第一个跟踪点的功能区域（里面的框），将它拖动到画面中房顶的右侧顶点，然后再拖动第二个跟踪点的功能区域到对面房子的顶点，如图 10.48 所示。

4. 在 Tracker 面板中单击 Edit Target（编辑目标）。在 Motion Target（移动目标）对话框中，从 Layer 下拉菜单中选择 6.storm_clouds.jpg，然后单击 OK。确保选择了第二个 storm_clouds.jpg 文件，而不是第一个（layer 3）；我们需要的是与 Wide Shot 图层建立关联的文件。

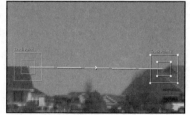

图10.48

5. 单击 Tracker 面板中的 Analyze Forward 按钮。

6. 在分析完毕之后，单击 Tracker 面板中的 Apply。单击 OK，将数据应用到 x 和 y 维度。

7. 单击 Composition 面板中的 Composition: Taking Flight 选项卡，使其处于活动状态，然后预览视频剪辑，查看云与其他元素的同步运动。

云跟随着摄像机的移动而运动，但是因为图层被缩放了，因此云的位置可能不对。

8. 隐藏所有图层的属性。

9. 确保没有选择任何图层。然后在图层堆栈的底部选择 storm_clouds.jpg 图层，按 A 键显示 Anchor Point（锚点）属性。对它进行调整，使其看起来不错。我们使用的是（941，662）。

10. 再次让 Close Shot、Close Shot 和第一个 storm_clouds.jpg 图层显示出来。

11. 选择 File > Save 保存你的工作。

10.8 色彩分级

目前为止，我们所做的色彩变更要么是纠正不准确的白平衡，要么是让两个视频剪辑中的色彩相匹配。我们还可以修改颜色和色调来创建一种意境，或者是增强影片的效果。我们将对整个影片进行最后的调整，为其应用一种暗蓝色，并添加虚光，让影片看起来格外柔和梦幻。

10.8.1 使用 CC Toner 来映射色彩

CC Toner（调色剂）是一种基于源图层亮度的色彩映射特效。你可以映射 2 种（duotone，两色调）、3 种（tritone，三色调）或 5 种（pentone，五色调）色彩。我们将使用它将冷蓝色映射到视频剪辑中的明亮区域，将暗蓝色映射到中间色调，将深蓝色映射到视频区域的暗色区域。

1. 选择 Layer > New > Adjustment Layer。

你可以使用一个调整图层，一次性将特效应用到该图层下方的所有图层上。因为这是一个单独的图层，你可以隐藏或编辑该图层，并自动将其影响应用到其他图层上。

2. 将 Adjustment Layer 1 图层移动到 Timeline 面板的顶部（如果还没有在这里的话）。

3. 选择 Adjustment Layer 1 图层，按 Enter 键或 Return 键，将图层重命名为 Steel Blue，然后再次按 Enter 键或 Return 键接受这一变更。

4. 选择 Steel Blue 图层，然后选择 Effect > Color Correction > CC Toner。

5. 在 Effect Controls 面板中，从 Tones 下拉列表中选择 Pentone，然后执行如下操作，如图 10.49 和图 10.50 所示。

   • 单击 Brights 色板，选择一种冷蓝色（我们使用的是 R=120，G=160，B=190）。

   • 单击 Midtones 色板，选择一种暗蓝色（我们使用的是 R=70，G=90，B=120）。

   • 单击 Darktones 色板，选择一种深蓝色（我们使用的是 R=10，G=30，B=60）。

   • 将 Blend With Original 值修改为 75%。

图10.49 图10.50

10.8.2 添加模糊

我们将对整个项目添加模糊。首先需要预合成图层，然后创建一个部分可见的模糊图层。

1. 选择 Timeline 面板中的所有图层，然后选择 Layer >Pre-Compose。

预合成图层会将图层合并成一个新的合成图像，从而可以很容易地将影响一次性应用到合成图像中的所有图层上。

2. 在 Pre-Compose 对话框中，将合成图像命名为 Final Effect，选择 Move all attributes into the new composition，然后单击 OK，如图 10.51 所示。

After Effects 将使用这个 Final Effect 图层取代 Taking Flight 合成图像中的所有图层。

3. 选择 Final Effect 图层，然后选择 Edit > Duplicate，进行复制。

4. 在选中顶部图层的情况下，选择 Effect > Blur & Sharpen > Gaussian Blur。

5. 在 Effect Controls 面板中，将 Blurriness 修改为 40，如图 10.52 所示。

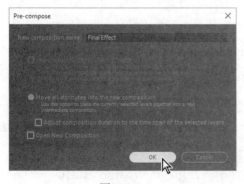

图10.51 图10.52

图像太模糊了。需要降低包含特效图层的不透明度。

6. 在选中顶部图层的情况下，按 T 键显示图层的 Opacity（不透明度）属性。将其值修改为 30%，如图 10.53 所示，最终的结果如图 10.54 所示。

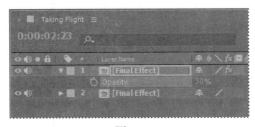

图10.53 图10.54

10.8.3 添加虚光

我们将使用一个新的纯色图层来为影片创建虚光。

1. 选择 Layer > New > Solid。

2. 在 Solid Settings 对话框中，执行如下操作，如图 10.55 所示：

   - 将图层命名为 Vignette；

   - 单击 Make Comp Size 按钮；

   - 将颜色修改为黑色（R=0，G=0，B=0）；

   - 单击 OK。

3. 选择 Tools 面板中的 Ellipse（椭圆）工具（ ），它隐藏在 Rectangle（矩形）工具（ ）后面。然后双击 Ellipse 工具添加一个椭圆蒙版，该蒙版会自动调整大小来适应图层。

4. 在 Timeline 面板中，选择 Vignette 图层，然后按两次 M 键显示所有的蒙版属性。将 Mask Mode（蒙版模式）修改为 Subtract，然后将 Mask Feather（蒙版羽化）值修改为 300 像素。

5. 按 T 键显示 Opacity 属性，将其值修改为 50%，结果如图 10.56 所示。

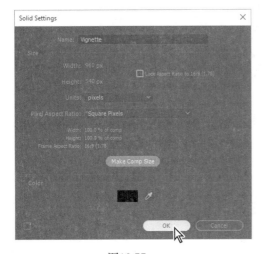

图10.55

图10.56

6. 隐藏所有图层的属性。

7. 预览你的影片。

8. 保存文件。

在场景中克隆对象

我们可以复制一个对象，然后使用对象跟踪来确保它与场景中的其他对象保持同步。我们将使用Clone（克隆）工具在Close Shot视频剪辑背景中门的另外一侧放置第二个灯。在After Effects中进行克隆与在Photoshop中克隆类似，但是在After Effects中，可以在整个时间轴上克隆，而不是在单个图像上克隆。

1. 按Home键，或者移动当前时间指示器到时间标尺的开始位置。

2. 双击 Timeline 面板中底层的 Final Effect 图层，打开 Final Effect 合成图像。我们想对没有进行模糊处理的合成图像副本进行修改。

3. 双击 Timeline 面板中的 Close Shot 图层，然后在 Layer 面板中打开。

   我们只能在单个图层上绘制，而不是在合成图像中绘制。

4. 选择 Tools 面板中的 Clone Stamp（克隆图章）工具。

Clone Stamp工具会对源图层上的像素进行取样，然后将取样像素应用到目标图层上；目标图层可以是同一个合成图像中的同一个图层，也可以是不同的图层。在选择Clone Stamp工具时，After Effects将Brushes和Paint面板添加到面板堆栈中。

5. 如果有必要，增大 Brushes 面板，然后将 Diameter（直径）修改为 10 像素，将 Hardness（硬度）值修改为 60%，如图 10.57 所示。

6. 增大 Paint 面板。确保 Mode 被设置为 Normal，Duration 被设置为 Constant。Source 应该被设置为 Current Layer。选择 Aligned 和 Lock Source Time 选项，然后确保 Source Time 被设置为 0 帧，如图 10.58 所示。

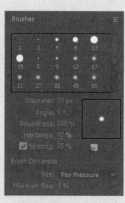
图10.57

图10.58

Constant设置从当前时间往后开始应用Clone Stamp特效。因为我们是从时间轴的起始位置开始的，因此所做的改变将会影响到图层中的每一帧。

在Paint面板中选择了Aligned选项时，取样点（Clone Position，克隆位置）的位置将针对后续的描边发生改变，来匹配Clone Stamp工具在目标Layer面板中的运动，这样可以使用多个描边来绘制整个克隆的对象。Lock Source Time选项可以让我们克隆单个源帧。

7. 在 Layer 面板中，将鼠标移动到灯的顶部位置。按住 Alt 键单击（Windows）或 Option 键单击（Mac OS），指定要克隆的源点，如图 10.59 所示。

8. 单击靠近门左侧的位置，然后单击并拖动，来克隆灯，如图 10.60 所示。在处理过程中要小心，不要克隆到门。如果发生了错误，撤销操作然后再从一个新的源点重新开始。

图10.59　　　　　　　　　　　　　图10.60

提示：如果发生了错误，只需按住 Ctrl + Z（Windows）或 Command + Z（Mac OS）组合键来撤销描边操作，然后再重新开始。

9. 当第二个灯克隆完毕后，预览视频剪辑。

在场景中的其他元素移动时，克隆的这个灯保持不动；它没有与建筑物保持同步。我们接下来使用跟踪数据来解决这个问题。

10. 在 Timeline 面板中，展开 Close Shot 图层的属性，然后展开 Motion Trackers、Tracker 1 和 Track Point 1 属性。继续在 Close Shot 图层中，展开 Effects、Paint、Clone 1 和 Transform Clone 1 属性。

11. 按住 Alt 键单击或按住 Option 键单击 Transform Clone 1 Position 属性的秒表，打开该属性的表达式。将它的 pick whip 拖动到 Track Point 1：Attach Point 属性，然后释放（你可能需要增大 Timeline 面板才能同时看到这两个属性），如图 10.61 所示。

我们创建的表达式将克隆的灯的位置与本课前面为视频剪辑创建的跟踪数据关联了起来。灯将在画面中移动，但是位置不对，我们需要移动它的锚点，来调整它与门的关系。

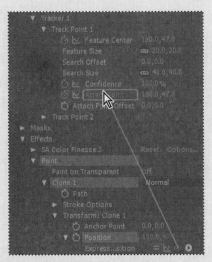

图10.61

12. 调整 Transform : Clone 1 的 Anchor Point 属性，直到将灯放到靠近门的位置。你的值可能与这里的值不一样。

13. 预览视频剪辑，查看灯的位置是否是正确的。当感到满意之后，关闭 Layer 面板中的 Close Shot 选项卡以及 Timeline 面板中的 Final Effect 合成对象选项卡。然后预览整个合成图像，查看你的工作。

14. 选择 File > Save 保存你的工作。

复习题

1. 色彩校正和色彩分级的区别是什么?

2. SA Color Finesse 3 特效有什么功能?

3. 什么时候使用蒙版跟踪器?

复习题答案

1. 色彩校正用来校正白平衡和曝光中的错误,或者确保不同画面之间的色彩具有一致性。色彩分级则更为主观,其目的是优化源素材,使观众将注意力集中到画面中的关键元素上,或者为导演喜欢的视觉外观创建一个调色板。

2. SA Color Finesse 3 是随同 After Effects CC 一起安装的第三方插件。它可以执行多种色彩编辑特效,例如,隔离并增强特定范围的色彩。SA Color Finesse 3 只影响原来的图层,而忽略已应用到图层的任何特效。

3. 当你需要跟踪一个蒙版,而且该蒙版的形状不发生改变,只有位置、大小和角度在视频剪辑中发生变化时,就使用蒙版跟踪器。例如,你可以使用它来跟踪一个动态视频中的人脸、车轮或者天空的一个区域。

第11课 使用3D特性

课程概述

本课介绍的内容包括：

- 在 After Effects 里创建 3D 环境；

- 用多个视图查看 3D 场景；

- 创建 3D 文本；

- 沿着 x、y 和 z 轴旋转和定位图层；

- 对镜头图层做动画处理；

- 添加灯光以创建阴影和景深；

- 在 After Effects 中挤压 3D 文本；

- 创建在 After Effects 中使用的 Cinema 4D 图层。

 本课大约要用 1 个小时时间完成。启动 After Effects 之前，请先通过前言中提到的下载地址将本书的课程资源下载到本地硬盘中，并进行解压。在学习本课时，将覆盖相应的课程文件。建议先做好原始课程文件的备份工作，以免后期用到这些原始文件时，还需重新下载。

只需在 After Effects 的 Timeline 面板中单击一个开关，就能将
2D 图层转换为 3D 图层，从而开启一个富有创造性的新世界。After
Effects 中包含的 MaxonCinema 4D Lite，能够带来更加灵活的效果。

11.1 开始

Adobe After Effects 可以在二维（x，y）或三维（x，y，z）空间中操作图层。本书目前讲述的内容，基本上使用的都是二维空间。如果将图层指定为三维（3D），After Effects 将增加 z 轴，它可以让你在空间中向前或向后移动对象（即控制图层的景深）。将图层的景深与不同的光照和摄像角度结合，可以创建出利用自然运动、光照和阴影、透视以及聚焦效果的 3D 动画作品。本课将研究怎样创建 3D 图层并对 3D 图层进行动画处理。然后我们将使用 Maxon Cinema 4D Lite（与 After Effects 一起安装）来为一家虚构的产品公司的字幕卡片上的 3D 文本添加纹理。

首先，预览最终影片效果，然后设置项目。

1. 确认硬盘上的 Lessons\Lesson11 文件夹中存在以下文件。

   • Assets 文件夹：Lunar.mp3、Space_Landscape.jpg。

   • Sample_Movie 文件夹：Lesson11.avi 和 Lesson11.mov。

2. 使用 Windows Media Player 打开并播放影片示例文件 Lesson11.avi，或者使用 QuickTime Player 打开并播放影片示例文件 Lesson11.mov，以查看本课将创建的效果。播放完后，关闭 Windows Media Player 或 QuickTime Player。如果硬盘空间有限，也可以将影片示例文件从硬盘中删除。

开始本课前，请恢复 After Effects 应用程序的默认设置。详情请参见前言中的"恢复默认参数"。

3. 启动 After Effects 时请立即按住 Ctrl+Alt+Shift（Windows）或 Command+Option+Shift（MacOS）组合键，准备恢复默认的参数设置。系统询问是否删除参数文件时，单击 OK 按钮。关闭 Start（开始）窗口。

After Effects 打开后显示一个空的无标题项目。

4. 选择 File>Save As>Save As 命令。

5. 在 Save Project As 对话框中，导航到 Lessons\Lesson11\Finished_Project 文件夹。将该项目命名为 Lesson11_Finished.aep，然后单击 Save 按钮。

6. 单击 Project 面板底部的 Create A New Composition 按钮（■）。

7. 在 Composition Settings 对话框中，执行以下步骤，然后单击 OK 按钮，如图 11.1 所示：

   • 将合成图像命名为 Lunar Landing Media；

   • 从 Preset 菜单中选择 HDTV1080 24；

   • 在 Duration 里输入 3:00；

   • 确保 Background Color（背景颜色）是黑色的。

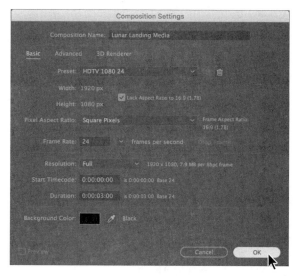

图11.1

8. 选择 File>Save 命令。

11.2 创建 3D 文本

为了能在 3D 空间内移动,需要创建 3D 对象。起初,所有图层都是平面的,只有 x(宽)和 y(高)二维,且只能沿这些轴进行移动。而要使图层能在 After Effects 的三维空间内移动,我们要做的只是打开其 3D 图层开关,然后就能沿 z 轴(景深)操纵该对象。我们将创建文本,然后将其处理为 3D 的。

1. 在 Timeline 面板中单击,使其处于活跃状态。

2. 在 Tools 面板中选择 Horizontal Type(横排文字)工具(T)。

After Effects 将 Character 和 Paragraph 面板添加到面板堆栈中,并打开 Character 面板。

3. 如果有必要,增大 Character 面板的宽度,然后在 Character 面板中执行以下操作,如图 11.2 所示。

- 字体 : Futuna PT。

- 字体样式 : Heavy Oblique。

- 填充颜色 : 白色。

- 描边 : 无。

- 字体大小 : 140 像素。

- 行距 : 70 像素。

- 字间距：20%。

- 水平比例尺：65%。

> **Ae** **注意**：如果 Futura PT 不可用，可以使用 Typekit 将其安装。选择 File > Add Fonts From Typekit，搜索 Futura PT，然后使用 Creative Cloud 进行同步。字体被同步之后，就可以在你系统中的所有应用中使用它了。

4. 选择 All Caps（可能需要拖动 Character 面板的底部，将其扩展，之后才能看到所有的设置）。

5. 打开 Paragraph 面板，选择 Center Text 对齐选项，如图 11.3 所示。

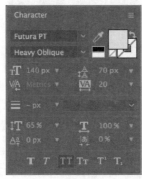
图11.2

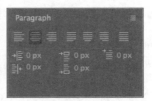
图11.3

6. 单击 Composition 面板的任意位置，输入 Lunar Landing Media，每个单词自成一行，如图 11.4 所示。

7. 选择 Selection 工具（▶）。

8. 在 Timeline 面板中，展开 Lunar Landing Media 图层的 Transform 属性，然后设置 Position 属性为（960，540），如图 11.5 所示。

图11.4

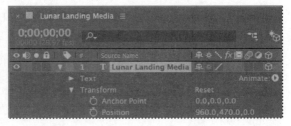
图11.5

文本大致位于合成图像的中心。

9. 在 Timeline 面板中，选择 Lunar Landing Media 图层的 3D Layer 开关（⬡），使该图层变为三维图层。

3 个 3D Rotation 属性将显示在该图层的 Transform 组中，而之前仅支持二维属性，现在显示出代表 z 轴的第三个值。此外，还显示出一个名为 Material Options 的新属性组。

在选中图层时，在 Composition 面板中可以看到用颜色标记的 3D 轴显示在该图层的锚点上。红色箭头控制 x 轴，绿色箭头控制 y 轴，蓝色箭头控制 z 轴。此时，z 轴显示在 x 轴和 y 轴的交叉点，也许在黑色的背景下不容易看到 z 轴。当将 Selection（选取）工具定位到相应轴上时，将显示出字母 x、y 和 z。移动或者旋转图层时，将鼠标指针置于特定轴上，图层的运动将被限制在该轴上。

10. 隐藏 Lunar Landing Media 图层的属性。

11.3 使用 3D 视图

3D 图层的外观有时具有欺骗性。例如，图层可能看起来沿着 x 和 y 轴缩小了，而实际上它是沿着 z 轴移动。我们并不是总能从 Composition 面板的默认视图中看清真相。Composition 面板底部的 Select View Layout 下拉列表使我们能够将该面板分成单个帧的不同视图，这样就可以从多个角度观察作品。可以使用 3D View 下拉列表选择不同的视图。

1. 在 Composition 面板底部，单击 Select View Layout 下拉列表，如果你的屏幕足够大，就选择 4 Views。否则的话，选择 2 Views-Horizontal，如图 11.6 所示。

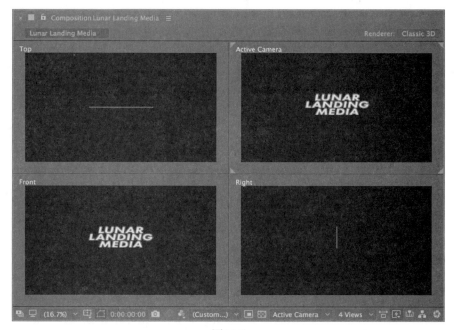

图11.6

选择 4 Views 的话，左上方的象限显示俯视图（沿着 y 轴）。我们可以看到 z 轴，很明显文本图层没有景深。左下方的象限显示前视图。右上方的象限显示相机中的场景，但是因为场景中没有相机，它显示的场景与前视图相同。右下方的象限显示右视图，就像沿着 x 轴观察一样。

选择 2 Views-Horizontal 的话，左边显示俯视图，右边显示相机中的场景（现在就是前视图）。

2. 单击 Front 视图激活它（激活的视图周围将显示蓝色角标）。然后，从 3D View 下拉列表中选择 Custom View 1，从不同的角度观察场景，如图 11.7 所示（如果 Composition 窗口只显示两个视图，单击 Top 视图，然后从 3D View 下拉列表中选择 Custom View 1）。

图11.7

从不同的角度观察 3D 场景有助于我们更精确地把元素对齐，观察图层之间是如何相互作用的，理解对象、灯光和相机是如何在 3D 空间里定位的。

11.4 导入背景

字幕卡片里的文本应该看起来向外移动。我们将导入一个图像作为背景。

1. 双击 Project 面板的空白区域，打开 Import File 对话框。

2. 导航到 Lesson 11/Assets 文件夹，然后双击 Space_Landscape.jpg 文件，结果如图 11.8 所示。

3. 把 Space_Landscape.jpg 素材拖进 Timeline 面板，放在图层堆栈的底部。

4. 将 Space_Landscape.jpg 图层重命名为 Background。

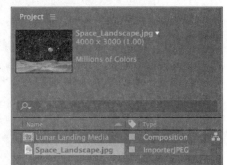

图11.8

5. 在 Timeline 面板中选择 Background 图层，然后单击 3D Layer 开关（⬡），把它转换为 3D 图层，如图 11.9 和图 11.10 所示。

图11.9

图11.10

6. 确保 Background 图层被选中。然后在 Composition 面板的 Right 视图中，把 z 轴方向（蓝色箭头）拖到右边，使 Background 图层移动到文本后面更远的位置。拖动的时候观察其他图层，看看图层与 3D 空间是如何交互的。

> **Ae** **注意**：如果只显示了两个视图，就选择 Active Camera 视图，从 3D View 的下拉列表中选择 Right，然后完成第 6 步。

7. 在 Timeline 面板中，按 P 键显示 Background 图层的 Position 属性。将 Position 值改为（960，300，150），如图 11.11 和图 11.12 所示。

图11.11

图11.12

8. 按 P 键隐藏 Position 属性，然后选择 File>Save 命令保存目前的作品。

11.5　添加 3D 灯光

我们已经创建了 3D 场景，但是从前面看上去似乎不太像三维的。给合成图像添加灯光制造阴影效果，能够使场景具有景深。我们将为合成图像创建两束新的灯光。

11.5.1　创建灯光图层

在 After Effects 中，灯光图层把光照耀在其他图层上。我们可以从 4 种不同的灯光图层——Parallel、Spot、Point 和 Ambient——中选择，然后使用不同的设置修改它们。默认情况下，灯光指向场景的焦点区域。

1. 取消选中所有图层，以便你创建的新图层能够显示在图层堆栈的顶部。

2. 按下 Home 键或者移动当前时间指示器到时间标尺的起点。

3. 选择 Layer>New>Light 命令。

4. 在 Light Settings 对话框种执行以下步骤，如图 11.13 所示，其结果如图 11.14 所示。

   - 将图层命名为 Key Light；

   - 从 Light Type 下拉列表中选择 Spot；

   - 把 Color 设置为浅黄色（R=255，G=235，B=195）；

   - 确保 Intensity 的值设置为 100%，Cone Angle 为 90°；

- 确保 Cone Feather 的值为 50%；

- 选择 Casts Shadows 选项；

- 将 Shadow Darkness 的值设为 50%，Shadow Diffusion 的值设为 150 像素；

- 单击 OK，创建灯光图层。

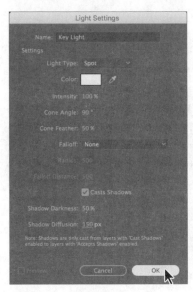

图11.13　　　　　　　　　图11.14

在 Timeline 面板中，灯光图层由灯泡图标（💡）表示。在 Composition 面板中，用线框图表明了灯光的位置，而且用一个十字图标（⊕）来表示照射点。

11.5.2　焦点的定位

灯光的照射点现在被定位在场景的中心位置。因为文本图层就在中心位置，因此不需要再做调整。但是，我们需要改变灯光的位置，这样场景就会看上去不那么单调。

1. 在 Timeline 面板中选择 Key Light 图层，然后按 P 键显示灯光图层的 Position 属性。

2. 在 Timeline 面板中，在 Position 属性中输入（955，-102，-2000）。灯光位于物体的前上方，正在对准下方照明，如图 11.15 和图 11.16 所示。

图11.15　　　　　　　　　图11.16

11.5.3　创建并定位填充光

主光源（key light）能给场景创建一种意境，但是现在还是非常暗。我们将添加一个填充光（fill light）来照亮较暗的区域。

1. 选择 Layer>New>Light 命令。

2. 在 Light Settings 对话框中，执行以下步骤，如图 11.17 所示，其结果如图 11.18 所示：

   - 将图层命名为 Fill Light；
   - 从 Light Type 下拉列表中选择 Spot；
   - 把 Color 设置为浅蓝色（R=205，G=238，B=251）；
   - 确保 Intensity 的值设置为 50%，Cone Angle 为 90°；
   - 确保 Cone Feather 的值为 50%；
   - 取消选中 Casts Shadows；
   - 单击 OK，创建灯光图层。

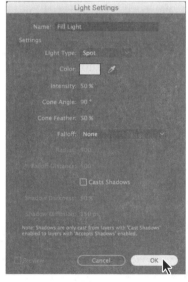
图11.17

图11.18

3. 在 Timeline 面板中，选择 Fill Light 图层，按 P 键显示 Position 属性。

4. 将 Position 值改为（2624，370，−1125），如图 11.19 和图 11.20 所示。

文本字体、星星和月亮的位置现在更明亮了。

5. 隐藏所有图层的属性，然后选择 File>Save 命令。

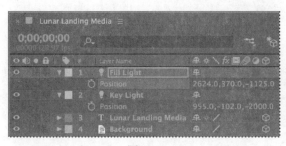

图11.19 图11.20

11.5.4 投射阴影和设置材料属性

混合了暖色和冷色之后，场景看上去好了很多。但是，场景看上去还不是三维的。我们将改变 Material Options 属性，来决定 3D 图层的灯光和阴影的相互作用。

1. 在 Timeline 面板中选择 Lunar Landing Media 图层，连按两次 A 键（AA）显示图层的 MaterialOptions 属性。

Material Options 属性组能够定义出 3D 图层的表面属性。你也可以设置阴影和光线传输值的数值。

2. 对于 Casts Shadows，单击单词 Off，切换设置为 On（确保设置是 On，而不是 Only）。

文本图层现在是在场景灯光的基础上投射阴影的。

3. 把 Diffuse 值更改为 60%，把 Specular Intensity 值改为 60%，这样文本图层就能反射场景里更多的光。

4. 把 Specular Shininess 值更改为 15%，这样表面看上去就会更加具有金属光泽，如图 11.21 和图 11.22 所示。

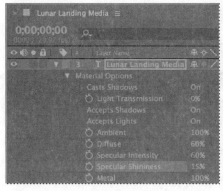

图11.21 图11.22

5. 隐藏 Lunar Landing Media 图层的属性。

11.6　添加摄像机

我们已经知道从不同的角度观看 3D 场景。你还可以使用摄像机图层，来从不同的角度和距离观察 3D 图层。为合成图像设置摄像机视图后，你就好像在通过那台摄像机来观察图层。观察合成图像时，我们可以选择是通过 Active Camera 还是通过命名的自定义摄像机进行观察。如果还没有创建自定义摄像机，则 Active Camera 与默认的合成图像视图相同。

到目前为止，我们主要通过前视图、右视图和 Custom View 1 角度观察合成图像。而现在，Active Camera 视图又无法从一个特定的角度查看合成图像。为了看到你想要看到的任意元素，我们将自行创建一台摄像机。

1. 取消选中所有图层，选择 Layer>New>Camera 命令。

2. 在 Camera Settings 对话框中，从 Preset 下拉列表中选择 20mm，然后单击 OK 按钮，如图 11.23 所示。

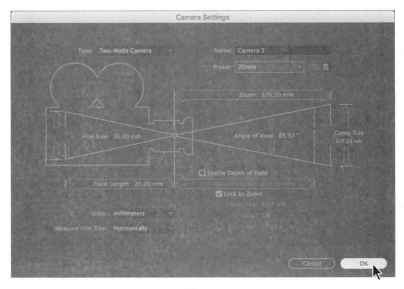

图11.23

Camera 1 图层将显示在 Timeline 面板图堆栈的顶部（图层名旁边有一个摄像机图标），Composition 面板将更新，以展示新的摄像机图层的角度。视图应该会发生微小变化，这是因为 20mm 摄像机预设比默认的视图使用的视角更广阔。如果没有注意到场景的变化，切换 Camera 1 图层来查看，并确保场景是可见的。

 提示：默认情况下，After Effects 将摄像机显示为线框图。你可以让 After Effects 只有在选中摄像机（或聚光灯）的时候才显示线框图。从 Composition 面板菜单中选择 View Options，然后从 Camera Wireframes 和 Spotlight Wireframes 菜单中选择你想要的选项，然后单击 OK。

---

3. 在 Composition 面板底部的 Select View Layout 下拉列表中选择 2 Views–Horizontal。将左视图更改为 Right，确保右视图更改为 Active Camera，如图 11.24 所示。

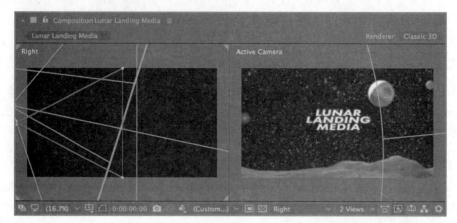

图11.24

就像灯光图层一样，摄像机图层有一个照射点，它可以用来决定摄像机的拍摄对象。默认情况下，摄像机的照射点位于合成图像的中央，也就是现在文本当前所在的位置，因此照射点没有问题。

4. 确保当前时间指示器位于时间标尺的起点。选择 Camera 1 图层 1，按 P 键显示图层的 Position 属性。单击 Position 属性旁边的秒表图标（⏱），创建一个初始关键帧。

5. 把 z 轴的值设置为 –1000，如图 11.25 和图 11.26 所示。

图11.25

图11.26

摄像机缓慢地向文本移动。

6. 移到 1:00 处。

7. 把 z 轴的值改为 –590，如图 11.27 和图 11.28 所示。

图11.27

图11.28

摄像机离文本更近了。

8. 右键单击（Windows）或者按住 Control 键单击（Mac OS）第二个 Position 关键帧（见图 11.29），选择 Keyframe Assistant>Easy Ease In 命令。

图11.29

9. 将当前时间指示器沿着时间轴拖放到 1:00 位置。随着摄像机在场景中移动，注意灯光是如何反射到文本图层的，以及广角摄像机镜头是如何影响整体图像的。效果如图 11.30 所示。

图11.30

10. 隐藏 Camera 1 图层的 Position 属性，然后选择 File>Save 命令。

11.7 在 After Effects 中挤压文本

使用 Cinema 4D 渲染器，可以在 After Effects 内挤压文本和形状。你将使用 Geometry Options 属性让文本显得更有趣一些。

1. 在 Timeline 面板中展开 Lunar Landing Media 图层。

2. 在靠近 Geometry Options（当前为灰色不可用）的地方，单击 Change Renderer，如图 11.31 所示。

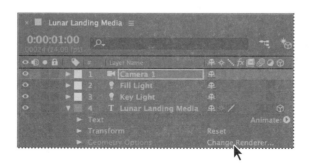

图11.31

这将打开 Composition Settings 对话框，而且其中 3D Renderer 选项卡为活跃状态。

3. 从 Renderer 下拉列表中选择 CINEMA 4D，然后单击 Options，如图 11.32 所示。

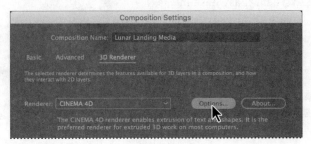

图11.32

4. 将 Quality 滑块移动到 32 位置，如图 11.33 所示。

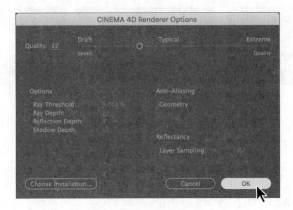

图11.33

提示：要快速地打开选项对话框，可以单击 Composition 面板顶部靠近渲染器名字的扳手图标。

---

5. 单击 OK 按钮关闭 Cinema 4D Renderer Options 对话框，然后再次单击 OK 按钮，关闭 Composition Settings 对话框。

Cinema 4D 渲染器对话框包含一个 Quality 值，这个值决定了 CINEMA 4D 渲染器如何绘制 3D 图层。如果这个值较小，则渲染速度会比较快，但是渲染质量较低。在选择 Quality 值时，要确保在渲染速度和你想要的 3D 渲染质量之间达到平衡。

6. 展开 Lunar Landing Media 图层的 Geometry Options。

7. 从 Bevel Style 下拉菜单中选择 Concave。

8. 将 Extrusion Depth 修改为 50，如图 11.34 和图 11.35 所示。

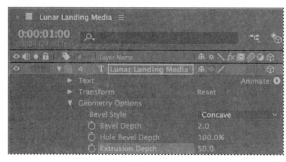

图11.34　　　　　　　　　　　　　　图11.35

9. 选择 Lunar Landing Media 图层，按 R 键显示 Rotation 属性。

挤压的文本可能看起来不明显。你将调整文本的角度来显示挤压效果，让场景看上去更加有趣。

10. 将 Y Rotation 修改为 17，如图 11.36 和图 11.37 所示。

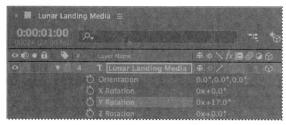

图11.36　　　　　　　　　　　　　　图11.37

11. 隐藏图层的所有属性。

11.8　使用 Cinema 4D Lite

After Effects 安装了 Maxon Cinema 4D 的一个版本，允许运动图像艺术家和动画师将 3D 对象直接插入到 After Effects 场景中，而不用预先渲染通行证（pre-rendering passes），使用时也不存在潜在的复杂的文件交换。在将 3D 对象添加到 After Effects 合成图像中后，可以继续在 Cinema 4D Lite 中进行编辑。

我们将使用 Cinema 4D Lite 来创建带纹理的字幕，这个字幕将被添加到 After Effects 场景的主文本的下面。

> **Ae** **注意**：After Effects 使用的坐标编号约定与 After Effects 中其他 3D 应用程序不同，合成图像的左上角是坐标（0，0）。在许多 3D 应用程序中（包括 Maxon Cinema 4D），屏幕的中心是原点，即坐标为（0，0）。此外，当光标在 After Effects 中向屏幕下方移动时，y 轴的距离增加。

11.8.1 创建新的 Cinema 4D 图层

在 After Effects 中，可以将一个 Cinema 4D 图层添加到合成图像中。在添加图层时，After Effects 打开 Cinema 4D Lite，这样就可以在一个新的 C4D 文件中创建 3D 场景。在 Cinema 4D 中结束工作并保存文件时，它将在 After Effects 中自动更新。你可以返回 Cinema 4D 对图层进行其他修改。

1. 在 Timeline 面板中取消选中所有图层，然后选择 Layer > New > Maxon Cinema 4D File。After Effects 将显示 Save As 对话框。

2. 将文件命名为 subtitle.c4d，然后保存在 Lesson11\Finished_Project 文件夹中。

3. 单击 Save 按钮。

保存文件的操作将会在 Timeline 面板中添加一个 C4D 文件，After Effects 在 Effect Controls 面板中打开 Cineware 特效。Cineware 创建并管理 After Effects 和 Cinema 4D 之间的链接。

Cinema 4D 打开一个空的场景，其中只显示 3D 网格，如图 11.38 所示。

 注意： 系统可能会提示你需要先升级 Cinema 4D，或者进行注册，然后才能访问额外的功能。你可以在无需升级或注册的情况下完成这里的练习，但是如果你计划在自己的项目中使用 Cinema 4D，建议考虑注册或升级应用程序。

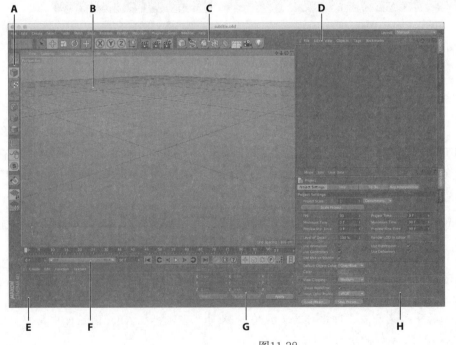

A. 模式图标调色板

B. 视口

C. 工具图标调色板

D. 对象管理器

E. 素材管理器

F. 时间轴

G. 坐标管理器

H. 属性管理器

图11.38

11.8.2 在 Cinema 4D 中创建 3D 文本

接下来将创建文本。

1. 在工具图标调色板（位于菜单栏下面）中，单击并按住 Freehand 图标右下角的三角形，显示其菜单，然后选择 Text（文本）工具，如图 11.39 所示。

在屏幕中央出现一个基本的文本样条，如图 11.40 所示。

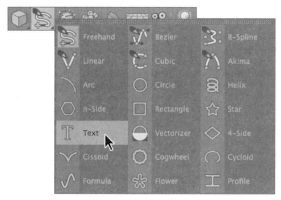

图11.39 图11.40

2. 在 Attribute Manager（属性管理器）的文本框中，输入 A Space Pod LLC。

3. 在属性管理器中，按照如下操作修改文本设置，如图 11.41 所示，其结果如图 11.42 所示。

- Font：Chapparal Pro。

- Align：Middle。

- Height：40 cm。

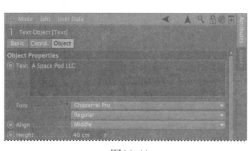

图11.41 图11.42

当前的视图是通过某个角度呈现出来的。你可能想从前面看一下文本的样子，所以需要修改摄像机视图。

4. 从 Viewport（视口）上面的 Cameras 菜单中选择 Front，如图 11.43 所示。

5. 在工具图标调色板中，单击并按住 Subdivision Surface 右下角的三角形，查看其菜单，然后选择 Extrude，如图 11.44 所示。

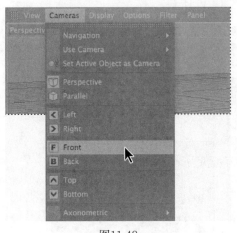

图11.43　　　　　　　　　　　　　　　图11.44

6. 在 Object Manager（对象管理器）中，选择 Text 对象，然后将它拖放到 Excrude 右侧的中间栏上，对其进行父化处理。当光标变成一个带有向下箭头的方框时，就说明你已经将它放置到正确的位置上了，如图 11.45 所示。

图11.45

在对象管理器中，Text 对象看起来是嵌套在 Extrude 对象的下面，这指出了两者的父化关系。文本现在变成挤压文本，但是因为你是从前面观看文本，所以看不到这一点。

7. 在对象管理器中，单击 Extrude 对象，使其变成活跃的（它呈现出亮橙色），如图 11.46 所示。

图11.46

8. 在属性管理器中，选择 Object 选项卡，然后将 z 轴的 Movement 值修改为 10 cm，降低挤压深度，如图 11.47 和图 11.48 所示。

图11.47

图11.48

现在，通过倾斜文本的边缘并进行某些调整，就可以进一步增强文本的显示效果。

9. 在属性管理器中，选择 Caps 选项卡，然后执行如下操作，如图 11.49 所示，结果如图 11.50 所示：

- 从 Start 下拉列表中选择 Fillet Cap；

- 将 Steps 的值修改为 2；

- 将 Radius 的值修改为 3 cm；

- 从 Fillet Type 下拉列表中选择 Concave。

图11.49

图11.50

你所做的改变将会给文本添加一个很有趣的边缘。

11.8.3 给对象添加纹理

Cinema 4D Lite 带有很多预设的表面，可以把它们应用到 3D 对象上。我们可以给文本添加一个巧妙的水面纹理。

1. 在 Materials Manager（素材管理器）中，单击 Create 按钮，然后选择 Load Material Preset>Lite>Materials>Liquids> Water Turbulent 命令，如图 11.51 所示。

2. 在素材管理器中，单击刚刚添加的表面，把它拖到 Viewport（视口）中的文本上，如图 11.52

所示。

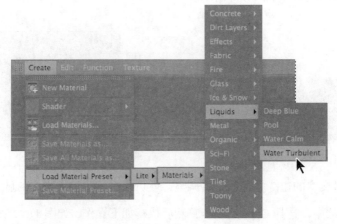

图11.51

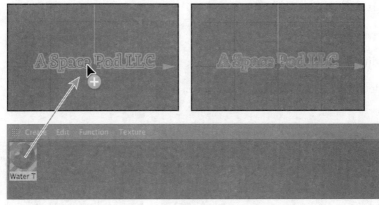

图11.52

3. 选择 File>Save 命令。

11.8.4 放置 3D 对象

因为你将在 After Effects 中使用 Cinema 4D 摄像机，所以你可以使用全方位的 3D 工具在 Cinema 4D 中放置文本。你将在 Cinema 4D 中调整文本，使文本看起来是出现在 After Effects 中字幕文本的下面，并且使文本的倾斜角度与其他文本的倾斜角度一样。

1. 在工具图标调色板中选择 Move 工具，如图 11.53 所示。

2. 向下拖动绿色箭头（y 轴），直到 Position 的 Y 值在坐标管理器（Coordinates Manager）中大约为 –165 cm，如图 11.54 所示。

3. 在工具图标调色板中选择 Scale 工具，如图 11.55 所示。

图11.53

图11.54

4. 向右上方拖动蓝色三角形，直到工具提示的显示值大约为 163%（在坐标管理器中的 Size 栏中，X、Y、Z 的值应该大致为 449 cm、70 cm、21 cm），如图 11.56 所示。

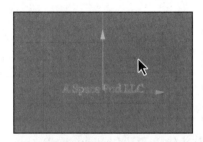

图11.55

图11.56

5. 选择 File > Save 保存当前的文件。

6. 返回 After Effects，查看文本当前在场景中的位置，如图 11.57 所示。

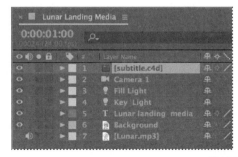

图11.57

文本看起来相当不错，但是角度不对。接下来需要调整角度。

7. 返回 Cinema 4D Lite。

8. 在工具图标调色板中选择 Rotate 工具，如图 11.58 所示。

图11.58

9. 向左侧拖动绿色水平条，使 H 的旋转值大约为 −22。

10. 调整内部的蓝色圆圈，将文本的右边缘向下倾斜一些，使得 B 的旋转值大约为 2.6°，如图 11.59 所示。

 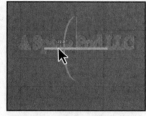 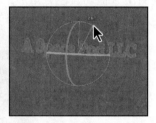

图11.59

> **Ae** **注意**：Cinema 4D Lite 针对旋转显示 H（heading）、P（pitch）和 B（bank）的值。

11.9 在 After Effects 中集成 C4D 图层

现在，你将返回 After Effects，在项目中处理 3D 文本。你已经在 Cinema 4D 中放置好了图层。在 After Effects 中，你将对图层的不透明度进行动画处理。

1. 在 Cinema 4D Lite 中保存你的文件，然后返回 After Effects。

2. 在 Timeline 面板中选择 subtitle.c4d 图层，以便在 Effect Controls 面板中显示 Cineware 特效。

在 After Effects 中处理 Cinema 4D 文件时，通常应该从 Cineware 特效的 Renderer 菜单中选择 Software 或 Standard（Draft）。当然，在你准备渲染最终项目时，也可以从 Renderer 菜单中选择 Standard（Final）。

Software 选项使用了更快的渲染器，但是它不会包含文件的所有特性。Standard（Final）选项的渲染速度要慢一些，但是 Cinema 4D 文件的显示效果要好一些。你将选择 Standard（Draft）选项，这样就不会显示网格。

3. 在 Effect Controls 面板中，从 Renderer 菜单中选择 Standard（Draft）。

4. 确保当前时间指示器位于时间轴的 1:00 位置，以便看到整个摄像机视图。

5. （可选）如果你想要调整文本位置，可以返回 Cinema 4D 进行调整，然后保存文件，并再次返回 After Effects。

6. 按 T 键显示图层的 Opacity 属性，然后单击秒表图标（⏱），在 1:00 位置设置一个关键帧，如图 11.60 和图 11.61 所示。

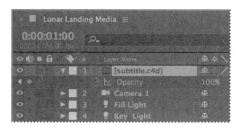

图11.60　　　　　　　　　　　　　　图11.61

7. 返回到时间轴的起始位置，将 Opacity 修改为 20%，如图 11.62 和图 11.63 所示。

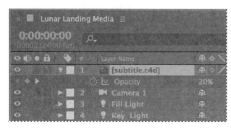

图11.62　　　　　　　　　　　　　　图11.63

11.10　结束项目

你将为字母卡片添加音频文件来作为最后的点睛之处。你已经准备好导入音频文件，并准备了用于渲染的文件。

1. 选择 Project 选项卡，双击 Project 面板中的空白区域，然后导航到 Lesson11\Assets 文件夹。双击 Lunar.mp3 文件，将其导入。

2. 将 Lunar.mp3 文件从 Project 面板拖放到 Timeline 面板中图层堆栈的底部。

3. 在 Timeline 面板中选择 subtitle.c4d 图层。

4. 单击 Effect Controls 选项卡，然后在 Effect Controls 面板中，从 Renderer 菜单中选择 Standard（Final）。

5. 选择 File > Save，然后浏览你的作品，如图 11.64 所示。

图11.64

　　你已经使用After Effects和Cinema 4D Lite创建了一个简单的3D场景,但是这些只是一些皮毛。你可以在自己的项目中进行各种体验,探索各种选项的用法。

复习题

1. 选择 3D Layer 开关后，图层将发生什么变化？

2. 为什么说用多个视图查看包含 3D 图层的合成图像非常重要？

3. 什么是摄像机图层？

4. After Effects 中的 3D 灯光是什么？

复习题答案

1. 当在 Timeline 面板中选择图层的 3D Layer 开关后，After Effects 将对图层添加第三个轴——z 轴。然后，我们可以在三维空间内移动和旋转图层。此外，该图层还将增加几个 3D 图层特有的新属性，如 Material Options 属性组。

2. 由于在 Composition 面板中所使用的视图不同，你所看到的 3D 图层效果可能具有欺骗性。而启用 3D 视图后，就可以观察到一个图层相对于合成图像内其他图层的真实位置。

3. 使用摄像机图层，我们可以从不同的角度和距离观察 3D 图层。为合成图像设置摄像机视图后，你就好像在通过那台摄像机观察图层。观察合成图像时，我们可以选择是通过 Active Camera 还是通过命名的自定义摄像机进行观察。如果还没有创建自定义摄像机，则 Active Camera 与默认的合成图像视图相同。

4. 在 After Effects 中，灯光图层把光照耀在其他图层上。我们可以从 4 种不同的灯光图层——Parallel、Spot、Point 和 Ambient——中选择，然后使用不同的设置修改它们。

第12课 使用3D摄像机跟踪

课程概述

本课介绍的内容包括：

- 使用 3D 摄像机跟踪特效来跟踪画面；

- 把摄像机和文本元素添加到跟踪的场景中；

- 设置平面和原点；

- 为新的 3D 元素创建真实的阴影；

- 使用空对象锁定平面的元素；

- 调整摄像机设置，使其与真实画面相匹配；

- 从 DSLR 画面中删除滚动快门失真。

 本课大约要用1个半小时时间完成。启动 After Effects 之前，请先通过前言中提到的下载地址将本书的课程资源下载到本地硬盘中，并进行解压。在学习本课时，将覆盖相应的课程文件。建议先做好原始课程文件的备份工作，以免后期用到这些原始文件时，还需重新下载。

3D Camera Tracker 特效通过分析二维画面来创建虚拟的 3D 摄像机，与原型相匹配。我们可以使用这些数据来添加 3D 对象，这样能够使场景更加逼真。

12.1 关于 3D Camera Tracker 特效

3D Camera Tracker（摄像机跟踪）特效自动分析 2D 画面中出现的运动，提取位置和拍摄现场的真实摄像机的镜头类型，然后在 After Effects 里创建新的 3D 摄像机，与其相匹配。该特效也会在 2D 画面上覆盖 3D 跟踪点，这样我们就可以很容易地在原来的画面上添加新的 3D 图层。

这些新的 3D 图层具有与原始画面相同的运动和角度变化。3D 摄像机跟踪特效甚至可以创建"影子捕手"，这样新的 3D 图层就可以把真实的阴影和反射投射到现有的画面上了。

3D 摄像机跟踪在后台进行分析，因此，我们可以在分析画面的同时处理其他作品。

12.2 开始

在本课，我们将为一家虚构的真人秀节目创建开场画面，该节目估算办公桌上的日常物品的价值。我们将首先导入素材，然后用 3D Camera Tracker 特效跟踪它。接着，添加 3D 文本元素，这些元素能够精确地跟踪场景。最后，对文本做动画处理，添加音频，增强画面效果，从而完成该真人秀的介绍。

首先，预览最终影片效果，然后设置项目。

1. 确认硬盘上的 Lessons\Lesson12 文件夹中存在以下文件。

   - Assets 文件夹：DesktopC.mov、Treasures_Music.aif、Teasures_Title.psd。

   - Sample_Movies 文件夹：Lesson12.avi 和 Lesson12.mov。

2. 使用 Windows Media Player 打开并播放影片示例文件 Lesson12.avi，或者使用 QuickTime Player 打开并播放影片示例文件 Lesson12.mov，以查看本课将创建的效果。播放完后，关闭 Windows Media Player 或 QuickTime Player。如果硬盘空间有限，也可以将影片示例文件从硬盘中删除。

开始本课前，请恢复 After Effects 应用程序的默认设置。详情请参见前言中的"恢复默认参数"。

3. 启动 After Effects 时请立即按住 Ctrl+Alt+Shift（Windows）或 Command+Option+Shift（MacOS）组合键，准备恢复默认的参数设置。系统询问是否删除参数文件时，单击 OK 按钮。关闭 Start（开始）窗口。

After Effects 打开后显示一个空的无标题项目。

4. 选择 File>Save As>Save As 命令。

5. 在 Save As 对话框中，导航到 Lessons\Lesson12\Finished_Project 文件夹。

6. 将该项目命名为 Lesson12_Finished.aep，然后单击 Save 按钮。

12.2.1 导入素材

本课需要导入 3 项素材。

1. 选择 File>Import>File 命令。

2. 导航到 Lessons\Lesson12\Assets 文件夹，按下 Shift 键单击选择 DesktopC.mov、Treasures_Music.aif 和 Teasures_Title.psd 文件，然后单击 Import 或者 Open 按钮。

3. 选择 File>New>New Folder 命令，或者单击 Project 面板底部的 Create A New Folder 按钮（▦），在该面板中创建一个新文件夹。

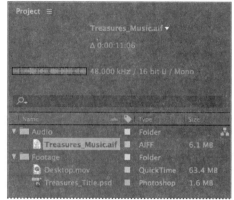

4. 输入 Footage 命名新文件夹，按 Enter 键或 Return 键接受该名字，然后将 Desktop.mov 文件和 Teasures_Title.psd 文件拖放到 Footage 文件夹内。

5. 确保没有选中任何内容，然后创建另一个新文件夹，并将它命名为 Audio。然后将 Treasures_Music.aif 文件拖放到 Audio 文件夹内。

6. 展开该文件夹，查看其中的内容，如图 12.1 所示。

图12.1

12.2.2 创建合成图像

现在，我们将基于 DesktopC.mov 文件的长宽比和时长创建新的合成图像。

1. 将 DesktopC.mov 文件拖放到 Project 面板底部的 Create A New Composition 按钮上（▦）。After Effects 创建新的合成图像，并将它命名为 Desktop，然后将它显示在 Composition 面板和 Timeline 面板中，如图 12.2 和图 12.3 所示。

图12.2　　　　　　　　　图12.3

2. 将 Desktop 合成图像拖放到 Project 面板中的空白区域，将它移出 Footage 文件夹。

3. 在时间标尺上拖动当前时间指示器，预览视频剪辑。

摄像机围绕桌子移动，这样就能看见桌子上的物品了。我们将为物品增加标签和金额，并配合背景音乐做一些动画。

4. 选择 File>Save 命令，保存作品。

修复滚动快门失真

带有CMOS传感器的数码相机——包括带有视频功能的数码单反相机（DSLR），它们越来越受到电影、商业广告和电视节目的欢迎——通常被称为"滚动"快门，它能够一次捕获一帧视频的一个扫描线。由于扫描线之间有时间差，并不是图像的所有区域都能在完全相同的时间被准确记录下来，这就导致运动落后于帧。如果摄像机或者对象正在移动，滚动快门就会引起失真，例如倾斜的建筑物和其他倾斜的图像。

Rolling Shutter Repair（滚动快门修复）特效尝试着自动解决这个问题。要使用它，可以选择Timeline面板中的问题图层，然后选择Effect>Distort>Rolling Shutter Repair命令，如图12.4所示。

因为滚动快门失真，建筑物的柱子　　　运用了该特效后，建筑物的柱子
看起来倾斜了　　　　　　　　　　　看起来更稳定

图12.4

一般采用默认设置，但是可能需要改变Scan Direction（扫描方向）或者用来分析画面的Method（方法）。

如果打算在已经使用Rolling Shutter Repair特效的画面上使用3D CameraTracker特效，首先要预先合成画面。

12.3　素材跟踪

2D画面已经就位。现在我们将用After Effects跟踪它，然后在应该放置3D摄像机的位置插入3D摄像机。

1. 在Timeline面板中，单击Desktop.mov图层的Audio图标，让音频静音。

稍后将要添加配乐，我们不希望从这个视频剪辑中传来任何环境噪音。

2. 在Timeline面板中，右键单击（Windows）或者按住Control键单击（Mac OS）Desktop.mov图层，选择Track Camera，如图12.5所示。

图12.5

After Effects 打开 Effect Controls 面板，在后台分析素材的同时显示其进度。分析完成后，许多跟踪点就会出现在 Composition 面板中。跟踪点的大小表明其与虚拟摄像机的距离：大的跟踪点离摄像机更近，小的跟踪点离摄像机更远。

对图像的默认分析的结果往往已经令人满意了，但是我们还可以进行更详细的分析，从而更好地解决摄像机的位置问题。

3. 在 Effect Controls 面板中，展开 Advanced 类别，然后选择 Detailed Analysis，如图 12.6 和图 12.7 所示。

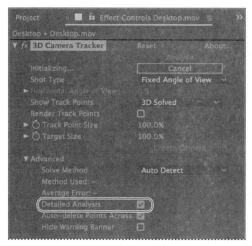

图12.6

图12.7

Ae | 提示：详细的分析可能会花几分钟的时间，这取决于你的系统。

After Effects 再次分析了画面。如果你正在使用较慢的机器，而且你觉得自己并不需要详细的分析，你可以在 3D Camera Tracker（摄像机跟踪）执行最初的分析的时候，通过选择 Detailed Analysis 来节省时间。详细的分析可能会花几分钟的时间，这取决于你的系统。因为分析是在后台进行的，所以在分析时你可以处理项目的其他方面。

4. 分析完成之后，选择 File>Save 命令保存作品。

12.4 创建平面、摄像机和初始文本

现在我们有了一个 3D 场景，但是还需要一个 3D 摄像机。当你创建第一个文本元素的时候，就要添加一个摄像机，然后添加与第一个文本元素相关联的第二个文本元素。

1. 按 Home 键，或将当前时间指示器移动到时间标尺的起点。

> **Ae** 注意：你也可以在 Effect Controls 面板中通过单击 Create Camera 按钮的方式添加摄像机。

2. 在 Composition 面板中，把光标放在桌子唱片中的洞上，直到显示的目标与平面和角度相匹配（如果看不见跟踪点和目标，可以在 Effect Controls 面板中，单击 3D Camera Tracker 特效激活它）。

> **Ae** 注意：如果目标的大小使得我们很难看到平面，可以按住 Alt 键或者 Option 键从目标的中心位置拖动，从而调整目标的大小。

当你的光标在定义平面的三个或者更多相邻跟踪点之间悬停的时候，跟踪点之间会出现一个半透明的三角形。此外，红色的目标表示 3D 空间中平面的方向。

3. 右键单击（Windows）或者按住 Control 键单击（Mac OS）平面，选择 Set GroundPlane and Origin，如图 12.8 所示。

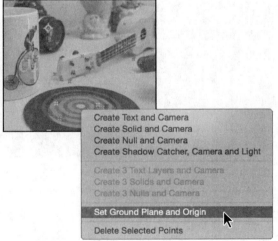

图12.8

平面和原点提供了一个参考点，将一个点的坐标设置为（0,0,0）。虽然在 Composition 面板中，使用 Active Camera 视图没有什么发生改变，但是平面和原点使得改变摄像机的旋转和位置更加容易。

4. 右键单击（Windows）或者按住 Control 键单击（Mac OS）同一个平面，然后选择 Create

Text and Camera，如图 12.9 所示。

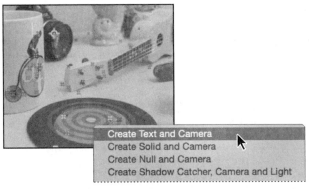

图12.9

After Effects 在 Composition 面板中显示了一个大文本项。另外还给 Timeline 面板添加了两个图层：
Text 和 3D Tracker Camera 图层。针对 Text 图层启用 3D 开关，但是 Desktop.mov 图层仍然是 2D。因
为文本元素是唯一需要在 3D 空间中定位的元素，所以没有必要让背景画面图层成为 3D 图层。

5. 在时间标尺上移动当前时间指示器。在使用摄像机跟踪时，文本的位置不变。将当前时间
   指示器拖回到时间标尺的起点处。

6. 在 Timeline 面板中双击 Text 图层，将 Character 和 Paragraph 面板添加到右侧的面板堆栈
   中，如图 12.10 和图 12.11 所示。

图12.10

图12.11

7. 打开 Paragraph 面板，对齐方式选择 Center Text。这样文本就位于唱片的中心了，如
   图 12.12 和图 12.13 所示。

图12.12

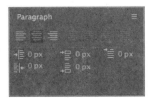

图12.13

8. 打开 Character 面板，将字体更改为无衬线的字体，例如 Arial Narrow 或者 Helvetica Light。然后将字体大小改为 20 像素，画笔宽度改为 1 像素，画笔类型改为 Fill Over Stroke。确保填充颜色是白色，画笔的颜色是黑色（默认颜色），如图 12.14 和图 12.15 所示。

图12.14 图12.15

文本看起来相当不错，但是我们希望它一直存在。我们将要在 3D 空间中修改其位置，然后使用对象的价格来替换它。

9. 选择 Timeline 面板中的 Text 图层，退出文本编辑模式。然后按 R 键显示图层的 Rotation 属性，把 Orientation 值改为（0°，350°，0°），如图 12.16 和图 12.17 所示。

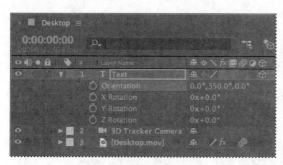

图12.16 图12.17

 注意：你也可以不用输入数值，而是使用 Rotation 工具调整 Composition 面板中的单个轴。

我们创建的任何新 3D 图层都使用地平面和原点来确定场景中的图层方向。Text 图层最初是平的，x 轴上的 Orientation 值为 270°。如果把这个值改为 0，文本会变成垂直的。

10. 在 Timeline 面板中双击 Text 图层，使 Composition 面板中的 Text 图层成为活跃状态。

当文本是可编辑状态时，它的周围出现淡红色的边框。

11. 在 Composition 面板中选中文本，输入 \$35.00 替代原文本，如图 12.18 和图 12.19 所示。

目前为止一切顺利。接下来，要给物品加标签，并且随着相机的移动，标签始终和价格在一起。我们将复制该图层，修改它，然后让两个图层形成父化关系。

12. 在 Timeline 面板中选择 \$35.00 图层，按 Ctrl+D（Windows）或者 Command+D（MacOS）

组合键复制图层。

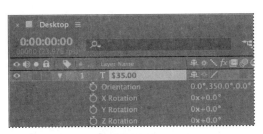

图12.18

图12.19

13. 双击 $35.2 图层，在 Composition 面板中输入 HENDRIX 45 RPM（全部用大写字母），如图 12.20 所示。

文本太大，这个文本的尺寸和价格文本的尺寸应该是相同的，如图 12.21 所示。我们要让该文本图层成为 $35.00 图层的子图层，然后进行缩放。

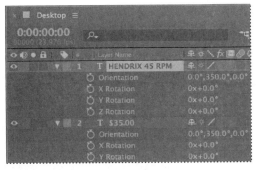

图12.20

图12.21

14. 在 Timeline 面板中选择 HENDRIX 45 RPM 图层，按 P 键显示图层的 Position 属性。从 HENDRIX 45 RPM 图层把 pick whip 链接拖动到 $35.00 图层，如图 12.22 所示。

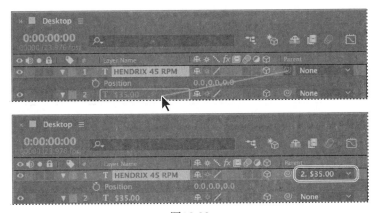

图12.22

把 HENDRIX 45 RPM 图层的 Position 值改为（0，0，0），因为它的位置与父图层的位置有关联。但是，我们想要让 HENDRIX 45 RPM 图层出现在 $35.00 图层上面，而不是在它前面。

15. 把 y 轴位置的值改为 −18，把 Hendrix 标签移动到价格文本上面。

16. 选中 HENDRIX 45 RPM 图层，按 S 键显示 Scale 属性，把 Scale 值改为（37.4，37.4，37.4%），如图 12.23 和图 12.24 所示。

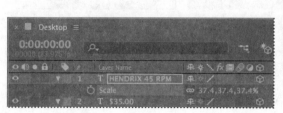

图12.23　　　　　　　　　　　　图12.24

17. 关闭打开的属性，然后选择 File>Save 命令保存作品。

12.5　创造真实的阴影

我们已经建立了第一个文本元素，但是与 3D 对象不同，它们没有任何阴影。我们将创建一个影子捕手和灯光，给视频增加景深。

1. 按 Home 键或者移动当前时间指示器到时间标尺的起点。

2. 在 Timeline 面板中选择 Desktop.mov 图层，按 E 键显示 3D Camera Tracker（摄像机跟踪）特效，然后选择 3D Camera Tracker 特效，如图 12.25 示。

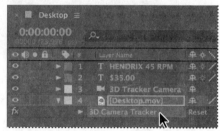

图12.25

3. 在 Tools 面板中选择 Selection（选取）工具（▶）。
   然后，在 Composition 面板中，找到创建文本图层时所使用的相同面板。

| Ae | 注意：一定要在 Desktop.mov 图层（而不是 3D Tracker Camera 图层）选择 3D Camera Tracker 效果。 |

4. 右键单击（Windows）或者按 Control 键单击（Mac OS）目标，然后选择 CreateShadow Catcher and Light，如图 12.26 和图 12.27 所示。

After Effects 在场景中添加一个光源。由于使用的是默认设置，所以影子会在 Composition 面板里出现。但是，我们还需要对光源重新定位，使得光源与源场景的灯光相匹配。After Effects 添加到 Timeline 面板中的 Shadow Catcher1 图层是一种可以设置材料选项的形状图层，这样它只接受来自场景的阴影。

图12.26   图12.27

5. 在 Timeline 面板中选择 Light 1 图层，按 P 键显示图层的 Position 属性。

6. 在 Position 属性中输入以下各值重新定位光源的位置：（1900，−2500，−375）。

7. 选择 Layer>Light Settings 命令。

你可以在 Light Settings 对话框中改变光源的强度、颜色和其他属性。

> **Ae** | **提示**：在真实的项目中，最理想的是使用拍摄原始 2D 场景的照明计划，这样做的目标是让新的 3D 光源尽可能地与原始光源相匹配。

8. 将光源命名为 Key Light。从 Light Type 下拉列表中选择 Point，然后选择淡红色（R=232，G=214，B=213），与房间里的浅颜色相匹配。把 Shadow Darkeness 改为 15%，把 ShadowDiffusion 改为 100px，单击 OK，如图 12.28 所示。

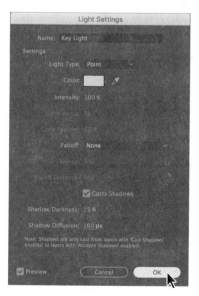

图12.28

9. 在 Timeline 面板中选择 Shadow Catcher 1 图层，按 S 键显示 Scale 属性。

10. 把 Scale 值改为 340 %，如图 12.29 和图 12.30 所示。

图12.29 图12.30

改变 Shadow Catcher 1 图层的大小，使得阴影可以在创建的光源上显现出来。

12.6 添加环境光

对光源进行调整之后，阴影看上去好多了，但是会导致文本看上去很黑。我们需要添加周围环境光来解决这个问题。与点光源不同，环境光在整个场景中能够创造更多的散射光。

1. 取消选中所有图层，然后选择 Layer>New>Light 命令。

2. 把光源命名为 Ambient Light，从 Light Type 下拉列表中选择 Ambient，把 Intensity 值改为 80%。光源颜色应该和为点光源选择的颜色相同。

3. 单击 OK 按钮在场景中添加光源，如图 12.31 和图 12.32 所示。

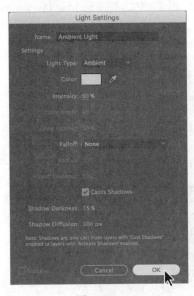

图12.31 图12.32

4. 在 Timeline 面板中，隐藏除了 Desktop.mov 图层之外的其他图层的属性。

12.7 创建额外的文本元素

我们已经为 Hendrix 唱片创建了标签。现在我们需要对摄像机、黄金雕像、小刀和尤克里里琴执行相同的任务，即创建标签。创建每个标签的步骤是相同的，但是因为物品位于桌子上不同的地方，我们需要使用不同的方向和尺寸值，如表 12.1 所示。我们还会发现，在时间标尺上的不同点，为平面上的每个物品添加标签是非常容易的。

表12.1

物品	在时间标尺上的位置（步骤 1）	方向（步骤 5）	价格（步骤 6）	价格范围（步骤 7）	标签（步骤 9）
摄像机	3:00	0，310，0	$298.00	3000	35MM CAMERA
黄金雕像	5:00	0，325，0	$612.00	2000	GOLD STATUE
小刀	7:00	0，340，0	$75.00	2500	POCKET KNIFE
尤克里里	9:00	0，310，0	$500.00	3000	1942 UKULELE

 提示：*如果 3D 对象应该被背景中的某个物品掩盖的话，复制背景图层，把它移动到图层堆栈的顶部，然后使用 Mask（蒙版）工具在前景元素的周围创建蒙板。我们需要随着时间的推移对这些蒙版进行动画处理，如果仔细地做，你可以创建一个无缝的合成图像。*

1. 移动当前时间指示器，以便能够更好地观看物品。

2. 在 Timeline 面板中，选中 3D Camera Tracker（在 Desktop.mov 图层下面），使其处于活跃状态（如果看不见 3D Camera Tracker，按 E 键显示出来），如图 12.33 所示。

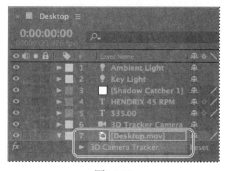

图12.33

 注意：*确保是在 DesktopCmov 图层（而不是 3DTracker Camera 图层）中选择 3D Camera Tracker 特效。*

3. 确保选中 Selection（选取）工具（▶）。然后在 Composition 面板中，在一个区域上方移动鼠标，以便红色的目标与物品的前面平行。

4. 右键单击（Windows）或者按 Control 键单击（Mac OS）目标，选择 Create Text。

5. 在 Timeline 面板中选择 Text 图层，按 P 键显示 Rotation 值，然后改变 Orientation 值。

6. 双击 Text 图层使其可编辑，然后在 Composition 面板中输入价格。

7. 在 Timeline 面板中选择价格图层，按 S 键显示 Scale 属性。改变 Scale 值。

8. 选中价格图层，按 Ctrl+D（Windows）或者 Command+D（Mac OS）组合键复制图层。

9. 在 Timeline 面板中双击复制的图层，然后在 Composition 面板中输入标签。

 注意：如果你是打开大写锁定键输入标签的，一定要再把大写锁定键关闭。否则会得到意想不到的结果，而且 After Effects 将无法更新图层的名称。

10. 在 Timeline 面板中选择标签图层，按 P 键显示 Position 属性。然后从标签图层（例如 35MM CAMERA）把 pick whip 链接拖动到价格图层（如 $298.00）。

11. 把标签图层 Position 属性的 y 值改为 −18，把标签移动到价格的上面。

12. 再次选择标签图层，按 S 键显示 Scale 属性。把 Scale 值改为（50，50，50%），如图 12.34 和图 12.35 所示。

图12.34　　　　　　　　　　　　　　图12.35

13. 隐藏刚刚创建的图层属性。

14. 重复步骤 1 ~ 步骤 13，使用表 12.1 中的值，给其他对象添加标签。

标签看上去都不错，但是它们有重叠的地方，使得它们很难被辨认。我们要根据需要进行调整。

15. 想要调整一个标签，首先选中该物品的价格图层，然后使用 Selection（选取）工具来调整其位置。因为我们已经将价格图层设置为标签图层的父图层，因此价格图层的调整也会反映在标签图层上，如图 12.36 所示。

 注意：你的标签可能与这里的不同，这与你将每一个平面定位在哪里有关。

图12.36

16. 选择 File>Save 命令保存作品。

12.8　用空对象锁定图层

真人秀的标题卡应该平放在桌子上，它使用的平面与将文本附在唱片上的平面相同。我们将使用空对象把标题卡附在那个平面上。标题卡是一个 Adobe Photoshop 文件。

1. 按 Home 键或者移动当前时间指示器到时间标尺的起点。

2. 在 Timeline 面板中，选择 3D Camera Tracker（在 Desktop.mov 图层下面），使其处于活跃状态（如果看不到 3D Camera Tracker，按 E 键将它显示出来）。

3. 选择 Selection（选取）工具（▶），然后移动光标，以便目标能平躺在唱片上。

4. 右键单击（Windows）或者按 Control 键单击（Mac OS）目标，选择 Create Null，如图 12.37 所示。

在 Timeline 面板中，After Effects 在图层堆栈的顶部添加了一个 Track Null 1 图层（见图 12.38）。因为我们知道唱片和桌子处于同一个平面，我们可以使用这个空对象将真人秀的标题定位到桌面的一个空区域，还可以把它正确地移动到与场景中其他元素和摄像机相关联的位置。

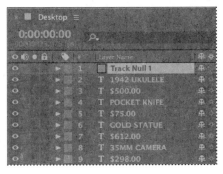

图12.37　　　　　　　　　图12.38

5. 在 Timeline 面板中选择 Track Null 1 图层，按 Enter 键或者 Return 键，把名字改为 Desktop Null，再按 Enter 或者 Return 键接受名称的更改。

6. 把 Treasures_Title.psd 素材从 Project 面板中拖动到 Timeline 面板中，直接放在 DesktopNull 图层上面。

7. 从 Treasures_Title 图层拖动 pick whip 链接到 Desktop Null 图层，使其成为 Desktop Null 图层的子图层。

> **Ae** | 提示：如果不想拖动 pick whip 链接，可以在 Treasures_Title 图层中的 Parent 下拉列表中选择 2.Desktop Null。

8. 单击 Treasures_Title 图层的 3D 开关，使其成为 3D 图层，如图 12.39 所示。

图12.39

因为我们已经让标题图层成为空对象的子图层，所以当它成为 3D 图层的时候，它会自动确定方向，平放在桌面上。

9. 移动到时间标尺的终点处，这样就能看到标题卡是如何定位的了。

我们需要将标题移动到桌面上的空白区域，然后旋转并调整它的大小。

10. 在 Timeline 面板中选择 Treasures_Title 图层，按 R 键显示其 Rotation 属性。然后将 ZRotation 的值改为 305°。

11. 按 S 键显示其 Scale 属性，然后把 Scale 增加到 625%。

12. 选中 Selection（选取）工具，将标题文本移动到位。如果需要调整文本大小，使用 Selection 工具来调整物品的角柄。

13. 在 Timeline 面板底部单击 Toggle Switches/Modes 按钮。在 Treasures_Title 图层中，从 Mode 下拉列表中选择 Luminosity。

14. 再次单击 Toggle Switches/Modes 按钮回到显示开关。

15. 选择 File>Save 命令保存作品，最终结果如图 12.40 所示。

图12.40

12.9 对文本做动画处理

3D 文本元素、摄像机和灯光都已经完成了，你还可以让文本根据配乐呈现出动态效果，这会使介绍变得更有趣。你可以添加音轨，然后让标签在收银机发出声音的时候动态地出现。

12.9.1 对第一个文本元素做动画处理

我们将对唱片标签和价格做动态处理，让它们能够在介绍中早点出现，价格在字母之间循环穿过，然后到达最终的位置。

1. 在 Project 面板中，把 Treasures_Music.aif 文件从 Audio 文件夹拖动到 Timeline 面板中图层堆栈的底部。

2. 把当前时间指示器移动到时间标尺的起点，然后按空格键，将合成图像的前几秒钟移动到 RAM 中。然后按空格键停止缓存，并移动到时间标尺的起点，再次按空格键预览缓存的内容。

注意收银机是定期发出声音的。我们将在那些发声的点让文本动态出现。

3. 移动到 1:00 位置，选择 $35.00 图层。按 S 键显示 Scale 属性，然后将 Scale 值改为 0%。单击秒表图标（⏱）创建一个初始关键帧。

4. 移动到 1:08 位置，将 $35.00 图层的 Scale 值改为 3200%，这样文本就比最终尺寸大了。

5. 移动到 1:10 位置，将 Scale 值改为 3000%，即文本的最终值，如图 12.41 所示。

图12.41

6. 移动到 1:00 位置，按 S 键隐藏 Scale 属性。然后单击 $35.00 图层旁边的箭头，显示其所有属性。

7. 在 Text 属性旁边，从 Animate 下拉列表中选择 Character Offset。

8. 在 Animator 1 属性中展开 Range Selector 1，然后单击 Offset 旁边的秒表创建一个初始关键帧，确保值为 0%。

9. 为 Character Offset（在 Character Range 下面）创建一个初始关键帧，确保其值为 0，如图 12.42 所示。

10. 移动到 1:12 位置，将 Range Selector 1 Offset 值改为 -100%。

图12.42

11. 单击单词 Offset，选择所有关键帧，右键单击（Windows）或者按 Control 键单击（MacOS）其中一个关键帧，然后选择 Keyframe Assistant>Easy Ease 命令。

12. 移动到 1:17 位置，将 Character Offset 值改为 20，如图 12.43 所示。

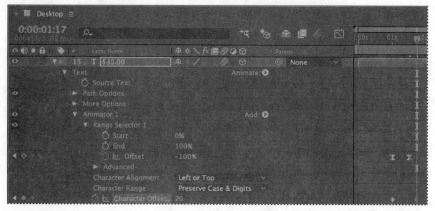

图12.43

13. 预览合成图像的前两秒。

当文本循环通过估计价格的时候，将弹出唱片的标题。字符偏移值决定了文本是如何循环通过字符，直到到达最后一个字符的。

12.9.2 复制动画到其他文本元素

现在已经对唱片上的文本做了动画处理，通过将关键帧放置在时间标尺上合适的位置，我们可以复制动画到其他物品上。

1. 选择 $35.00 图层，按 U 键只显示具有关键帧的属性。

2. 在时间图中，拖动关键帧附近的选框选中它们，如图 12.44 所示。

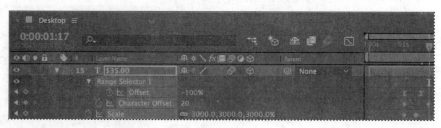

图12.44

3. 选择 Edit>Copy 命令复制关键帧和它们的值。

4. 移动到 3:00 位置，选择 $298.00 图层。在当前时间的起点处（3:00），选择 Edit>Paste 命令粘贴关键帧和它们的值。

5. 移动到 5:00 位置，选择 $612.00 图层。按 Ctrl+V（Windows）或者 Command+V（Mac

OS）组合键粘贴关键帧和它们的值。

6. 移动到 7:00 位置，选择 $75.00 图层。按 Ctrl+V（Windows）或者 Command+V（Mac OS）组合键。

7. 移动到 9:00 位置，选择 $500.00 图层。按 Ctrl+V（Windows）或者 Command+V（Mac OS）组合键。

8. 隐藏所有图层的属性，然后选择 File>Save 命令。

12.10　调整摄像机的景深

这个真人秀的介绍看上去很好，但是如果调整 3D 摄像机的景深，可以使得计算机生成的元素与源画面更紧密地相匹配。我们将使用摄像机在拍摄原始画面时所使用的值，所以以远离摄像机的文本看上去似乎更模糊了。

1. 在 Timeline 面板中，选择 3D Tracker Camera 图层。

2. 选择 Layer>Camera Settings 命令。

3. 在 Camera Settings 对话框中，执行以下步骤，然后单击 OK 按钮，如图 12.45 所示：

   • 选择 Enable Depth of Field（启用景深）；

   • 将 Focus Distance（对焦距离）设置为 200mm；

   • 把 F-Stop（光圈）值改为 5.6；

   • 将 Focal Length（焦距）设置为 27.2。

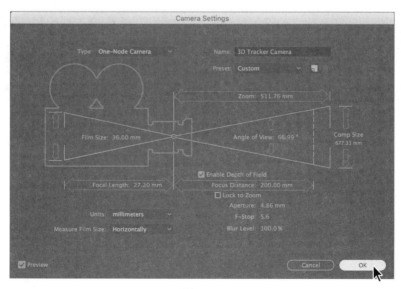

图12.45

4. 在 Timeline 面板中选中除了音频图层之外的其他图层，然后选择其中一个图层的 Motion Blur（运动模糊）开关，把它应用到所有选中的图层上。

5. 在 Timeline 面板的顶部单击 Enable Motion Blur（启用运动模糊）按钮（⬤），为所有图层启用运动模糊。

6. 选择 File>Save 命令保存作品。

12.11 渲染合成图像

我们已经完成了一些复杂的工作，创建了一个将添加的组件和现有画面合并在一起的场景。想要看到最后的结果，就要渲染作品。在第 14 课中，我们将了解到关于渲染的更多知识。

1. 在 Project 面板中，选择 Desktop 合成图像。

2. 选择 Composition> Add To Adobe Media Encoder Queue。

这将打开 Adobe Media Encoder。你的合成图像位于 Queue（队列）面板中，而且带有默认的输出设置。

3. 在 Queue 面板中，在 Format 栏中选择 AVI（Windows）或 QuickTime（Mac OS）。

4. 在 Preset 栏中选择 NTSC DV Widescreen 24p。

5. 单击 Output File 栏中的蓝色文本，导航到 Lesson12\Finished_Project 文件夹，然后单击 Save 按钮。

6. 单击 Start Queue 按钮（▶），开始渲染，如图 12.46 所示。

图12.46

7. 在 Adobe Media Encoder 渲染完合成图像之后，播放视频，欣赏自己的作品吧！

复习题

1. 3D Camera Tracker（摄像机跟踪）特效是做什么的？

2. 如何使添加的 3D 元素看上去和远离相机的元素一样大？

3. 什么是 Rolling Shutter Repair（滚动快门修复）特效？

复习题答案

1. 3D Camera Tracker（摄像机跟踪）特效自动分析 2D 画面中出现的运动，提取位置和拍摄现场的真实摄像机的镜头类型，然后在 After Effects 中创建新的 3D 摄像机，与其相匹配。该特效也会在 2D 画面上覆盖 3D 跟踪点，这样我们就可以很容易地在原来的画面上添加新的 3D 图层。

2. 为了让添加的 3D 元素看上去在后退，使其看上去好像离摄像机更远，需要调整 Scale 属性。调整 Scale 属性可以让视角锁定在合成图像的剩余部分上。

3. 当使用带有 CMOS 传感器的数码摄像机拍摄时，每次捕获一帧视频的一个扫描线，都通常会发生"滚动"快门问题，Rolling Shutter Repair（滚动快门修复）特效就是用来解决这个问题的。由于扫描线之间有时间差，并不是图像的所有区域都能在完全相同的时间被准确记录下来，这就导致运动落后于帧。如果摄像机或者对象正在移动，滚动快门就会引起失真，例如倾斜的建筑物和其他倾斜的图像。要使用该特效，选择 Timeline 面板中的问题图层，然后选择 Effect>Distort>Rolling Shutter Repair 命令即可。

第13课 高级编辑技术

课程概述

本课介绍的内容包括：

- 稳定抖动的镜头；

- 应用单点运动跟踪使素材中的一个对象跟踪素材中的另一个对象；

- 使用透视边角定位进行多点跟踪；

- 使用幻想工程师系统公司的 Mocha 进行运动跟踪；

- 创建粒子运动系统；

- 应用 Timewarp（时间扭曲）特效创建慢动作视频。

本课大约要用 2 小时时间完成。启动 After Effects 之前，请先通过前言中提到的下载地址将本书的课程资源下载到本地硬盘中，并进行解压。在学习本课时，将覆盖相应的课程文件。建议先做好原始课程文件的备份工作，以免后期用到这些原始文件时，还需重新下载。

After Effects 提供了高级的运动稳定处理、运动跟踪、高端特效以及最苛刻的制作环境下所需的其他功能。

13.1 开始

前几课中，我们已用过动态图像设计所需的多种基本 2D 和 3D 工具，除此之外，Adobe AfterEffects 还提供了运动稳定、运动跟踪、高级键控工具、扭曲特效，并具有使用 Timewarp（时间扭曲）特效对素材进行时间变换的功能，同时它还支持高动态范围（HDR）彩色图像、网络渲染等功能。本课将学习怎样使用 Warp Stabilizer（变形稳定器）VFX 来稳定手持摄像机拍摄的素材，并在图像中设置一个对象跟踪另一个对象，使它们的运动保持同步，以及使用边角定位来跟踪具有透视效果的对象。最后，我们将研究 After Effects 中的高端数字特效：粒子系统发生器和 Timewarp（时间扭曲）特效。

本课包含多个项目。开始前请浏览所有项目。

1. 确认硬盘上的 Lessons\Lesson13 文件夹中存在以下文件。

   · Assets 文件夹：flowers.mov、Group_Approach[DV].mov、majorspoilers.mov、metronome.mov、mocha_tracking.mov、multipoint_tracking.mov。

   · Sample_Movies 文件夹的 AVI 和 MOV 子文件夹中：Lesson13_Multipoint、Lesson_13_Particles、Lesson13_Stabilize、Lesson13_Timewarp.mov。

> **Ae** | **注意**：你可以一次性看完所有这些影片，如果你不打算一口气完成所有这些练习，则可以在每次准备做练习前查看相应的影片例子。

2. 使用 Windows Media Player 打开并播放 Lesson13\Sample_Movies/AVI 文件夹中的影片示例文件，或者使用 QuickTime Player 打开并播放 Lesson13\Sample_Movies/MOV 文件夹中的影片示例文件，以查看本课将创建的效果。

3. 播放完后，退出 Windows Media Player 或 QuickTime Player。如果硬盘空间有限，也可以将影片示例文件从硬盘中删除。

13.2 使用 Warp Stabilizer（变形稳定器）VFX

如果使用手持摄像机拍摄素材，拍摄到的图像可能会抖动。除非有意要制造这样的效果，否则你一定想稳定图像，消除图像中的抖动现象。

After Effects 中的 Warp Stabilizer（变形稳定器）VFX 可以自动移除不相关的抖动。在播放时，因为图层本身增加的缩放和移动抵消了不应有的抖动，所以图像变得平稳了。

双三次缩放

当缩放视频素材或者图像到较大的尺寸时，After Effects 必须先抽样数据，添加之前不存在的信息。在缩放图层时，可以选择After Effects的抽样方法。想要获取更多信息，请参考After Effects Help。

After Effects传统上使用双线性抽样。不过，因为双三次抽样采用比较复杂的算法，在颜色转换得缓慢时，通常能提供更好的结果，看上去就像是真实的摄影图像。双线性缩放对具有锐利边缘的图像可能是一个好的选择。

要为图层选择一种抽样方法，首先选择图层，然后选择Layer > Quality > Bicubic or Bilinear> Quality > Bilinear命令。双三次和双线性抽样只有图层设为最佳质量时才能使用（选择Layer>Quality>Best，可将图层的质量设置为最佳状态）。你也可以使用Quality和Sampling图层开关，在双线性抽样和双三次抽样之间切换。

如果需要在放大一个图像的同时保留细节，可以使用Detail-preserving Upscale（细节保护缩放）特效。该特效可以保留锐利线条和曲线的锐度。例如，可以从SD帧大小放大到HD帧大小，或者从HD帧大小放大到数字电影帧大小。该特效与Photoshop中Image Size（图像大小）对话框中的Preserve Details（保留细节）重抽样选项密切相关。注意，针对图层使用Detail-preserving Upscale（细节保护缩放）特效要比使用双线性或双三次缩放的速度慢。

13.2.1 设置项目

启动 After Effects 时，请恢复 After Effects 应用程序的默认设置。详情请参见前言中的"恢复默认参数"。

1. 启动 After Effects 时请立即按住 Ctrl + Alt + Shift（Windows）或 Command + Option + Shift（Mac OS）组合键，准备恢复默认的参数设置。系统询问是否删除参数文件时，单击 OK 按钮。

2. 关闭 Start（开始）窗口。

After Effects 打开后显示一个空的无标题项目。

3. 选择 File > Save As > Save As 命令。

4. 在 Save As 对话框中，导航到 Lessons\Lesson13\Finished_Project 文件夹。

5. 将该项目命名为 Lesson13_Stabilize.aep，然后单击 Save 按钮。

13.2.2 导入素材

开始本项目前需要导入一项素材。

1. 双击 Project 面板中的空白区域，打开 Import File 对话框。

2. 导航到硬盘的 Lessons\Lesson13\Assets 文件夹，选择 flowers.mov 文件，再单击 Import 或 Open 按钮，如图 13.1 所示。

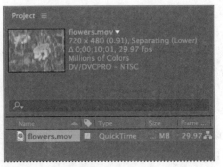

图13.1

13.2.3 创建合成图像

现在创建合成图像。

1. 在 Project 面板中将 flowers.mov 视频剪辑拖放到面板底部的 Create A New Composition 按钮（图标）上。

After Effects 创建一个新合成图像，命名为 Flowers，它与源视频剪辑具有同样的像素大小、长宽比、帧速率和时长。

2. 在 Preview 面板中单击 Play 按钮预览素材。观看完整个视频剪辑后，按下空格键停止预览。

该视频剪辑是在黄昏时分使用手持摄像机拍摄的。徐徐的微风吹动着植物，镜头也在抖动。

13.2.4 应用 Warp Stabilizer（变形稳定器）VFX

Warp Stabilizer（变形稳定器）VFX 一旦被应用就开始分析素材，因为稳定化处理过程是在后台运行的，所以在完成之前，你可以去处理其他合成图像。处理时间取决于你的系统。在变形稳定器分析素材时，After Effects 会显示一个蓝色条幅，而在应用稳定器时，则会显示橙色的条幅。

1. 在 Timeline 面板中选择 flowers.mov 图层，并选择 Animation > Warp Stabilizer VFX 命令，此时，会立即出现蓝色的条幅，如图 13.2 所示。

2. 当 Warp Stabilizer VFX 完成稳定化后，橙色的条幅就会消失，按空格键预览这一变化，如图 13.3 所示。

图13.2

图13.3

3. 再次按空格键停止预览。

该视频剪辑的画面仍然摇晃，不过已经比刚开始时平稳多了。Warp Stabilizer VFX 移动并重新定位了素材。为了查看它是如何应用这一改变的，可在 Effect Controls 面板观看效果。例如，视频剪辑的边界扩大（大约103%），以掩藏在稳定化处理过程中重新定位图像时产生的黑色空隙。可以调整 Warp StabilizerVFX 使用的设置。

13.2.5 调整 Warp Stabilizer VFX 的设置

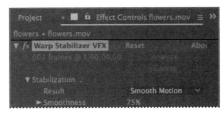

图13.4

你将在 Effect Controls 面板中调整设置，使拍摄的视频看上去更平稳。

1. 在 Effect Controls 面板中，提升 Smoothness 的数值到 75%，如图 13.4 所示。

Warp Stabilizer VFX 立即再次开始稳定化。因为初始的分析数据存放在内存中，所以这次不需要分析素材。

Warp Stabilizer（变形稳定器）VFX的设置

下面是Warp Stabilizer（变形稳定器）VFX设置的概述，旨在帮助你入门。若想获悉更多的内容，或使用特效的更多技巧，请参阅After Effects Help。

- Result：控制预期结果。Smooth Motion 虽然可以使摄像机更为平滑地移动，但是不能消除它的移动。使用 Smoothness 设置控制平滑移动的程度。没有任何 Motion 可以消除所有的摄像机移动。

- Method：指定最复杂的 Warp Stabilizer(变形稳定器)VFX 稳定化素材的操作。Position（位置），只基于位置数据；Positon, Scale, Rotation（位置、缩放和旋转），使用这三类数据；Perspective（透镜），有效地对整个帧进行边角定位；Subspace Warp（默认值），试图扭曲帧的不同部分以稳定化整个帧。

- Borders：在稳定化素材时调整对待素材边界（移动的边缘）的方式。帧控制边缘如何出现在稳定化的结果中，并确定特效否采用其他帧的材料来修剪、缩放或合成边界。

- Auto-scale：显示当前自动缩放的量，并允许你对自动缩放的量进行限制。

- Advanced：让你更有效地控制 Warp Stabilizer（变形稳定器）VFX 特效的行为。

2. 当 Warp Stabilizer VFX 完成后，预览该变化。

3. 完成后，按下空格键停止回放。

这样好多了，不过仍然有点粗糙。Effect Controls 面板中的 Auto-scale 设置当前显示为103.7%；这个特效使得画面效果更为显著了，这需要更多的缩放比例来消除边界周围的黑色空隙。

我们不是通过改变 Warp Stabilizer VFX 的量来平滑素材，而是通过改变它的目标。

4. 在 Effect Controls 面板中，从 Result 下拉列表中选择 No Motion，如图 13.5 所示。

完成该设置之后，Warp Stabilizer VFX 试图锁定照像机的位置。这需要更多缩放比例。当 No Motion 选定后，Smoothness 选项将变得无效。

图13.5

5. 当橙色条幅消失后，再次进行预览。结束后按下空格键停止播放。

现在摄像机处于指定位置，可以注意到只有花在风中移动，而摄像机没有抖动。为了达到这种效果，WrapStabilizer VFX 需要将视频剪辑缩放到原来大小的 112%。

13.2.6　优化结果

虽然在多数情况下，默认分析就已经能运行得很好了，但是有时可能需要进一步优化最终结果。

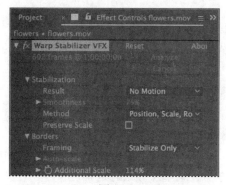

在本项目中，视频剪辑在一些地方会稍微地倾斜，大约在5 秒钟标记位最为明显。虽然一般的观众可能不会注意到这个问题，但是敏锐的制片人能够发现。我们将更改 Warp Stabilizer VFX 使用的方法来消除倾斜。

1. 在 Effect Controls 面板中，从 Method 下拉列表中选择 Position, Scale, Rotation。

2. 从 Framing 下拉列表中选择 Stabilize Only。

3. 将 Additional Scale 增加到 114%，如图 13.6 所示。

4. 进行预览。

图13.6

> **Ae** **注意**：放大视频图层会降低图像质量。一个好的经验法则是，将图层放大到不超过源图层大小的 115%。

现在的画面看起来比较稳定。唯一运动的是被风吹动的花。

5. 完成后，按下空格键停止播放。

6. 选择 File > Save 保存工作。

7. 选择 File > Close Project 命令。

可以看出，对视频进行稳定化处理不是没有缺点。为了补偿应用到图层中的移动或旋转数据，必须缩放画面，这将会降低素材的质量。如果确实需要在你的产品中使用拍摄的视频，这可能是最好的折中办法了。

 提示：我们可以使用 Warp Stabilizer（变形稳定器）VFX 高级设置来实现更为复杂的特效。更多内容，请参见 Adobe Press 出版的 After Effects CC Visual Effects and Compositing Studio Techniques。

13.3 使用单点运动跟踪

随着将数字元素集成到最终拍摄视频中的产品的数量越来越多，创作人员需要一种简单的方法将计算机生成的特效与电影或视频背景同步。After Effects 的实现方法是通过跟随（或跟踪）画面内的指定区域，并将其运动应用到其他图层。这些图层可以包含文字、特效、图像或其他素材，这些图层的最终视觉效果与原始运动素材精确匹配。

当在包含多个图层的 After Effects 合成图像中进行运动跟踪时，默认跟踪类型是 Transform（变换）。这种类型的运动跟踪将跟踪图层的位置和（或）旋转，并将其应用到其他图层。跟踪位置时，该选项创建一个跟踪点，并生成 Position 关键帧；跟踪旋转时，该选项创建两个跟踪点，并生成 Rotation 关键帧。

本练习中，我们将用形状图层跟踪节拍器摆臂。由于摄像师拍摄时未使用三脚架，所以上述处理尤其具有挑战性。

13.3.1 设置项目

如果你完成了前面的第一个项目，且当前 After Effects 是打开的，请跳到第 3 步。否则，请恢复 After Effects 应用程序的默认设置。详情请参见前言中的"恢复默认参数"。

1. 启动 After Effects 时请立即按住 Ctrl + Alt + Shift（Windows）或 Command + Option + Shift（Mac OS）组合键，准备恢复默认的参数设置。系统询问是否删除参数文件时，单击 OK 按钮。

2. 关闭 Start（开始）窗口。

After Effects 打开后显示一个空的无标题项目。

3. 选择 File>Save As>Save As 命令。

4. 在 Save Project As 对话框中，导航到 Lessons\Lesson13\Finished_Project 文件夹。

5. 将该项目命名为 Lesson13_Tracking.aep，然后单击 Save 按钮。

13.3.2 创建合成图像

在开始该项目之前，需要导入素材。我们将使用它创建新合成图像。

1. 双击 Project 面板中的空白区域，打开 Import File 对话框。

2. 导航到 Lessons\Lesson13\Assets 文件夹，选择 metronome.mov 文件，然后单击 Import 或 Open 按钮。

3. 在 Project 面板中，拖动 metronome.mov 视频剪辑到面板底部的 Crate A New Composition 按钮上。

After Effects 新建一个名为 Metronme 的合成图像，它与源视频剪辑具有同样的像素大小、长宽比、帧速率和时长。

4. 在时间标尺上拖动当前时间指示器，手动预览素材。

13.3.3　创建形状图层

我们将在节拍器末端添加一个星形。我们先使用形状图层创建星形。

1. 按 Home 键，或将当前时间指示器移动到时间标尺的起点，如图 13.7 所示。

2. 单击 Timeline 面板中的空白区域，取消选中该图层。

3. 在 Tools 面板中选择 Star（星形）工具（★），它隐藏在 Rectangle（矩形）工具（▨）后面，如图 13.8 所示。

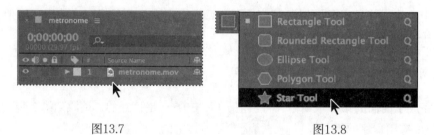

图13.7　　　　　　　　　　　　图13.8

4. 单击 Fill Color 色板，选择浅黄色（如 R=220，G=250，B=90）。单击单词 Stroke，在 Stroke Options（描边选项）对话框中选择 None，单击 OK 按钮，如图 13.9 和图 13.10 所示。

图13.9　　　　　　　　　　　图13.10

> **Ae** **注意**：如果没有看到 Fill Color 色板，确定你没有选中任何图层。在选中图层时，形状工具绘制的是蒙版。

5. 在 Composition 面板中，绘制一颗小星星。

6. 使用 Selection（选取）工具将星星定位在节拍器摆臂末端上面，如图 13.11 所示。

7. 选择 Shape Layer 1，查看该图层的锚点。请使用 Pan Behind（定位点）工具（）将锚点移动到星星的中央（如果锚点不在那儿的话），如图 13.12 所示。

图13.11   图13.12

13.3.4   定位跟踪点

After Effects 通过将一个帧内被选择区域的像素和每个后续帧内的像素进行匹配，来实现对运动的跟踪。你可以创建跟踪点来指定要跟踪的区域。跟踪点包含特征区域、搜索区域和连接点。After Effects 在跟踪期间在 Layer 面板中显示跟踪点。

我们将对节拍器的滑块（节拍器摆臂末端的菱状物）进行跟踪，需要将跟踪区域放置到我们要跟踪的另一图层的相应区域周围。将星星形状添加到 Tracking 合成图像后，我们准备定位跟踪点。

1. 在 Timeline 面板中选择 metronome.mov 图层。

2. 选择 Animation > Tracker Motion 命令。打开 Tracker 面板，如果看不到所有的选项，可以放大面板。

After Effects 在 Layer 面板中打开选中的图层。Track Point 1 指示器显示在图像中央，如图 13.13 和图 13.14 所示。

图13.13   图13.14

请注意 Tracking 面板中的设置：Motion Source 下拉菜单中选择的是 metronome.mov，Current Track 设置为 Tracker 1，Motion Target 设置为 Shape Layer 1。这是因为 After Effects 自动将 Motion

Target 设置为紧靠源图层上方的那个图层。

现在开始定位跟踪点。

3. 用 Selection（选取）工具（▶）在 Layer 面板中将 Track Point 1 指示器移动（拖动特征区域 [内框] 的空白部分）到节拍器的滑块上。

4. 将搜索区域（外框）扩大到包围节拍器周围的区域，然后在节拍器的滑块内调整特征区域（内框），如图 13.15 所示。

图13.15

 注意：在这个练习中，我们希望星星移动到节拍器的滑块上面。但如果你希望对象与跟踪区域的运动关联，而又不在该跟踪区域上面，需要相应地重新定位连接点。

13.3.5　分析和应用跟踪

现在已经定义了搜索区域和特征区域，接下来可以应用跟踪了。

1. 单击 Tracker 面板中的 Analyze Forward 按钮（▶）。查看分析结果，确认跟踪点位于节拍器滑块上面。否则，按空格键停止分析并重定位特征区域（请查看"校正飘移"）。

 注意：跟踪分析需要较长时间。搜索区域和特征区域越大，After Effects 进行跟踪分析所花费的时间就越长。

2. 分析完成后，单击 Apply 按钮，如图 13.16 所示。

图13.16

3. 在 Motion Tracker Apply Options 对话框中，单击 OK 按钮，对 x 和 y 维度应用跟踪。

运动跟踪数据被添加到 Timeline 面板中，在该面板中可以看到跟踪数据位于节拍器图层内，但结果被应用到 Shape Layer 1 图层的 Position 属性。

校正飘移

视频中的图像移动时，常伴随着灯光、周围对象以及对象角度的变化，这将使曾经明显的特征在亚像素级别上不再是可识别的。所以需要精心选择可跟踪的特征区域。即使经过精心的计划和练习，特征区域也常会偏离期望的特征。所以对于数字跟踪处理来说，重新调整特征区域和搜索区域、改变跟踪选项以及再次重试是它的标准流程。如果发现出现飘移，请尝试如下方法。

1. 按下空格键立即停止分析。
2. 将当前时间指示器移回到最后一个好的跟踪点上。可以在 Layer 面板中看到这个点。
3. 对特征区域和搜索区域进行重定位并（或）调整大小，请注意不要无意中移动了连接点。移动连接点将导致在被跟踪的图层内图像出现明显的跳动。
4. 单击 Analyze Forward 按钮恢复跟踪处理。

4. 按空格键预览视频。可以看到星星不仅跟着节拍器摆动，而且随着摄像机的移动而移动，如图 13.17 所示。

图13.17

5. 完成预览后，按空格键停止播放。

6. 隐藏 Timeline 面板中这两个图层的属性，选择 File>Save 命令，然后再选择 File>CloseProject 命令。

移动跟踪背景素材上的元素很有趣。只要有一个稳定的用于跟踪的特征区域，单点运动跟踪就很容易实现。

移动跟踪点和调整其尺寸

在设置运动跟踪时，常常需要通过调整特征区域、搜索区域和连接点来进一步调整跟踪点。我们可以用Selection（选取）工具单独或成组拖动这些项来移动它们，或调整它们的尺寸，拖动时鼠标指针图标将改变，以反映不同的操作，如图13.18所示。

跟踪点组件（左）和Selection（选取）工具图标（右）：

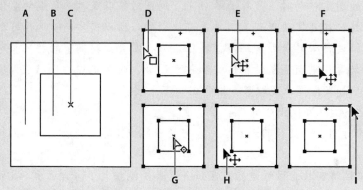

A. 搜索区域 B. 特征区域 C. 连接点 D. 移动搜索区域 E. 移动两个区域

F. 移动整个跟踪点 G. 移动连接点 H. 移动整个跟踪点 J. 调整区域大小

图13.18

- 从 Tracking 面板菜单中选择 Magnify Feature When Dragging（拖动时放大特征区域），将打开或关闭特征区域放大开关。如果该选项旁显示选取标志，它处于打开状态。

- 为了仅移动搜索区域，可以使用 Selection（选取）工具拖动搜索区域的边缘；此时将显示出 Move Search Region（移动搜索区域）指针（ ）（见图 13.18 中的 D）。

- 为了只移动特征区域和搜索区域，请用 Selection（选取）工具在特征区域或搜索区域内按住 Alt 键拖动（Windows）或按住 Option 键拖动（Mac OS），此时将显示出 Move BothRegions（移动两个区域）指针（ ）（见图 13.18 中的 E）。

- 为了仅移动连接点，可以使用 Selection（选取）工具拖动连接点，此时将显示出 MoveAttach Point（移动连接点）指针（ ）（见图 13.18 中的 G）。

- 为了调整特征区域或搜索区域的大小，请拖动角柄（见图 13.18 中的 I）。

- 为了一起移动特征区域、搜索区域和连接点，请使用 Selection（选取）工具在跟踪点区域内拖动（避开区域的边缘及连接点），此时会显示出 Move Track Point（移动跟踪点）指针（ ）。

关于跟踪点的更多信息，请参见After Effects Help。

13.4　多点跟踪

After Effects 还提供另外两种更高级的跟踪类型，它们使用多点跟踪：平行边角定位和透视角定位。

使用平行边角定位进行跟踪时，将同时跟踪源素材中的 3 个点。After Effects 计算出第四个点的位置，使 4 个点之间的连线保持平行。当跟踪点的移动被应用到目标图层时，Corner Pin（边角定位）特效扭曲图层，以模拟斜切、缩放和旋转效果，但不模拟透视效果。跟踪过程中平行线保持平行，相对距离保持不变。

使用透视边角定位进行跟踪时，将同时跟踪源素材中的 4 个点。当 Corner Pin 特效被应用到目标图层时，它根据 4 个跟踪点的移动来扭曲图层，并模拟透视的变化。

我们将采用透视边角定位方法将动画显示到计算机屏幕上。该特效的效果与在第 7 课中的项目中呈现的很类似，但是你使用的是不同的技术。如果你还没有预览该练习的示例影片，现在请预览该影片。

13.4.1　设置项目

首先启动 After Effects 并创建新项目。

1. 如果还未启动 After Effects，现在就启动它。启动 After Effects 时请立即按住 Ctrl + Alt + Shift（Windows）或 Command + Option + Shift（Mac OS）组合键，准备恢复默认的参数设置。系统询问是否删除参数文件时，单击 OK 按钮。关闭 Start（开始）窗口。

After Effects 打开后显示一个空的无标题项目。

2. 选择 File>Save As > Save As 命令。

3. 在 Save Project As 对话框中，导航到 Lessons\Lesson13\Finished_Project 文件夹。

4. 将该项目命名为 Lesson13_Multipoint.aep，然后单击 Save 按钮。

5. 双击 Project 面板中的空白区域，打开 Import File 对话框。导航到 Lessons\Lesson13\Assets 文件夹。

6. 按住 Ctrl 键单击（Windows）或按住 Command 键单击（Mac OS）选择 majorspoilers.mov 和 multipoint_tracking.mov 文件，再单击 Import 或 Open 按钮。

7. 按 Ctrl+N（Windows）或 Command+N（Mac OS）组合键新建合成图像。

8. 在 Composition Settings 对话框中，完成下面的设置，然后单击 OK 按钮，如图 13.19 所示。

   - 在 Composition Name 字段中输入 Multipoint_Tracking。

   - 从 Preset 下拉列表中选择 NTSC DV。

   - 将 Duration 设置为 7:05——majors poilers.mov 文件的时长。

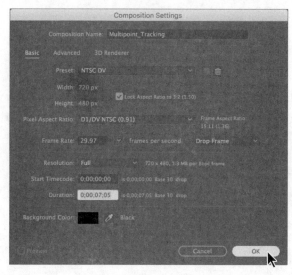

图13.19

9. 将 multipoint_tracking.mov 文件从 Project 面板拖放到 Timeline 面板。手动预览素材，因为这是手持摄像机拍摄的，所以画面存在抖动现象。

因为我们将 majorspoilers.mov 图层放置在计算机显示器中，所以可以很方便地在平面上放置跟踪标志。默认情况下，跟踪器根据亮度进行跟踪，所以我们选择屏幕周围反差强烈的区域进行跟踪。

10. 按 Home 键，或将当前时间指示器移动到时间标尺的起点。

11. 将 majorspoilers.mov 文件从 Project 面板拖放到 Timeline 面板中，并将其置于图层堆栈的顶部。

12. 为了在放置跟踪点时方便查看其下方的影片，请在 Timeline 面板中关闭 majorspoilers.mov 图层的 Video 开关，如图 13.20 和图 13.21 所示。

图13.20

图13.21

13.4.2 定位跟踪点

现在，可以向 multipoint_tracking.mov 图层添加跟踪点了。

1. 在 Timeline 面板中选择 multipoint_tracking.mov 图层。

2. 选择 Window> Tracker 命令，打开 Tracker 面板（如果当前未打开的话）。

3. 在 Tracker 面板中，从 Motion Source 下拉列表中选择 multipoint_tracking.mov。

4. 再次选择 multipoint_tracking.mov 图层，然后单击 Track Motion 按钮，如图 13.22 和图 13.23 所示。

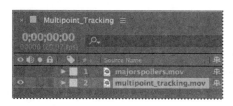

图13.22

图13.23

此时，书桌场景在 Layer 面板中打开，跟踪点指示器显示在画面中央。但是，我们将跟踪 4 个点，以便将动画影片添加到计算机屏幕上。

5. 从 Track Type 下拉列表中选择 Perspective Corner Pin，如图 13.24 所示。

Layer 面板将显示出另外 3 个跟踪点指示器。

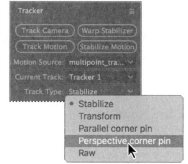

图13.24

6. 将跟踪点拖放到图像中 4 个不同的高对比度区域。计算机屏幕 4 个角的对比度很高，如图 13.25 和图 13.26 所示（因为高对比度区域就是我们要连接 majorspoilers 图层的位置，所以不需要移动连接点）。

图13.25

图13.26

提示：关于移动跟踪点区域的知识，请参阅"移动跟踪点和调整其尺寸"。

13.4.3 应用多点跟踪

现在，我们准备进行数据分析，并应用跟踪。

1. 单击 Tracker 面板中的 Analyze Forward 按钮（▶）。当数据分析完成后，单击 Apply 按钮计算跟踪。

2. 请注意 Timeline 面板中的结果：可以看到 majorspoilers 图层的 Corner Pin 和 Position 属性关键帧，以及 motion_tracking 图层的跟踪点数据。

注意：如果 Composition 面板中未显示出合成图像，请单击 Timeline 窗口，移动当前时间指示器，并刷新。

3. 再次确认 majorspoilers 图层是可见的，将当前时间指示器移动到时间轴的起点。然后预览影片，查看跟踪结果。

4. 预览完成后，按空格键停止播放。

如果对处理结果不满意，可返回 Tracker 面板，单击 Reset 按钮，再试一次。通过练习，你将熟悉怎样选择合适的特征区域。

5. 隐藏图层属性，以保持 Timeline 面板的整洁，然后选择 File>Save 命令保存作品。

6. 选择 File > Close Project 命令。

After Effects中的Mocha

多数情况下，采用Imagineer Systems（幻想工程师系统）公司的Mocha跟踪视频中的点，可以得到更理想、更精确的跟踪结果。After Effects中包含了Mocha的一个版本。要使用Mocha进行跟踪，选择Animation > Track In Mocha AE。

在After Effects中使用Mocha的一个好处是，不需要准确地放置跟踪点就能实现完美跟踪。Mocha不使用跟踪点，而是使用平面跟踪，它将根据用户所定义平面的运动来跟踪对象的位置变换、旋转以及缩放数据。与单点跟踪及多点跟踪工具相比，平面跟踪将为计算机提供更多的细节信息。

在After Effects中使用Mocha时，需要确认视频剪辑中的平面，该平面应与你要跟踪的对象同步运动。跟踪平面不一定是桌面或墙。例如，如果有人正挥手告别，可以将他的上下臂作为两个跟踪平面。对平面进行跟踪后，可以导出跟踪数据，以便在After Effects中使用。

After Effects中的Mocha采用两种不同的样条跟踪技术：X样条和Bezier（贝塞尔）样条。采用X样条跟踪的效果可能较理想，它尤其适用于透视运动跟踪。而采用Bezier样条的跟踪效果也不错，并且它已成为业界标准。

要了解关于After Effects中的Mocha的更多知识，请在Mocha程序中选择Help > Online Help或Help > Offline Help命令。

我们已将计算机屏幕的一些跟踪数据保存在After Effects的Mocha中，如果愿意的话，可以将它们应用到After Effects中。要应用这些数据，请执行如下操作。

1. 在 After Effects 中创建一个新项目，从 Lesson13\Assets 文件夹导入 majorspoilers. mov 和 mocha_tracking.mov 文件。采用 mocha_tracking.mov 文件创建一个新合成图像，然后在 Timeline 面板中将 majorspoilers.mov 文件拖放到图层堆栈的顶部。

2. 在诸如 WordPad 或 TextEdit 等文本编辑器（Windows 系统中不要使用 Notepad 软件，它不会保留 Mocha 的格式信息，因此 After Effects 无法识别剪贴板中的内容）中打开 mocha_data.txt 文件（位于 Lesson13\Optional_Mocha_Tutorial 文件夹），选择 Edit > Select All 命令，然后选择 Edit > Copy to 命令，复制所有数据。

3. 在 After Effects 中，在 Timeline 面板中选择 majorspoilers.mov 图层，选择 Edit > Paste 命令。所有数据将被应用到该图层。

4. 预览结果。

13.5 创建粒子仿真效果

After Effects 提供的几种特效可以很好地模拟粒子运动效果。其中的两种特效——CC ParticleSystems II 和 CC Particle World 基于同样的引擎，二者之间的主要差别在于 Particle World 能够在 3D 空间内（而不是 2D 图层空间）移动粒子。

在本练习中，我们将学习使用 CC Particle Systems II 特效创建超新星，它可以用作科学节目的片头或者作为视频运动背景。如果你现在还没预览本练习的影片例子，请在继续练习前先预览该影片。

13.5.1 设置项目

启动 After Effects，创建一个新的合成图像。

1. 如果还未启动 After Effects，现在就启动它。启动 After Effects 时请立即按住 Ctrl + Alt + Shift（Windows）或 Command + Option + Shift（Mac OS）组合键，准备恢复默认的参数

设置。系统询问是否删除参数文件时，单击 OK 按钮。关闭 Start（开始）窗口。

After Effects 打开后显示一个空的无标题项目。

2. 选择 File>Save As>Save As 命令。

3. 在 Save As 对话框中，导航到 Lessons\Lesson13\Finished_Project 文件夹。

4. 将该项目命名为 Lesson13_Particles.aep，然后单击 Save 按钮。

本练习中我们不需要导入任何素材项，但是需要创建合成图像。

5. 在 After Effects 中，按 Ctrl+N（Windows）或 Command+N（Mac OS）组合键。

6. 在 Composition Settings 对话框中，完成下面的配置，然后单击 OK 按钮，如图 13.27 所示。

- 在 Composition Name 字段中输入 Supernova。

- 从 Preset 下拉列表中选择 HDTV 1080 29.97。

- 将 Duration 字段设置为 10:00。

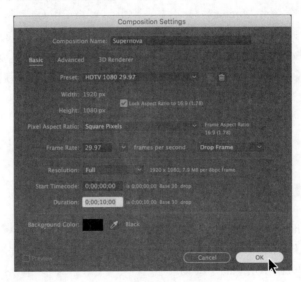

图13.27

13.5.2　创建粒子系统

我们将从纯色图层创建粒子系统，所以接下来创建纯色图层。

1. 选择 Layer>New>Solid 命令创建一个新纯色图层。

2. 在 Solid Settings 对话框的 Name 字段中输入 Particles。

3. 单击 Make Comp Size 按钮，使该图层尺寸与合成图像相同，然后单击 OK 按钮，如图 13.28 所示。

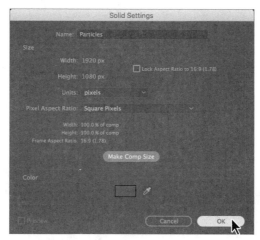

图13.28

理解Particle Systems II属性

粒子系统具有其独特的词汇，这里解释其中的一些关键设置，以供参考。下面按它们在Effect Controls面板中的显示顺序列出（从上到下）。

Birth Rate（产生率）：控制每秒产生的粒子数。该数值本身是个估计值，而不是实际产生的粒子数。但该数值越大，粒子密度将越高。

Longevity（寿命）：决定粒子的生存期。

Producer Position（发生点位置）：控制粒子系统的中心点或原点。该位置是基于x、y坐标设置的。所有粒子将从这个点发射出来。调节x和y半径设置可以控制发生点的尺寸，这些值越高，发生点就越大。如果将x半径设为较大数值，而y半径设为0，就会产生一条直线。

Velocity（速度）：控制粒子的速度。该值越高，粒子移动就越快。

Inherent Velocity %（固有速率百分比）：当Producer Position改变时，该值决定传递到粒子的速度。如果该属性为负值，那么粒子将反向运动。

Gravity（重力）：该值决定粒子坠落速度的快慢。该值越高，粒子坠落的速度就越快。负值将导致粒子上升。

Resistance（阻力）：模拟粒子与空气或水的相互作用，逐渐变慢的过程。

Direction（方向）：决定粒子流动的方向。该属性和Direction Animation中的类型一起使用。

Extra（例外）：向粒子的运动引入的随机量。

Birth/Death Size（产生/衰亡尺寸）：决定粒子创建和衰亡时的尺寸。

Opacity Map（不透明映射）：决定粒子生存期内不透明度的变化。

Color Map（颜色映射）：该属性与Birth和Death颜色属性一起使用，决定粒子的亮度随时间的变化情况。

4. 选择 Timeline 面板中的 Particles 图层，再选择 Effect>Simulation>CC Particle Systems II 命令。

5. 移动到 4:00 查看粒子系统，如图 13.29 和图 13.30 所示。

图13.29

图13.30

可以看到 Composition 面板中显示出一股巨大的黄色粒子流。

13.5.3　自定义粒子特效

下面我们通过在 Effect Controls 面板自定义设置，将这股粒子流转换成一颗超新星。

1. 在 Effect Controls 面板中展开 Physics 属性组。Animation 属性采用 Explosive（爆炸）选项很适合本项目的需求，但我们不想让粒子向下落，而是向各个方向流动，所以请将 Gravity（重力）属性值设为 0.0，如图 13.31 和图 13.32 所示。

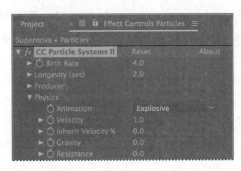

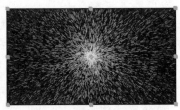

图13.31

图13.32

2. 隐藏 Physics 属性组，并展开 Particle 属性组。然后，从 Particle Type 下拉列表中选择 FadedSphere（渐隐的球体）。

现在的粒子系统看起来如同银河系一般。但不要在这里停下，我们继续对其进行处理。

3. 将 Death Size 修改为 1.50，Size Variation（尺寸变化）调高到 100%。

这将随机改变粒子创建时的尺寸。

4. 将 Max Opacity（最大不透明度）值减小到 55%，使粒子变为半透明，如图 13.33 和图 13.34 所示。

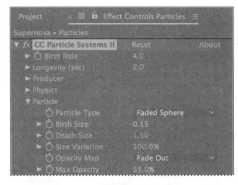

图13.33　　　　　　　　　　　　　　　图13.34

5. 单击 Birth Color 色板，将颜色修改为（R=255，G=200，B=50），使粒子在产生时为黄色，然后单击 OK 按钮。

6. 单击 Death Color 色板，将颜色修改为（R=180，G=180，B=180），使粒子在淡出时为浅灰色，然后单击 OK 按钮，如图 13.35 和图 13.36 所示。

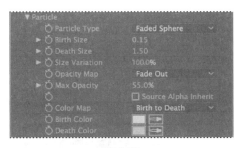

图13.35　　　　　　　　　　　　　　　图13.36

7. 为了使粒子不在屏幕上停留太长时间，我们将 Longevity 值减小到 0.8 秒，如图 13.37 和图 13.38 所示。

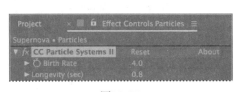

图13.37　　　　　　　　　　　　　　　图13.38

注意：虽然 Longevity 和 Birth Rate 设置位于 Effect Controls 面板的顶部，但在设置好其他的粒子属性后，这两个属性常常更容易调整。

Faded Sphere 类型粒子看起来较柔和，但粒子形状仍然太清晰。下面将通过模糊图层，使粒子相互混和来解决这个问题。

8. 隐藏 CC Particle Systems II 特效属性。

9. 选择 Effect>Blur & Sharpen>Gaussian Blur 命令。

10. 在 Effect Controls 面板的 Gaussian Blur 区域，将 Blurriness（模糊量）值调高到 10。然后选择 Repeat Edge Pixels（重复边缘像素）复选框，以防位于图像帧边缘的粒子被裁切，如图 13.39 和图 13.40 所示。

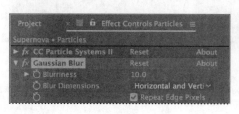

图13.39

图13.40

13.5.4 创建太阳

现在将在粒子后面创建明亮的光环。

1. 移动到 0:07 位置。

2. 按 Ctrl+Y（Windows）或 Command+Y（Mac OS）组合键，创建新的纯色图层。

3. 在 Solid Settings 对话框内执行以下操作，如图 13.41 所示。

   - 在 Name 字段中输入 Sun。

   - 单击 Make Comp Size 按钮，使该图层尺寸与合成图像相同。

   - 单击色板，使该图层与粒子的 BirthColor 属性具有相同的黄色（255，200，50）。

   - 单击 OK 按钮，关闭 Solid Settings 对话框。

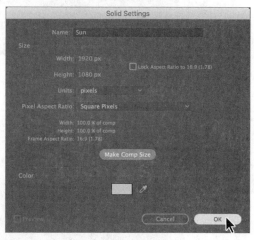

4. 在 Timeline 面板中将 Sun 图层拖放到 Particles 图层的下面。

图13.41

5. 选择 Tools 面板中的 Ellipse（椭圆）工具（⬭），它隐藏在 Rectangle（矩形）工具（▢）或 Star（星形）工具（★）的后面）。按住 Shift 键，在 Composition 面板内拖动，绘制出一个半径约为 100 像素（也就是约占合成图像宽度的 1/4）的圆。你由此创建了一个蒙版。

6. 用 Selection（选取）工具（▶）将蒙版形状拖放到 Composition 面板的中央，如图 13.42 和

图 13.43 所示。

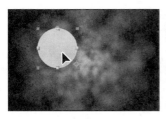
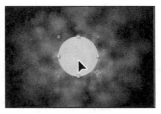

图13.42 　　　　　　　　　图13.43

7. 选中 Timeline 面板中的 Sun 图层，按 F 键显示其 Mask Feather（蒙版羽化）属性。将 MaskFeather 值调高到（100，100）像素，如图 13.44 和图 13.45 所示。

图13.44 　　　　　　　　　　　图13.45

8. 按 Alt+[（Window）或 Option+[（Mac OS）组合键，将该图层的 In 点设置到当前时间，如图 13.46 所示。

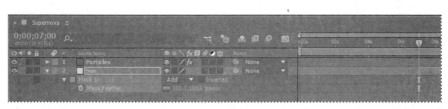

图13.46

9. 隐藏 Sun 图层的属性。

13.5.5　照亮黑暗部分

因为太阳是明亮的，所以它应该照亮周围的黑暗。

1. 确保当前时间指示器仍位于 0:07 位置。

2. 按 Ctrl+Y（Windows）或 Command+Y（Mac OS）组合键，创建新的纯色图层。

3. 在 Solid Settings 对话框中，将图层命名为 Background，单击 Make Comp Size 按钮，使图层尺寸与合成图像相同，然后单击 OK 按钮创建图层。

4. 在 Timeline 面板中，将 Background 图层拖放到图层堆栈的底部。

5. 选择 Timeline 面板中的 Background 图层，然后选择 Effect>Generate> Gradient Ramp（渐

变坡度）命令，如图 13.47 和图 13.48 所示。

图13.47 　　　　　　　　　　　　　　　　　　图13.48

GradientRamp 特效创建彩色渐变，并将它与原来的图像混合。我们可以创建线性或径向渐变，随时间改变渐变的位置和颜色。用 Start of Ramp（渐变起点）和 End of Ramp（渐变终点）设置指定渐变的起点和终点，用 Ramp Scatter（渐变扩散）设置分散渐变颜色，消除色块。

6. 在 Effect Controls 面板的 GradientRamp 区域，执行如下操作，如图 13.49 和图 13.50 所示。

- 将 Start of Ramp 修改为（360，240），将 End of Ramp 修改为（360，525）。

- 从 Ramp Shape 下拉列表中选择 Radial Ramp。

- 单击 Start Color 色板，将渐变开始颜色设置为深蓝色（R=0，G=25，B=135）。

- 将 End Color（渐变结束颜色）设置为黑色（R=0，G=0，B=0）。

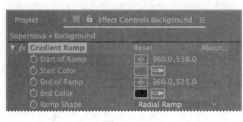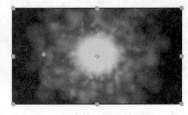

图13.49 　　　　　　　　　　　　　　　　　　图13.50

7. 按 Alt+[（Window）或 Option+[（Mac OS）组合键，将该图层的 In 点设置为当前时间。

13.5.6 添加镜头眩光

为了将所有图像元素结合在一起，现在添加镜头眩光，模拟爆炸效果。

1. 按 Home 键，或将当前时间指示器移动到时间标尺的起点。

2. 按 Ctrl+Y（Windows）或 Command+Y（Mac OS）组合键，创建一个新纯色图层。

3. 在 Solid Settings 对话框中，将图层命名为 Nova。单击 Make Comp Size 按钮，使图层尺寸与合成图像相同。将 Color 设置为黑色（R=0，G=0，B=0），然后单击 OK 按钮。

4. 将 Nova 图层拖动到 Timeline 面板中图层堆栈的顶部。然后选中 Nova 图层，选择

Effect>Generate>Lens Flare（镜头眩光）命令，如图 13.51 和图 13.52 所示。

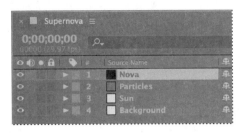

图13.51

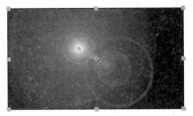

图13.52

5. 在 Effect Controls 面板中的 Lens Flare 区域，执行如下操作。

- 将 Flare Center（光晕中心点）修改为（960，538）。

- 从 Lens Type（镜头类型）下拉列表中选择 50-300mm Zoom（50-300mm 变焦）。

- 将 Flare Brightness（眩光亮度）降低到 0%，然后单击 Flare Brightness 的秒表图标（⏱），创建一个初始关键帧。

6. 移动到 0:10 位置。

7. 将 Flare Brightness 调高到 240%。

8. 移动到 1:04 位置，将 Flare Brightness 调低到 100%，如图 13.53 和图 13.54 所示。

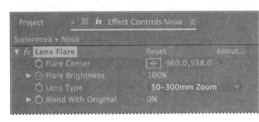

图13.53

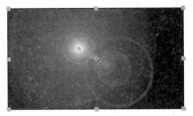

图13.54

9. 在 Timeline 面板中选择 Nova 图层，然后按 U 键显示其经动画处理的 Lens Flare 属性。

高动态范围（HDR）素材

After Effects CS5还支持高动态范围（HDR）颜色。

现实世界中的动态范围（亮暗区域间的比值）远远超过人类视觉的范围和打印的或在显示器上显示的图像的范围。但人眼能适应差别很大的亮度级别，大多数摄像机和计算机显示器仅能捕捉和再现有限的动态范围。摄影师、动画师以及其他从事数字图像处理工作的人必须对场景中的重要对象做出抉择，因为他们面对的是有限的动态范围。

HDR素材开启了一个新领域，因为它能用32位浮点数表示很宽的动态范围。采用相同的位数时，浮点数表示的数值范围远大于整数（定点）值表示的数值范围。HDR值包含的亮度级别（包括像蜡烛光焰或太阳这样明亮的对象）远远超过8bpc（每通道8位）或16bpc（非浮点）模式所包含的亮度级别。8bpc和16bpc模式的低动态范围仅能表示从黑到白这样的RGB色阶，这仅表示现实世界中很小的一段动态范围。

After Effects以多种方式来支持HDR图像。例如，我们可以创建32pbc的项目来处理HDR素材，在After Effects中处理HDR图像时，可以调节其曝光，即图像所捕获的光量。关于After Effects支持HDR图像的更多信息，请参见After Effects Help。

10. 右键单击（Windows）或按住 Control 键单击（Mac OS）Flare Brightness 的结束关键帧，并选择 Keyframe Assistant > Easy Ease In 命令。

11. 右键单击（Windows）或按住 Control 键单击（Mac OS）Flare Brightness 的开始关键帧，并选择 Keyframe Assistant > Easy EaseOut 命令，如图 13.55 所示。

图13.55

最后，需要让合成图像中位于 Nova 图层的图层是可见的。

12. 按 F2 键取消选中所有图层，并从 Timeline 面板菜单中选择 Columns>Modes 命令，然后从 Nova 图层的 Mode 下拉列表中选择 Screen，如图 13.56 和图 13.57 所示。

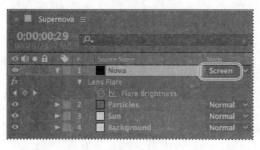

图13.56

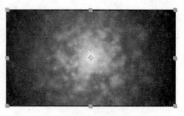

图13.57

13. 预览影片。预览完成后，按空格键停止预览。

14. 选择 File>Save 命令，再选择 File>Close Project 命令。

13.6　使用 Timewarp 特效调整播放速度

After Effects 中的 Timewarp（时间扭曲）特效可以在改变图层的播放速度时，精确地控制很多参数，包括插值方法、运动模糊以及剪切源素材，以去除不需要的修饰痕迹。

本练习将用 Timewarp（时间扭曲）特效改变素材的播放速度，产生一个戏剧性的慢动作播放效果。如果你现在还没预览本练习的影片例子，现在请预览影片。

13.6.1　设置项目

首先启动 After Effects，创建新项目。

1. 如果还未启动 After Effects，现在就启动它。启动 After Effects 时请立即按住 Ctrl + Alt + Shift（Windows）或 Command + Option + Shift（Mac OS）组合键，准备恢复默认的参数设置。系统询问是否删除参数文件时，单击 OK 按钮。关闭 Start（开始）窗口。

After Effects 打开后显示一个空的无标题项目。

2. 选择 File>Save As>Save As 命令。

3. 在 Save Project As 对话框中，导航到 Lessons/Lesson13/Finished_Project 文件夹。

4. 将该项目命名为 Lesson13_Timewarp.aep，然后单击 Save 按钮。

5. 双击 Project 面板中的空白区域，打开 Import File 对话框。导航到硬盘的 Lessons/Lesson13/Assets 文件夹，选择 Group_Approach[DV].mov 文件，然后单击 Import 或 Open 按钮。

6. 在 Interpret Footage 对话框内单击 OK 按钮。

现在，我们根据导入素材的像素长宽比和持续时间创建一个新合成图像。

7. 将 Group_Approach[DV].mov 文件拖放到 Project 面板底部的 Create A New Composition 按钮（■）上。

After Effects 创建一个以源文件命名的新合成图像，并将其显示在 Composition 面板和 Timeline 面板中，如图 13.58 和图 13.59 所示。

图13.58

图13.59

8. 选择 File>Save 命令，保存作品。

13.6.2 使用 Timewarp 特效

在源素材中，一群年轻人稳步走向摄像机。导演希望在 2 秒左右的时间里，人群运动速度减慢到原来的 10%，然后逐渐恢复行走速度，在 7:00 时达到原来的行走速度。

1. 在 Timeline 面板中选择 Group_Approach [DV] 图层，再选择 Effect>Time>Timewarp 命令。

2. 在 Effect Controls 面板的 Timewarp 区域内，请从 Method（方法）下拉列表中选择 Pixel Motion（像素运动），从 Adjust Time By 下拉列表中选择 Speed。

在选择了 Pixel Motion 后，Timewarp 特效会通过分析相邻帧内像素的移动和创建运动矢量来创建新的帧。Speed 选项使 Timewarp 按照百分比，而不是具体的帧来控制时间调整。

3. 移动到 2:00 位置。

4. 在 Effect Controls 面板中，将 Speed 设置为 100，单击秒表图标（⏱）设置关键帧，如图 13.60 和图 13.61 所示。

图13.60　　　　　　　　　　　　　　　图13.61

这将使 Timewarp 特效在 2 秒时间点之前将视频的速度保持在 100%。

5. 在 Timeline 面板中选中 Group_Approach[DV] 图层，按 U 键查看经过动画处理后的 Timewarp Speed 属性，如图 13.62 所示。

图13.62

6. 移动到 5:00 位置，将 Speed 修改为 10。After Effects 添加一个关键帧，如图 13.63 所示。

7. 移动到 7:00 位置，将 Speed 修改为 100。After Effects 添加一个关键帧，如图 13.64 所示。

8. 按 Home 键，或将当前时间指示器移动到时间标尺的起点。然后预览该特效。

图13.63

图13.64

Ae 注意：一定要有耐心。头一次预览时，After Effects 需要将信息缓存到 RAM 中。在第二次播放时，将提供更为精确的画面。

你将发现速度的变化很突然，而不是我们希望在专业特效中看到的平滑的、慢动作曲线。这是因为关键帧是线性的，而不是曲线的。接下来将解决这个问题。

9. 完成预览后按空格键停止播放。

10. 单击 Timeline 面板中的 Graph Editor 按钮，显示 Graph Editor，而不是图层持续时间条。确保选中了 Group_Approach[DV] 图层的 Speed 属性名。Graph Editor 显示其曲线，如图 13.65 所示。

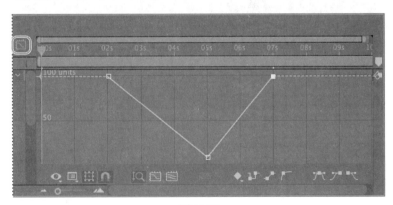

图13.65

11. 单击选择第一个 Speed 关键帧（在 2:00 位置），然后单击 Graph Editor 底部的 Easy Ease 按钮（ ）。

这将改变对关键帧入、出点的影响，使突然的变化变得平滑。

Ae 提示：请关闭 Timeline 面板中显示的列，以便看到 Graph Editor 中的更多图标。你还可以按 F9 键应用 Easy Ease 调整。

12. 在运动曲线上对另两个 Speed 关键帧（分别位于 5:00 和 7:00 位置）重复步骤 11 的操作，如图 13.66 所示。

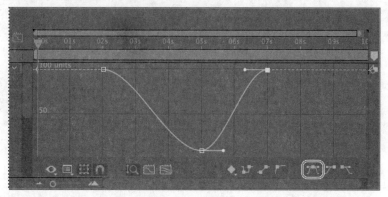

图13.66

运动曲线现在变得较平滑了，但拖动贝塞尔手柄还可以进一步调整它。

13. 用 2:00 和 5:00 位置关键帧的贝塞尔手柄调整曲线，使它与图 13.67 中的曲线形状类似。

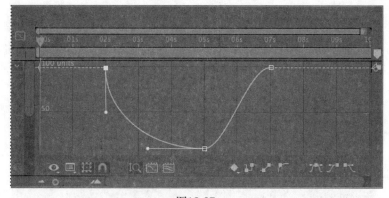

图13.67

Ae │ **注意**：*如果你需要复习贝塞尔手柄的使用方法，请查阅第 7 课。*

---

14. 再次预览影片。现在，慢动作 Timewarp 特效看起来很专业。

15. 选择 File>Save 命令，保存项目，然后选择 File>Close Project 命令。

现在你已体验了 After Effects 中的一些高级功能，包括运动稳定处理、运动跟踪、粒子系统以及 Timewarp 特效。如果你想对本课完成的任何一个或全部项目进行渲染并导出，请参考第 14 课的内容。

复习题

1. 什么是 Warp Stabilizer（变形稳定器）VFX，什么时候需要使用它？

2. 对图像进行跟踪时为什么会产生飘移？

3. 粒子特效中的 birth rate 是什么？

4. Timewarp 特效有什么功能？

复习题答案

1. 用手持摄像机拍摄素材通常会导致画面抖动。除非要刻意制造这种效果，否则你一定想稳定画面，消除不必要的抖动现象。After Effects 中的 Warp Stabilizer（变形稳定器）VFX 会分析目标图层的运动和旋转，然后做出调整。当播放时，因为图层本身增加的缩放和移动抵消了不应有的抖动，所以图像变得平稳了。可以通过修改 Warp Stabilizer VFX 特效的设置，来改变 Warp Stabilizer VFX 裁剪、缩放和执行其他调整的方式。

2. 当特征区域失去被跟踪的特征时将产生漂移。视频中的图像移动时，常伴随着灯光、周围对象以及对象角度的变化，这将使曾经明显的特征在亚像素级别上不再是可识别的。即使经过精心的计划和练习，特征区域也常会偏离期望的特征。所以对于数字跟踪处理来说，重新调整特征区域和搜索区域、改变跟踪选项以及再次重试是它的标准流程。

3. 粒子特效中的 birth rate 决定新粒子产生的速率。

4. Timewarp（时间扭曲）特效可以在改变图层的播放速度时，精确控制很多参数，包括插值方法、运动模糊以及剪切源素材，以去除不需要的修饰痕迹。

第14课 渲染和输出

课程概述

本课介绍的内容包括：

- 创建渲染队列的渲染设置模板；

- 创建渲染队列的输出模块模板；

- 使用 Adobe Media Encoder（Adobe 媒体编码器）输出视频；

- 为交付的文件格式选择合适的压缩编码；

- 使用像素长宽比校正；

- 输出 HDTV 1080p 分辨率的最终合成图像；

- 创建合成图像的测试版本；

- 在 Adobe 媒体编码器中创建自定义的编码预设；

- 渲染并输出最终合成图像的 Web 版本。

完成本课所需的总时间部分取决于你的计算机处理器的速度以及用于渲染的内存大小。完成本课所需要的实际动手时间不到 1 小时。启动 After Effects 之前，请先通过前言中提到的下载地址将本书的课程资源下载到本地硬盘中，并进行解压。在学习本课时，将覆盖相应的课程文件。建议先做好原始课程文件的备份工作，以免后期用到这些原始文件时，还需重新下载。

任何项目的成功与否都取决于你以所需格式将其交付的能力，无论这个影片是用于网页还是用于播出。使用 Adobe After Effects 和 AdobeMedia Encoder，可以将最终合成图像渲染并导出成各种格式和分辨率的影片。

14.1 开始

本课将继续前面各课的内容，这时我们已准备好输出最终合成图像了。为了在本课创建几个不同版本的动画，我们将研究 Render Queue（渲染队列）面板和 Adobe Media Encoder 中提供的选项。在本课中，我们所提供的准备处理的项目文件实际上是本书第 12 课的最终合成图像。

1. 确认硬盘上的 Lessons\Lesson14 文件夹中存在以下文件。

   • Assets 文件夹：DesktopC.mov、Treasures_Music.aif、Treasures_Title.psd。

   • Start_Project_File 文件夹：Lesson14_Start.aep。

   • Sample_Movies 文件夹：Lesson14_Final_360p_Web.mp4、Lesson14_Final_1080p.mp4、Lesson14_Final_lowres_Web.mp4、Lesson14_Final_MPEG4.mov、Lesson14_HD_test_1080p.mp4。

2. 打开并播放本课的影片例子，这些影片分别代表第 12 课创建的动画的不同最终版本（使用不同的质量设置进行渲染的）。播放完后，退出 Windows Media Player 或 QuickTime Player。如果硬盘空间有限，则可以将该影片例子从硬盘删除。

 注意：Lesson14_HD_test_1080p.mp4 文件只包含该影片的前 5 秒内容。

 注意：取决于你的系统上安装的应用程序，你可能无法在 Windows 中播放 MOV 文件。

和往常一样，开始本课前，请恢复 After Effects 应用程序的默认设置。详情请参见前言中的"恢复默认参数"。

3. 启动 After Effects 时请立即按住 Ctrl+Alt+Shift（Windows）或 Command+Option+Shift（MacOS）组合键，准备恢复默认的参数设置。系统询问是否删除参数文件时，单击 OK 按钮。关闭 Start（开始）窗口。

4. 选择 File>Open Project 命令。如果此时 Start 屏幕开着，在其中单击 Open Project。

5. 导航到 Lessons\Lesson14\Start_Project_File 文件夹，选择 Lesson14_Start.aep 文件，然后单击 Open 按钮，如图 14.1 所示。

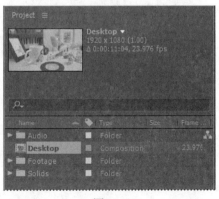

图14.1

 注意：如果收到关于丢失图层依赖的错误消息（Arial Narrow Regular），单击 OK 按钮。

6. 选择 File>Save As> Save As 命令。

7. 在 Save Project As 对话框中，导航到 Lessons\Lesson14\Finished_Project 文件夹。

8. 将该项目命名为 Lesson14_Finished.aep，然后单击 Save 按钮。

9. 选择 Window>Render Queue（渲染队列）命令，以打开 Render Queue 面板，如图 14.2 所示。

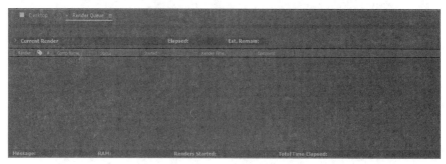

图14.2

14.2　创建渲染队列的模板

在前面课程中输出合成图像时，我们选择单独的渲染和输出模块设置。本课中，我们将为渲染设置和输出模块设置创建模板。这些模板是一些预设，在渲染相同交付格式的素材时，我们可以用这些模版简化设置过程。模板定义完成后，会显示在 Render Queue 面板中的相应下拉列表内（Render Settings 或 Output Module 下拉列表）。这样，当你准备渲染一个合成图像时，就可以根据项目所需的交付格式简单地选择合适的模板，模板将对项目应用所有设置。

14.2.1　为测试渲染创建渲染设置模板

接下来，将创建一个渲染设置模板，选择的设置适合于渲染最终影片的测试版本。测试版影片比全分辨率电影小，所以渲染速度较快。如果你处理的合成图像很复杂，需要花大量时间用于渲染，这时先渲染一个小的测试版本是个好办法。这有助于你在花费大量时间渲染最终影片前发现影片中需要调整的问题。

1. 选择 Edit>Templates>Render Settings 命令，打开 Render Settings Templates 对话框。

2. 在 Settings 区域，单击 New 按钮创建新模板，如图 14.3 所示。

3. 在 Render Settings 对话框中，进行如下设置：

   • Quality（品质）选择 Best（最好）；

   • Resolution 选项选择 Third（1/3），这将使合成图像的线性尺寸降低到 1/3。

4. 在 Time Sampling 区域，进行如下设置：

- Frame Blending（帧混合）选择 Current Settings（当前设置）。

- Motion Blur（运动模糊）选择 Current Settings。

- Time Span（时间范围）选择 Length Of Comp（合成图像的长度）。

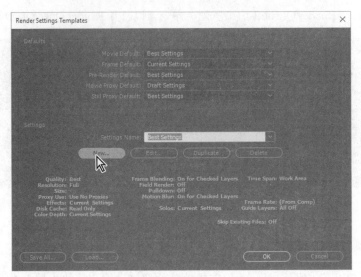

图14.3

5. 在 Frame Rate 区域，选择 Use This Frame Rate（使用这个帧的速率），再输入 12（fps）。然后单击 OK 按钮，返回 Render Settings Templates 对话框，如图 14.4 所示。

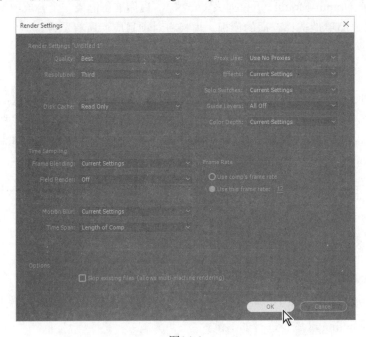

图14.4

6. 在 Settings Name 字段中输入 Test_lowres（表示低分辨率）。

7. 检查设置，现在这些设置显示在对话框的下半部分。如果需要修改，单击 Edit 按钮调整设置。然后单击 OK 按钮，如图 14.5 所示。

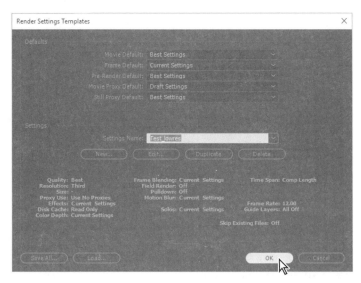

图14.5

现在，Test_lowres 成为 Render Queue 面板中 Render Settings 下拉列表中的可选项。

14.2.2　为输出模块创建模板

我们将使用与前一节相似的方法创建用于输出模块设置的模板。每个输出模块模板都包含独特的设置组合，适合于具体的输出类型。我们将创建一个低分辨率的视频测试版本，以便能够快速看到渲染后的版本，并发现想要修改的地方。

1. 选择 Edit>Templates>Output Module（输出模块）命令，打开 Output Module Templates（输出模块模板）对话框。

2. 在 Settings 区域，单击 New 按钮新建一个模板。

3. 在 Output Module Settings 对话框内，确保 Format（格式）为 QuickTime。

4. Post-Render Action（渲染后动作）选择 Import（导入）。

5. 在 Video Output 区域，单击 FormatOptions（格式选项）按钮，如图 14.6 所示。

6. 在 QuickTime Options 对话框中，进行如下设置，如图 14.7 所示。

   · Video Codec（视频编解码器）选择 MPEG-4 Vedio。这种压缩可以自动决定颜色的深度。

   · 设置 Quality（质量）滑块为 80。

- 在 Advanced Settings（高级设置）区域中，选择 Key Frame Every（关键帧间隔），并输入 30（帧）。

- 在 Bitrate Settings 区域，选择 Limit Data Rate To（限制数据速率），并输入 150（kbps）。

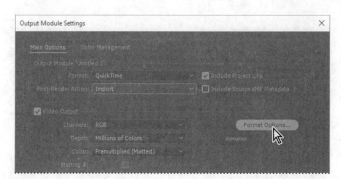

图14.6

7. 选择 Audio 选项卡，从 Audio Codec 下拉列表中选择 IMA 4:1，如图 14.8 所示。

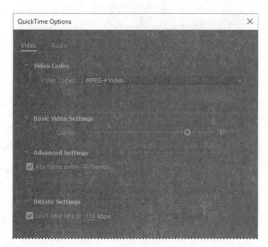

图14.7

图14.8

Ae **注意**：在针对 Web 端或桌面端播放而压缩音频时，普遍使用 IMA 4:1 压缩。

---

8. 单击 OK 按钮关闭 Quick Time 选项对话框，返回到 Output Module Settings 对话框。

9. 在对话框底部的下拉列表中选择 Audio Output On，从左向右选择下面的音频设置，如图 14.8 所示。

- Rate（速率）：22.050kHz。

- Use（采用）: Stereo（立体声）。

10. 单击 OK 按钮关闭 Output Module Setting 对话框，如图 14.9 所示。

图14.9

11. 在 Output Module Templates 对话框下半部分，检查设置，如果需要进行修改，单击 Edit 按钮。

关于压缩

为了缩小影片的尺寸，有必要对其进行压缩，这样才能高效地存储、传输和播放影片。当导出或渲染的影片需要在特定类型的设备上以一定的带宽播放时，我们要选择压缩器/解压缩器（即所谓的编码器/解码器），或编解码器（codec），来压缩信息，生成一个能在这种类型的设备上以该带宽播放的文件。

有多种编解码器可供选择，并不存在一种适用于所有情况的最佳编解码器。例如，用最适用于卡通动画片的编解码器来压缩活动视频往往效率不高。对影片文件进行压缩时，可以调整压缩选项，使其在计算机、视频播放设备、Web或DVD播放器上获得最佳的播放质量。根据所使用的编码器的不同，我们可以通过删除影片中影响压缩处理的镜头来缩小压缩文件的尺寸，例如，删除影片中随机的摄像机移动和过多的胶片颗粒等。

所使用的编解码器必须对所有观众都适用。例如，如果使用视频采集卡上的硬件编解码器，那么观众就必须安装同样的视频采集卡，或者安装模拟该采集卡硬件功能的软件编解码器。

关于压缩和编解码器的更多知识，请参阅After Effects Help。

12. 在 Settings Names（设置名称）框中输入 Test_MPEG4，然后单击 OK 按钮，如图 14.10 所示。这样该输出模板就位于 Render Queue（渲染队列）面板中的 Output Module 下拉列表中了。

我们可以预料到，压缩比越高，音频取样速率越低，创建出的文件就越小，但这同时也降低了输出的质量。但是，在进行最终的编辑之前，这个低分辨率模板完全满足创建测试版本的需要。

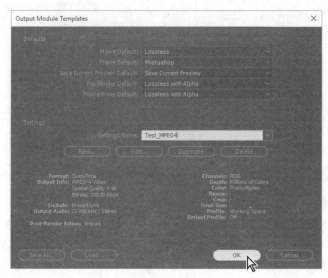

图14.10

14.3 采用渲染队列导出

现在已为渲染设置和输出模块创建了模板，我们可以使用它们导出影片的测试版本了。

1. 在 Project 面板中选择 Desktop 合成图像，然后选择 Composition>Add To Render Queue，如图 14.11 所示。

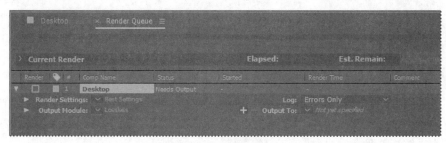

图14.11

> **Ae** | **提示**：还可以从 Project 面板中拖放合成图像到 Render Queue 面板中。

在 Render Queue 面板中，注意 Render Settings 和 Output Module 下拉列表中的默认设置。在选择低分辨率模板时，这些设置将被取代。

2. 在 Render Settings 下拉列表中选择 Test_lowres。

3. 在 Output Module 下拉列表中选择 Test_MPEG4。

4. 单击 Output To 旁的蓝色文字，如图 14.12 所示。

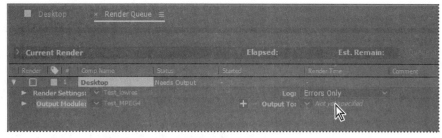

图14.12

5. 在 Output Movie To（输出影片到）对话框中，导航到 Lessons\Lesson14 文件夹，然后创建一个名为 Final_Movies 的新文件夹。

 • 在 Windows 系统中，单击 New Folder 图标，然后输入该文件夹的名称。

 • 在 Mac OS 系统中，单击 New Folder 按钮，命名该文件夹，然后单击 Create 按钮。

6. 打开 Final_Movies 文件夹（如果还没有打开的话）。

7. 将文件命名为 Final_MPEG4.mov，然后单击 Save 按钮，返回 Render Queue 面板。

> **Ae** 注意：要将影片导出为采用相同渲染设置的多种格式，不需要进行多次渲染。通过在 Render Queue 面板中向渲染项添加输出模块，可以将渲染过的同一影片导出为多个版本。

8. 选择 File>Save 命令，保存作品，如图 14.13 所示。

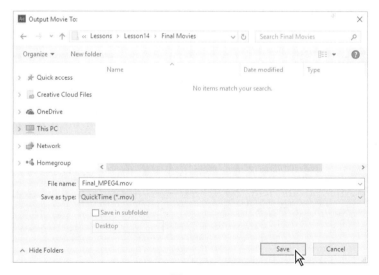

图14.13

9. 在 Render Queue 面板中单击 Render 按钮，After Effects 将渲染该影片，如图 14.14 所示。如果在队列中还有其他的影片，或者同一影片有不同的设置，After Effects 也将渲染这些内容。

图14.14

处理完成后，Final_MPEG4影片文件将同时出现在Project面板中。

要预览影片，可以在Project面板中双击它，然后按空格键。

 注意：使用 Windows 系统在 After Effects 中播放 QuickTime 影片时，可能听不到音频。

如果需要对影片进行最后的修改，现在可以重新打开该合成图像并进行调整。修改完成后请记住保存工作，并再次使用合适的设置输出影片的测试版本。在检查影片的测试版本，并完成所有需要的修改之后，即可输出用于播出的全分辨率影片。

为移动设备准备影片

可以在After Effects中创建在移动设备（如平板电脑或智能手机）上播放的影片。要渲染影片，可添加合成图像到Adobe Media Encoder编码队列中，然后选择一种合适的设备特定的编码预设。

为了得到最好的处理结果，拍摄素材以及用After Effects进行处理时，应考虑移动设备的局限性。对于小屏幕尺寸，应注意光照条件，并使用较低的帧速率。更多技巧，请查看After Effects Help。

14.4　使用 Adobe 媒体编码器渲染影片

现在准备将你的影片进行最终输出。Adobe 媒体编码器（在安装 After Effects 时就已经安装了）具有大量的编解码器，可以用于不同的交付格式，其中包括一些流行的视频服务（比如 YouTube）。

14.4.1 渲染播出质量的影片

首先，我们将选择设置来渲染具有播出质量的影片。

1. 在 Project 面板中，选择 Desktop 合成图像，然后选择 Composition>Add To AdobeMedia Encoder Queue 命令。

After Effects 将打开 Adobe 媒体编码器（见图 14.15），使用默认渲染设置添加合成图像。你的默认设置可能与示例中的不同。

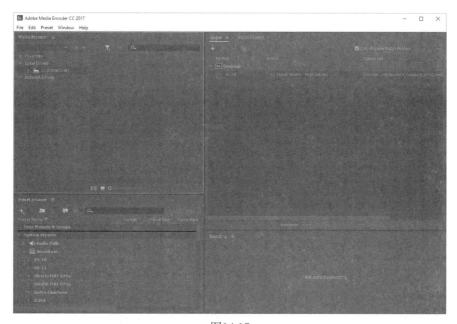

图14.15

2. 在 Preset 栏中单击蓝色链接。如图 14.16 所示。

Adobe 媒体编码器会链接到动态链接（Dynamic Link）服务器，这可能需要花费一点时间。

图14.16

3. 在出现 Export Settings 对话框时，从 Format 下拉列表中选择 H.264，然后从 Preset 下拉列表中选择 HD 1080p 23.976，如图 14.17 所示。

图14.17

使用 HD1080p 23.976 预设渲染整个影片需要花费几分钟时间。我们将通过更改设置只渲染影片的前 5 秒，以便预览影片的质量。你可以使用 Export Settings 对话框底部的时间标尺修改渲染的范围。

4. 移动当前时间指示器到 5:00 位置，然后单击 Select Zoom Level 下拉列表左侧的 Set Out Point 按钮（ ），如图 14.18 所示。

图14.18

5. 单击 OK 按钮关闭 Export Settings 对话框。

6. 单击 Output File 栏的蓝色链接，将影片命名为 HD-test_1080p.mp4，保存到 Lessons\Lesson14\Final_Movies 文件夹，然后单击 OK 或 Save 按钮，如图 14.19 所示。

图14.19

现在我们准备好输出影片了，但是在渲染之前，还需要在队列中设置几个额外的影片选项。

14.4.2 为队列添加另外的编码预设

Adobe 媒体编码器内置了很多预设，适用于传统播出、移动设备和 Web。接下来，我们将输出合成图像的一个版本，准备上传到 YouTube。

 注意：如果经常渲染文件，可以考虑创建一个"watch folder"（观看文件夹）。当在 watch folder（观看文件夹）中添加了一个文件时，Adobe 媒体编码器将自动使用 Watch Folder 面板中指定的设置对文件进行编码。

1. 在 Preset Browser 面板中，导航到 Web Video > YouTube > YouTube 480p SD Wide，如图 14.20 所示。

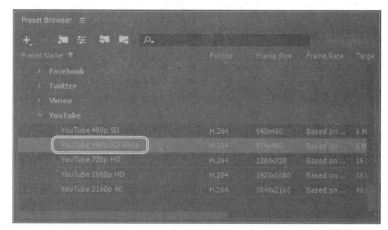

图14.20

2. 在 Queue 面板中，拖放 YouTube 480p SD Wide 预设到 Desktop 合成图像中，如图 14.21 所示。

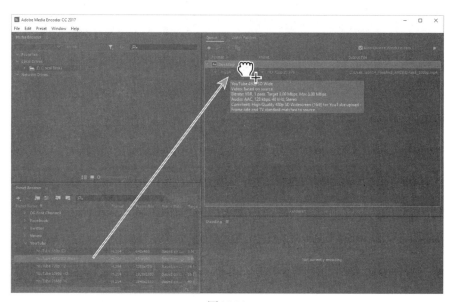

图14.21

Adobe 媒体编码器将在队列中添加另外一个输出项。

3. 单击 Output File 栏中刚添加条目的蓝色链接，然后将文件命名为 Final_Web.mp4，保存在 Lessons\Lesson14\Final_Movies 文件夹中，然后单击 Save 或 OK，如图 14.22 所示。

图14.22

14.4.3 渲染影片

在队列中已创建了两个版本的影片，现在将渲染和观看它们。渲染会占用大量的资源，将花费一定的时间，这具体取决于个人系统、合成图像的复杂度和长度，以及使用的设置。

1. 单击 Queue 面板右上角的绿色 Start Queue 按钮（▶），如图 14.23 所示。

 取决于个人系统，这将花费一定的时间。

Adobe 媒体编码器将同时对队列中的影片进行编码，并显示一个状态栏，报告大概的剩余时间，如图 14.24 所示。

图14.23

图14.24

2. 在 Adobe 媒体编码器编码完毕之后，在 Finder 或 Explorer 中导航到 Final_Movies 文件夹，双击文件进行播放。

 提示：如果忘记编码影片的保存位置，可以单击完成影片旁边的 Output File 栏中的蓝色链接，Adobe 媒体编码器将打开一个窗口来显示文件的存放位置。

14.4.4 创建自定义的 Adobe 媒体编码器预设

在多数情况下，Adobe 媒体编码器会有适合你的项目的默认预设。然而，如果你有特殊要求，则可以创建自己的编码预设。在本例中，我们将创建一个预设，与之前使用的预设相比，它可以更快地渲染一个更低分辨率的适用于 YouTube 的文件。

1. 单击 Preset Browser 面板顶部的 Create NewPreset Group 按钮（📁），然后为组取一个唯一的名字，例如你的名字，如图 14.25 所示。

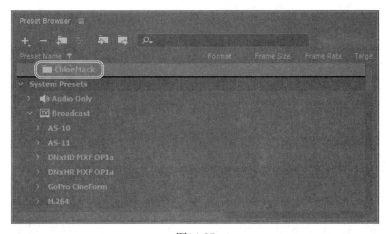

图14.25

2. 单击 Create New Preset 按钮（➕），然后选择 Create Encoding Preset，如图 14.26 所示。

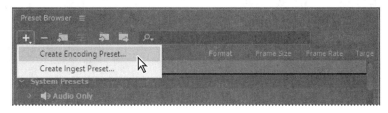

图14.26

3. 在 Preset Settings 对话框中进行如下配置，如图 14.27 所示：

- 将预设命名为 Low-res_YouTube；
- 确保在 Format 下拉列表中选择的是 H.264；

- 从 Based On Preset 下拉列表中选择 YouTube480p SD Wide；

- 选择 Video 选项卡（如果还没有选择的话）；

- 从 Frame Rate 下拉列表中选中 Based On Source；

- 从 Profile 下拉列表中选择 Baseline（可能需要向下滚动，才能看到它以及后面的选项）；

- 从 Level 下拉列表中选择 3.0；

- 从 Bitrate Encoding 下拉列表中选择 VBR，1 Pass；

- 单击 Audio 选项卡，如图 14.28 所示，从 Sample Rate（抽样率）下拉列表中选择 44100Hz，从 Audio Quality 下拉列表中选择 Medium。

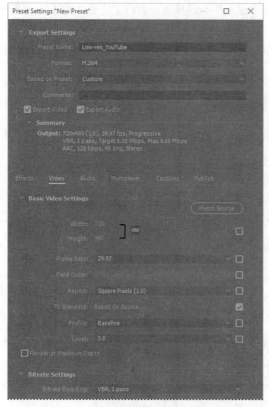

图14.27

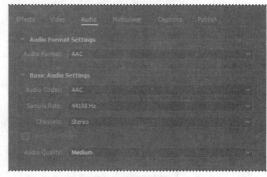

图14.28

4. 单击 OK 按钮关闭 Preset Settings 对话框。

5. 在 Queue 面板中，拖放 Low_res_YouTube 预设到 Desktop 合成图像上。

6. 单击 Output File 栏中的蓝色链接，将文件命名为 Lowres_You Tube，将文件保存在 Lessons/Lesson14/Final_Movies 文件夹中，然后单击 Save 或 OK 按钮。

7. 单击 Start Queue 按钮（▶）。

使用新预设中的设置，影片编码速度会更快速，但是影片质量有所下降。

8. 在 Adobe 媒体编码器编码完成之后，在 Explorer 或 Finder 中导航到 Final_Movies 文件夹，双击 Lowres_YouTube 影片进行观看。

准备播出影片

本课渲染的项目已经是一个高分辨率且适合播出的影片。然而，你可能需要为了预期的交付格式而调整其他合成图像。

要修改合成图像的大小，可以针对最终的格式，使用适当的设置来新建一个合成图像。然后拖放项目合成图像到新的合成图像中。

如果要把方形像素长宽比的合成图像转换为非方形像素长宽比（播出时使用的是这种格式），在Composition面板中的素材看起来会比原来的宽。为了精确地观看视频，需要启用像素纵横比校正（pixel aspect ratio correction）。像素纵横比校正会轻微挤压合成图像的视图来显示图像，因为图像将在视频监视器上显示。默认情况下，该功能是关闭的，不过可以通过单击Compositon面板底部的Toggle Pixel Aspect Ratio Correction（切换像素纵横比校正）按钮开启该功能。Preferences对话框Previews类别中的Zoom Quality（变焦质量）设置会对用于预览的像素纵横比校正的质量产生影响。

我们现在已经为最终的合成图像创建了两种版本：Web 版本和播出版本。

恭喜！你已完成本书所有课程的学习。

复习题

1. 请说出你可以创建并能在 Render Queue 面板中使用的两种模板的类型，解释什么时候以及为什么要使用它们。

2. 什么是压缩，在压缩文件时应注意哪些问题？

3. 如何使用 Adobe 媒体编码器输出影片？

复习题答案

1. 在 After Effects 中，我们可以为渲染设置和输出模块设置创建模板。这些模板是一些预设，在渲染相同交付格式的素材时，我们可以用这些模板简化设置过程。模板定义完成后，它们显示在 Render Queue 面板中的相应下拉列表内（Render Settings 或 Output Module 下拉列表）。这样，当你准备处理项目时，就可以根据项目所需的交付格式简单地选择合适的模板，模板将对项目应用所有设置。

2. 为了缩小影片的尺寸，有必要对其进行压缩，这样才能高效地存储、传输和播放影片。当导出或渲染的影片需要在特定类型的设备上以一定的带宽播放时，我们要选择压缩器 / 解压缩器（即所谓的编码器 / 解码器），或编解码器（codec），来压缩信息，生成一个能在这种类型的设备上以该带宽播放的文件。有多种编解码器可供选择，并不存在一种适用于所有情况的最佳编解码器。例如，用最适用于卡通动画片的编解码器来压缩活动视频往往效率不高。对影片文件进行压缩时，可以调整压缩选项，使其在计算机、视频播放设备、Web 或 DVD 播放器上获得最佳的播放质量。根据所使用的编码器不同，我们可以通过删除影片中影响压缩处理的镜头来降低压缩文件的尺寸，例如，删除影片中随机的摄像机移动和过多的胶片颗粒等。

3. 要使用 Adobe 媒体编码器输出一个影片，需要在 After Effects 的 Project 面板中选择合成图像，然后选择 Composition > Add To Adobe Media Encoder Queue 命令。在 Adobe 媒体编码器中，选择一种编码预设和其他设置，对导出的文件进行命名，最后单击 Start Queue 按钮。

欢迎来到异步社区！

异步社区的来历

异步社区 (www.epubit.com.cn) 是人民邮电出版社旗下 IT 专业图书旗舰社区，于 2015 年 8 月上线运营。

异步社区依托于人民邮电出版社 20 余年的 IT 专业优质出版资源和编辑策划团队，打造传统出版与电子出版和自出版结合、纸质书与电子书结合、传统印刷与 POD 按需印刷结合的出版平台，提供最新技术资讯，为作者和读者打造交流互动的平台。

社区里都有什么？

购买图书

我们出版的图书涵盖主流 IT 技术，在编程语言、Web 技术、数据科学等领域有众多经典畅销图书。社区现已上线图书 1000 余种，电子书 400 多种，部分新书实现纸书、电子书同步出版。我们还会定期发布新书书讯。

下载资源

社区内提供随书附赠的资源，如书中的案例或程序源代码。

另外，社区还提供了大量的免费电子书，只要注册成为社区用户就可以免费下载。

与作译者互动

很多图书的作译者已经入驻社区，您可以关注他们，咨询技术问题；可以阅读不断更新的技术文章，听作译者和编辑畅聊好书背后有趣的故事；还可以参与社区的作者访谈栏目，向您关注的作者提出采访题目。

灵活优惠的购书

您可以方便地下单购买纸质图书或电子图书，纸质图书直接从人民邮电出版社书库发货，电子书提供多种阅读格式。

对于重磅新书，社区提供预售和新书首发服务，用户可以第一时间买到心仪的新书。

用户账户中的积分可以用于购书优惠。100 积分 =1 元，购买图书时，在 使用积分 里填入可使用的积分数值，即可扣减相应金额。

纸电图书组合购买

　　社区独家提供纸质图书和电子书组合购买方式，价格优惠，一次购买，多种阅读选择。

社区里还可以做什么？

提交勘误

　　您可以在图书页面下方提交勘误，每条勘误被确认后可以获得 100 积分。热心勘误的读者还有机会参与书稿的审校和翻译工作。

写作

　　社区提供基于 Markdown 的写作环境，喜欢写作的您可以在此一试身手，在社区里分享您的技术心得和读书体会，更可以体验自出版的乐趣，轻松实现出版的梦想。

　　如果成为社区认证作译者，还可以享受异步社区提供的作者专享特色服务。

会议活动早知道

　　您可以掌握 IT 圈的技术会议资讯，更有机会免费获赠大会门票。

加入异步

　　扫描任意二维码都能找到我们：

| 异步社区 | 微信服务号 | 微信订阅号 | 官方微博 | QQ群：436746675 |

社区网址：www.epubit.com.cn

投稿 & 咨询：contact@epubit.com.cn